# Super mathematics

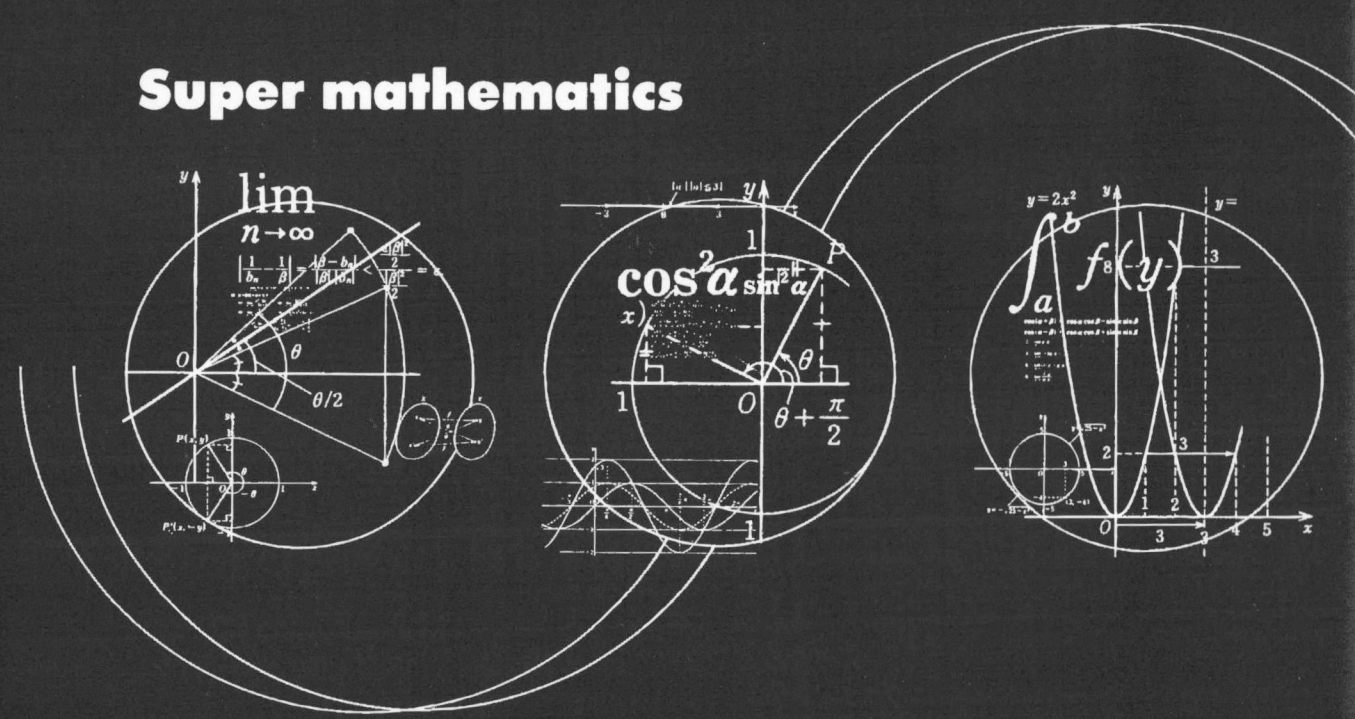

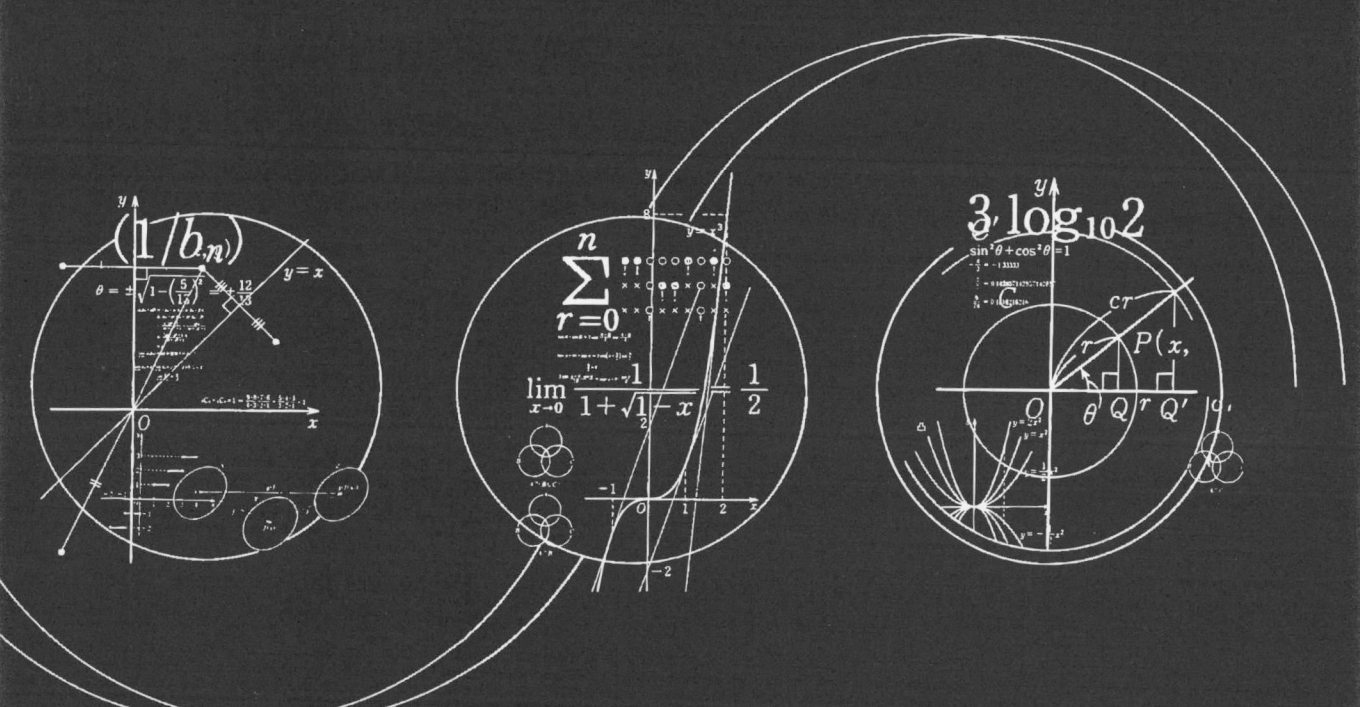

Super mathematics

# 수학독본

마츠자카 가즈오 지음
김태성 옮김

**Super mathematics**

# 수학독본

제 **4** 권 수열의 극한, 무한급수 / 순열·조합 / 확률 / 함수의 극한과 미분법

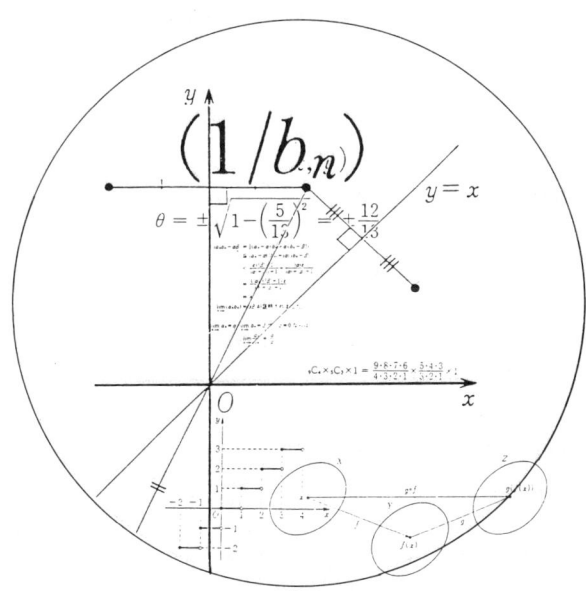

한길사

# 머리말

나는 이 강의를, 초·중등 수학을 성실한 자세로 배우기를 원하는 모든 사람을 위하여 쓰고 있습니다. 내용은 중고교 수학, 특히 고교 수학입니다만, 나이가 어린 독자도 읽을 수 있도록 자세히 쓰고 있습니다.

이 강의는, 재미있는 이야기를 취하여 하나로 정리한 것은 아닙니다. 이것은 여섯 권 전권을 통하는 어떤 종류의 일관성과 흐름을 가지고 있습니다. 결국, 나는 하나의 새로운 교과서를 쓰는 것인지도 모릅니다. 그러나, 이것은 보통 교과서와는 다릅니다. 왜냐하면 나는 여러 가지 제약없이 이 책을 쓰고 있기 때문입니다. 이 강의는 보통 교과서보다 훨씬 자유롭습니다. 또 ——그러리라고 생각합니다만—— 훨씬 깊고 풍부한 내용을 담고 있습니다. 여러분은 이 강의를 읽음으로써 지금까지 깨닫지 못했던 것을 알게 되고, 새로운 발견을 하기도 하고, 매우 흥미있는 수학 문제에 인도되기도 할 것입니다.

이 강의에는 예나 예제가 많이 있습니다. 그리고 질문도 많이 있습니다. 질문은 쉬운 문제부터 조금 생각해야만 되는 문제까지 여러 단계의 것이 골고루 있습니다. 그리고 독자의 편의를 위해, 원칙적으로 모든 문제에 대한 해답을 넣었습니다. 나는 독자에게 시간이 허용하는 한 이러한 문제를 모두 풀어 보기를 권유합니다. 수학의 여러 개념을 마음 속에 새겨 두기 위해서는, 그저 책을 읽고 이해한다는 생각만으로는 불충분하고, 역시 "자신의 힘으로 풀어본다"고 하는 실천이 필요하기 때문입니다.

나는 너무 기교적이거나 발생원이 확실하지 않은 이상하고 부자연스러운 문제는 될 수 있는 한 피했습니다. 내가 이 강의를 통해서 이야기하고 싶은 것은 흐름이 있는 수학의 한 이야기이지 기술이나 요령 그 자체가 아니기 때문입니다.

이 강의에서는 상식적인 교과 과정의 의미로 초·중등 수학의 범위로 생각할 수 있기 때문에 ——어디까지가 초·중등 수학이고 어디부터가 고등 수학인지는 확실하지 않습니다만 ——조금 위쪽까지 연장하였습니다. 이것은 결코 교과 과정을 거기까지 끌어 올리는 것을 주장하는 의미는 아닙니다. 다만, 이야기의 전개에서 자연적으로 거기까지 나아가는 편이 좋다고 생각했기 때문에 나아가는 것 뿐입니다. 이 강의에는 인위적으로 부자연스러운 곳은 없습니다. 따라서, 이것은 아마 최종적으로는 독자를 상당히 높은 수준까지 이끌 것입니다.

이 강의에는 때때로 생략해도 좋은 곳이 있습니다. 그것은 본문과는 일단 관계가 없는 것이어서 그 때마다 그것을 예고하고 있습니다. 그러나, 그것은 흥미있는 부분이기 때문에 될수 있으면 독자들이 읽기를 바랍니다. 그러나, 읽어 보고도알 수 없다면 생략하고, 후일에 또 되돌아보시오. 이 주의는다른 일반적인 것에서도 통용됩니다. 이 강의를 읽어가면서이해할 수 없는 곳이 있다면, 독자는 우선 다음으로 나아가고, 조금 지난 후 다시 그곳을 읽어 보십시오.

나는 이 강의를 나이 어린 독자들이 읽어 주기를 바랍니다. 그러나 또 대학생이나 사회인 ——특히 학교 선생님, 수학에흥미를 가진 부모님, 일반적으로 교육에 관심을 가진 분들——이 읽기를 기대합니다. 이 강의가 수학을 배우는 사람,수학을 가르치는 사람에게 조금이나마 매력 있는 존재가 된다면 나는 만족합니다.

끝으로 나는, 직접 간접으로 이 강의를 쓰는데 도움을 주신분들과 이 강의의 출판에 협력해 주신 분들에게 감사를 표합니다.

수학독본 4

**Super mathematics**

차례

수학은 무한에 관한 과학이고, 그 목적은 유한한 몸인 인간이 기호를 써서 무한을 이해하는 일이다.

H. 와일

# 무한 세계의 첫걸음
### ── 수열의 극한, 무한급수

## 14.1 수열의 수렴·발산

앞 장에서는 수열에 대하여 배우고, 일반항 $a_n$과 첫째 항부터 제 $n$항까지의 합 $S_n$을 구하여 보았습니다. 거기서는 "임의의 $n$"이 나왔습니다. 그러나 본질적으로 우리는 아직 "유한"의 단계에 머물러 있고, 적극적으로 "무한"을 다루지는 않았던 것입니다. 이 장에서 우리는 "무한"의 세계에 실질적인 첫발을 내디디게 됩니다. 여기서 우리는 주어진 수열의 제 $n$항 $a_n$이 "$n$이 무한히 커질 때 어떻게 행동하는가?"하는 문제, 즉 수열의 "극한"을 살펴봅니다.

실제로 여러분의 마음 속엔 이미 어떤 종류의 관념이 있을지도 모릅니다. 하지만 이 강의에는 그것을 분명히 표현할 말이 주어져 있지 않습니다. 지금까지 명시적

으로 이런 문제를 다루는 것은 이 장이 처음입니다. 여러
분은 이 장에서 수열의 극한에 대하여 몇 가지 기본적인
용어 및 기호를 배우게 됩니다. 그리고 몇 개의 기본적인
법칙 아래 간단한 극한의 계산을 실행하겠습니다. 또 여
러분은 이 장에서 주어진 수열의 첫째항부터 제 $n$ 항까지
의 합 $S_n$ 이 "$n$이 무한히 커질 때 어떻게 행동하는가?"를
생각해 봄으로써 "유한합"에서 "무한합"으로의 발걸음
을 내디디게 될 것입니다.

## ◆  수렴하는 수열과 그 극한

예를 들면

$$1, \quad 1.4, \quad 1.41, \quad 1.414, \quad 1.4142, \cdots$$

이라는 수열을 보면 여러분은 대부분 이 수열은 "$\sqrt{2}$에
가까워진다"고 할 것입니다. 맞습니다! 이 수열은 $\sqrt{2}$에
가까워집니다. 실제로 이 수열은 $\sqrt{2}$의 무한소수 전개

$$\sqrt{2} = 1.41421356\cdots$$

의 정수 부분, 소수 첫자리까지, 소수 둘째자리까지, 소수
셋째자리까지, …를 차례로 취해서 나열한 것이기 때문
입니다.

만일 여러분이 $\sqrt{2}$의 무한소수 전개를 몰랐다고 하면
위와 같이 간단히 대답할 수 없었을 것입니다. 그러나
$\sqrt{2}$의 무한소수 전개를 모른다고 하더라도 다음 예와 같은
수열이면, 그것이 무엇에 가까워지는가를 즉각 대답할
수 있을 것입니다.

**예** (1)  수열

$$1+1, \quad 1+\frac{1}{2}, \quad 1+\frac{1}{3}, \quad \cdots, \quad 1+\frac{1}{n}, \quad \cdots\cdots$$

을 생각합니다. 이 수열은 1에 가까워집니다.

(2)  수열

$$1, \quad -\frac{1}{2}, \quad \frac{1}{4}, \quad -\frac{1}{8}, \quad \cdots, \quad \left(-\frac{1}{2}\right)^{n-1}, \quad \cdots\cdots$$

을 생각합니다. 이 수열은 0에 가까워집니다.

다음 그림에서 수직선상에 이들 수열의 처음 몇 항
을 눈금으로 나타냈습니다.

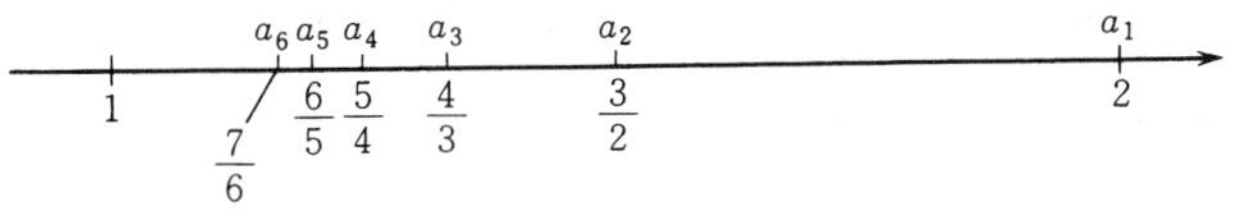

(2)

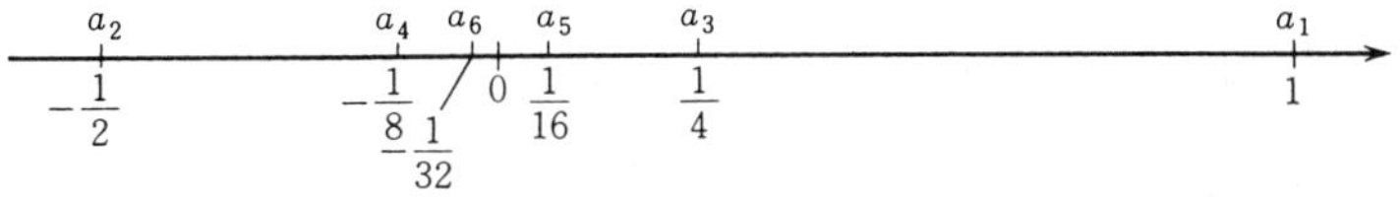

일반적으로 무한수열 $\{a_n\}$에서 $n$이 무한히 커질 때 제 $n$
항 $a_n$이 일정한 값 $\alpha$에 무한히 가까워지면, 수열 $\{a_n\}$은 $\alpha$에
**수렴한다**고 하고, $\alpha$를 수열 $\{a_n\}$의 **극한값** 또는 **극한**(lim-
it)이라고 합니다. 그리고 이것을 기호로

$$\lim_{n \to \infty} a_n = \alpha$$

또는

$$n \to \infty \quad \text{일 때} \quad a_n \to \alpha$$

로 나타냅니다.

오해할 우려가 없을 때는 "$n \to \infty$일 때"를 생략하고 단
지 "$a_n \to \alpha$"로도 씁니다.

기호 $\infty$는 "무한대"라고 읽습니다. "$n \to \infty$"는 번호
$n$이 무한히 커지는 것을 뜻합니다.

예를 들어 위의 예 (1), (2)의 수열은

$$\left\{1 + \frac{1}{n}\right\}, \quad \left\{\left(-\frac{1}{2}\right)^{n-1}\right\}$$

은 각각 극한 1, 0에 수렴합니다. 기호 lim을 사용하면 이
것은

$$\lim_{n \to \infty}\left(1 + \frac{1}{n}\right) = 1, \quad \lim_{n \to \infty}\left(-\frac{1}{2}\right)^{n-1} = 0$$

으로 쓸 수가 있습니다.

수열 $\{a_n\}$이 $\alpha$에 수렴한다는 것은 $n$이 무한히 커질 때
수직선상에서 점 $a_n$과 점 $\alpha$와의 거리 $|a_n - \alpha|$가 얼마든지
작아진다는 것을 뜻합니다. 즉, $a_n \to \alpha$는

$$|a_n - \alpha| \to 0$$

과 같습니다. 특히 $a_n \to 0$은 $|a_n| \to 0$과 같습니다.

다음 그림의 수직선상에 예 (1)의 수열

$$a_n = 1 + \frac{1}{n} \quad (n = 1, 2, 3, \cdots)$$

이 $\alpha = 1$에 수렴하는 모양을 자세히 보였습니다.

수열 $\{a_n\}$이 $\alpha$에 수렴한다고 할 때, $a_n$ 중에 극한 $\alpha$와 같은 것이 있어도 상관없습니다.

특히 모든 $n$에 대하여 $a_n = c$인 수열 즉 상수수열

$$c, \ c, \ c, \ \cdots, \ c, \ \cdots\cdots$$

도 역시 $c$에 수렴한다고 생각합니다. 이것을 기호로 나타내면

$$\lim_{n \to \infty} c = c$$

입니다.

이 경우에 $a_n$은 항상 $c$와 일치하므로 "$a_n$이 $c$에 가까워진다"는 표현은 좀 이상하게 들릴지 모릅니다. 그러나 이러한 사소한 부분에 구애를 받을 필요는 없습니다. 상수수열이 그 상수 자신에 수렴한다고 정하는 것은 우리의 마음 속에 있는 극한의 이미지에서 말해도 아주 당연한 일이라 하겠습니다.

### ◆ 발산하는 수열

수렴하지 않는 수열은 모두 **발산한다**고 합니다. 즉, 수열을 크게 나누면 수렴하는 수열과 발산하는 수열 두 종류로 나누어집니다.

**예** 다음 수열은 모두 발산합니다.

(1) $1, \ \dfrac{3}{2}, \ 2, \ \dfrac{5}{2}, \ 3, \ \cdots, \ \dfrac{n+1}{2}, \ \cdots\cdots$

(2) $3-1, \ 3-2, \ 3-2^2, \ \cdots, \ 3-2^{n-1}, \ \cdots\cdots$

(3) $1, \ -2, \ 4, \ -8, \ \cdots, \ (-2)^{n-1}, \ \cdots\cdots$

(4) $1, \ -1, \ 1, \ -1, \ \cdots, \ (-1)^{n-1}, \ \cdots\cdots$

이들 수열이 모두 수렴하지 않는 일, 즉 $n$을 점차 크

게 할 때, 제 $n$ 항이 일정한 값에 가까워지지 않는 것
은 명백합니다.

　시각적인 인상을 주기 위해 이들 수열의 제 $n$ 항 $a_n$
이 $n$의 증가에 따라 어떻게 변하는가를 다음 그림에
나타냈습니다. 이 그림에서는 수직선을 사용하는 대
신 가로축에 $n$, 세로축에 $a_n$을 잡아 변하는 모양이
나타나도록 했습니다.

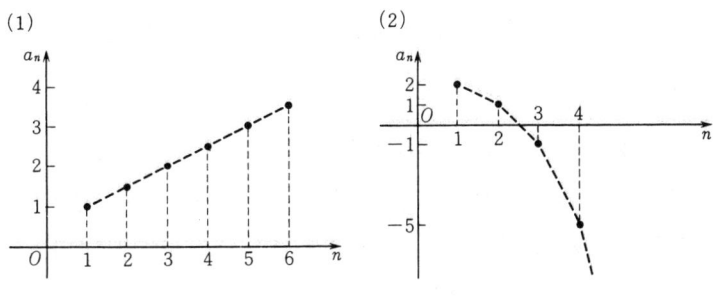

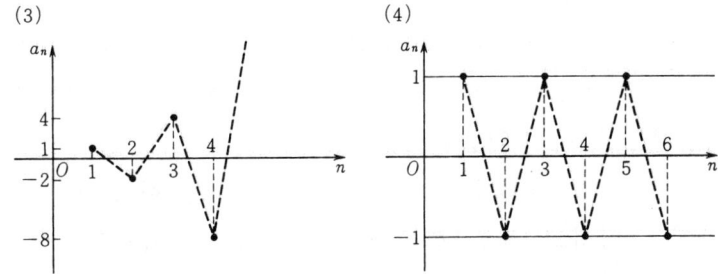

　위에 든 예의 수열은 모두 발산하지만, 그 발산 상태를
개별적으로 좀더 상세히 살펴봅시다.

　먼저 예(1)의 수열의 제 $n$ 항 $\dfrac{n+1}{2}$ 은 $n$이 커짐에 따
라 얼마든지 커집니다.

　일반적으로 수열 $\{a_n\}$ 에서, $n$이 무한히 커짐에 따라 $a_n$이
무한히 커질 때, 수열 $\{a_n\}$ 은 **양의 무한대로 발산한다**고 하
고,

$$\lim_{n \to \infty} a_n = +\infty \quad \text{또는} \quad a_n \to +\infty$$

로 씁니다.

한편, 예(2)의 수열의 제 $n$ 항 $3-2^{n-1}$ 은 $n$ 이 무한히 커질 때, 음에서 그 절대값이 무한히 커집니다.

일반적으로 수열 $\{a_n\}$ 에서 $n$ 이 무한히 커질 때 $a_n$ 이 음에서 그 절대값이 무한히 커지면, 수열 $\{a_n\}$ 은 **음의 무한대로 발산한다**고 하고,

$$\lim_{n\to\infty} a_n = -\infty \quad \text{또는} \quad a_n \to -\infty$$

로 씁니다.

예를 들어 위의 예(1), (2)의 수열에 대해서는

$$\lim_{n\to\infty} \frac{n+1}{2} = +\infty, \qquad \lim_{n\to\infty} (3-2^{n-1}) = -\infty$$

가 됩니다.

기호 $+\infty$, $-\infty$ 는 각각 "양의 무한대", "음의 무한대"라 부릅니다. 예를 들어 수열이 양의 무한대로 발산하는 것을 "$+\infty$로 발산한다"고 쓰면 좀더 간단해 집니다.

끝으로 예 (3), (4)의 수열을 생각해 봅시다. 수열 (3)에서는 홀수 번째의 항만을 끌어내면 $+\infty$로 발산하고, 짝수 번째의 항만을 끌어내면 $-\infty$로 발산하지만, "수열 전체"로서는 $+\infty$로도 $-\infty$로도 발산하지 않습니다. 물론 수렴도 하지 않습니다.

한편, 수열 (4)에서는 홀수 번째의 항은 항상 1이므로 1에 수렴하고, 짝수 번째의 항은 항상 $-1$이므로 $-1$에 수렴하지만, "수열 전체"로서는 1에도 $-1$에도 수렴하지 않습니다. 물론 $+\infty$나 $-\infty$로 발산하지도 않습니다. 이와 같이 수렴도 하지 않고 $+\infty$나 $-\infty$로 발산하지도 않는 수열은 **진동한다**고 합니다.

이상으로 발산하는 수열은 다음 세 종류로 분류된다는 것을 알 수 있습니다.

**$+\infty$로 발산한다,   $-\infty$로 발산한다,   진동한다**

수열 $\{a_n\}$ 이 진동할 때는 $\lim_{n\to\infty} a_n$ 은 존재하지 않습니다. 보다 정확히 말하면 기호 $\lim_{n\to\infty} a_n$ 에는 의미가 없습니다.

수렴하는 경우도 포함해서 다시 한 번 수열 $\{a_n\}$ 의 극한에 관한 분류를 정리해 보겠습니다.

$$
\begin{array}{ll}
\text{수렴} \cdots\cdots\cdots\cdots\cdots\cdots & \lim_{n\to\infty} a_n = \alpha \\[4pt]
\text{발산} \left\{
\begin{array}{ll}
+\infty\text{로 발산} \cdots\cdots & \lim_{n\to\infty} a_n = +\infty \\[4pt]
-\infty\text{로 발산} \cdots\cdots & \lim_{n\to\infty} a_n = -\infty \\[4pt]
\text{진동} \cdots\cdots\cdots\cdots & \lim_{n\to\infty} a_n \text{은 존재하지 않는다.}
\end{array}
\right.
\end{array}
$$

끝으로 몇 가지 주의 사항을 말해 두겠습니다.

기호 $+\infty$나 $-\infty$는 수가 아니고, 또 실재하는 것도 아닙니다. 그러나 이것들을 이념적인 "실재물"로 간주하여

$$\lim_{n\to\infty} a_n = +\infty \quad (\text{또는 } -\infty)$$

일 때도 수열 $\{a_n\}$의 극한은 $+\infty$이다(또는 $-\infty$이다)라고 하는 일이 있습니다. 다만, 이들 극한은 "수"가 아니므로 "극한값"이라고 하지 않는 것이 좋겠지요. [물론 고급 수학에서는 실수 전체에 $+\infty$, $-\infty$를 덧붙인 것을 흔히 "확장된 실수 직선"이라 하여 편리하게 활용합니다.]

이와 같은 "극한"과 구별할 필요가 있는 경우에는 수렴하는 수열의 극한을 **유한의 극한**이라고 합니다.

양의 무한대 $+\infty$는 단순히 $\infty$라고도 씁니다. 즉,

$$\lim_{n\to\infty} a_n = \infty$$

는 $\lim\limits_{n\to\infty} a_n = +\infty$와 같은 뜻입니다. [기호 $\lim$ 밑에 쓰는 "$n\to\infty$"의 $\infty$는 보통 $+$부호를 붙이지 않습니다. 그것은, "$n\to\infty$"는 번호(자연수) $n$이 무한히 커진다는 뜻이며, 수열의 제 $n$항이 무한히 커진다는 것과는 약간 차이가 있기 때문입니다.]

그리고 또 한 가지 무한수열이 수렴한다 또는 발산한다 등의 성질은 $n$을 무한히 크게 했을 때의 항의 변화에 관한 것이므로, 그 수열의 앞쪽에 있는 유한개의 항과는 관계가 없습니다. 따라서 주어진 수열의 앞쪽에 있는 몇 개의 항을 임의로 바꾸거나 또는 없애거나 해도 수렴, 발산 등의 성질에는 전혀 영향이 없습니다. 극한 $(\pm\infty)$을 가진 경우에는 극한도 변하지 않습니다.

**문제 1** 다음 수열의 수렴, 발산에 대해서 알아보시오.

(1) $-4, -1, 2, 5, \cdots, 3n-7, \cdots\cdots$

(2) $1, \dfrac{1}{4}, \dfrac{1}{9}, \dfrac{1}{16}, \cdots, \dfrac{1}{n^2}, \cdots\cdots$

(3) $4, 2, 4, 2, 4, 2, \cdots, 3+(-1)^{n-1}, \cdots\cdots$

(4) $0, \dfrac{3}{2}, \dfrac{2}{3}, \dfrac{5}{4}, \dfrac{4}{5}, \cdots, 1+\dfrac{(-1)^n}{n}, \cdots\cdots$

## 14.2 극한의 계산

이 절에서는 여러 가지 극한의 계산법에 대해서 배웁니다.

극한을 계산할 때, 먼저 문제가 되는 것은, 어느 만큼의 일을 기초 사항으로서 인정하고 출발하는가 하는 일입니다. 이것은 상당히 어려운 문제입니다. 극단적으로 기초로까지 거슬러 올라가는 것은 바람직하지 않습니다. 만일 그렇게 하고 싶다면, 우리는 극한의 개념을 좀더 분석해서, 먼저 정의 그 자체를 직관적인 것에서 수학적인 형태의 것으로 고칠 필요가 있습니다. 그러나 그런 것부터 시작하는 것은 지나치게 전문적이어서 처음 배우는 사람에게는 어렵고 지루한 일입니다. 그렇다고 해서 근거가 별로 확실치 않은 논의를 하는 것도 물론 기분 좋은 일은 아닙니다.

그래서 나는 여러분 중 누구나가 "자명"한 일이라고 인정할 만한 2, 3개의 극한과 몇 가지 기본적인 법칙을 출발점으로 하여 이야기를 진행시키고자 합니다.

나는 먼저 다음 극한을 인정합니다 :

$$\lim_{n\to\infty} n = +\infty, \qquad \lim_{n\to\infty} n^2 = +\infty,$$
$$\lim_{n\to\infty} n^3 = +\infty, \qquad \cdots\cdots$$

즉, 제 $n$ 항이 $a_n = n, a_n = n^2, a_n = n^3, \cdots$ 인 수열은 양의 무한대로 발산한다는 것이 됩니다.

한편, 이들 수열의 제 $n$ 항의 역수를 제 $n$ 항으로 하는

수열은 0에 수렴합니다. 즉,

$$\lim_{n \to \infty} \frac{1}{n} = 0, \qquad \lim_{n \to \infty} \frac{1}{n^2} = 0,$$

$$\lim_{n \to \infty} \frac{1}{n^3} = 0, \qquad \cdots\cdots$$

입니다. 이들 극한은 사실상 명백하다고 해도 좋을 것입니다. 필요에 따라 나아가서

$$\lim_{n \to \infty} \sqrt{n} = +\infty, \qquad \lim_{n \to \infty} \frac{1}{\sqrt{n}} = 0$$

과 같은 극한도 인정하는 것으로 생각합니다.

### ◆  극한의 법칙 (1)──극한값과 사칙

수렴하는 수열의 극한값과 사칙 계산에 대해서는 다음 법칙이 성립합니다. 우리는 이것도 증명 없이 인정합니다.

---

수열 $\{a_n\}, \{b_n\}$이 모두 수렴하여
$$\lim_{n \to \infty} a_n = \alpha, \quad \lim_{n \to \infty} b_n = \beta$$
이면 다음이 성립합니다.

**1** $\lim_{n \to \infty} ka_n = k\alpha$ (단, $k$는 상수)

**2** $\lim_{n \to \infty}(a_n + b_n) = \alpha + \beta$

**3** $\lim_{n \to \infty}(a_n - b_n) = \alpha - \beta$

**4** $\lim_{n \to \infty} a_n b_n = \alpha\beta$

**5** $\lim_{n \to \infty} \dfrac{a_n}{b_n} = \dfrac{\alpha}{\beta}$, 특히 $\lim_{n \to \infty} \dfrac{1}{b_n} = \dfrac{1}{\beta}$

(단, $b_n \neq 0 (n = 1, 2, 3, \cdots)$ 또한 $\beta \neq 0$)

---

위의 법칙과 $\lim_{n \to \infty} \dfrac{1}{n} = 0$, $\lim_{n \to \infty} \dfrac{1}{n^2} = 0$, $\cdots$을 써서 다음과 같은 계산을 할 수 있습니다.

**예** 다음 극한값을 구하시오.

(1) $\lim_{n \to \infty} \left(1 + \dfrac{4}{n^2}\right)$  (2) $\lim_{n \to \infty} \dfrac{(n+2)(3n+4)}{(n-1)(n-2)}$

(3) $\lim_{n \to \infty} \dfrac{-2n+5}{4n^2+n+1}$

**풀이**

(1) $\displaystyle\lim_{n\to\infty}\left(1+\frac{4}{n^2}\right)=\lim_{n\to\infty}1+\lim_{n\to\infty}\frac{4}{n^2}$

$\displaystyle\qquad\qquad\qquad\quad =\lim_{n\to\infty}1+4\lim_{n\to\infty}\frac{1}{n^2}$

$\displaystyle\qquad\qquad\qquad\quad =1+4\cdot0=1$

(2) $\dfrac{(n+2)(3n+4)}{(n-1)(n-2)}$ 의 분모·분자를 $n^2$으로 나누면

$$\frac{(n+2)(3n+4)}{(n-1)(n-2)}=\frac{\left(1+\dfrac{2}{n}\right)\left(3+\dfrac{4}{n}\right)}{\left(1-\dfrac{1}{n}\right)\left(1-\dfrac{2}{n}\right)}$$

이 분자의 극한은

$$\lim_{n\to\infty}\left(1+\frac{2}{n}\right)\left(3+\frac{4}{n}\right)=\lim_{n\to\infty}\left(1+\frac{2}{n}\right)\cdot\lim_{n\to\infty}\left(3+\frac{4}{n}\right)$$
$$=1\cdot3=3$$

마찬가지로 분모의 극한은

$$\lim_{n\to\infty}\left(1-\frac{1}{n}\right)\left(1-\frac{2}{n}\right)=1\cdot1=1$$

따라서

$$\lim_{n\to\infty}\frac{(n+2)(3n+4)}{(n-1)(n-2)}=\lim_{n\to\infty}\frac{\left(1+\dfrac{2}{n}\right)\left(3+\dfrac{4}{n}\right)}{\left(1-\dfrac{1}{n}\right)\left(1-\dfrac{2}{n}\right)}$$

$$=\frac{\displaystyle\lim_{n\to\infty}\left(1+\dfrac{2}{n}\right)\left(3+\dfrac{4}{n}\right)}{\displaystyle\lim_{n\to\infty}\left(1-\dfrac{1}{n}\right)\left(1-\dfrac{2}{n}\right)}$$

$$=\frac{3}{1}=3$$

(3) $\displaystyle\lim_{n\to\infty}\frac{-2n+5}{4n^2+n+1}=\lim_{n\to\infty}\frac{-\dfrac{2}{n}+\dfrac{5}{n^2}}{4+\dfrac{1}{n}+\dfrac{1}{n^2}}$

$$=\frac{0}{4}=0$$

**예** 다음 극한값을 구하시오.

$$\lim_{n\to\infty}(\sqrt{n^2+n}-n)$$

**풀이** 다음과 같이 변형해 봅니다. 즉,

$$(\sqrt{n^2+n}-n)(\sqrt{n^2+n}+n)=(\sqrt{n^2+n})^2-n^2=n$$

인 것에 주목하여 $\sqrt{n^2+n}-n$을

$$\sqrt{n^2+n}-n=\frac{(\sqrt{n^2+n}-n)(\sqrt{n^2+n}+n)}{\sqrt{n^2+n}+n}$$
$$=\frac{n}{\sqrt{n^2+n}+n}$$

으로 변형하는 것입니다. 다음은 이 분모·분자를 $n$
으로 나누어 극한을 생각하면 다음과 같이 됩니다.

$$\lim_{n\to\infty}(\sqrt{n^2+n}-n)=\lim_{n\to\infty}\frac{(\sqrt{n^2+n}-n)(\sqrt{n^2+n}+n)}{\sqrt{n^2+n}+n}$$
$$=\lim_{n\to\infty}\frac{n}{\sqrt{n^2+n}+n}$$
$$=\lim_{n\to\infty}\frac{1}{\sqrt{1+\dfrac{1}{n}}+1}$$
$$=\frac{1}{1+1}=\frac{1}{2}$$

[주의]  위 풀이의 마지막 부분에서는

$$1+\frac{1}{n}\to1$$

인 데서,

$$\sqrt{1+\frac{1}{n}}\to\sqrt{1}=1$$

로 결론을 내리고 있습니다. 즉,

$$\lim_{n\to\infty}a_n=\alpha \quad 이면 \quad \lim_{n\to\infty}\sqrt{a_n}=\sqrt{\alpha}$$
$$(단, \quad \alpha\geqq0)$$

이라는 추론 법칙을 "무단으로" 사용하고 있는 것입니다.
이것은 위에서 말한 "극한값과 사칙"의 법칙 안에 포함
되어 있지 않습니다. 그러나 분명히 올바른 추론입니다.
앞으로도 이와 유사한 추론이 여러 곳에서 나타날 것입
니다. 그래서 우리는 다음과 같이 합의해 둡니다 : 극한에
관한 이런 종류의 "분명히 올바른" 추론은 자유로이 사
용해도 됩니다. 여러분은 나중에 함수의 연속성을 배울
때 이것의 근거가 되는 일반적인 기술을 발견하게 될 것

입니다.

문제 **2** 다음 극한값을 구하시오.

(1)  $\lim_{n \to \infty}\left(2 - \dfrac{1}{n^2}\right)$  (2)  $\lim_{n \to \infty} \dfrac{2n-6}{5n+3}$

(3)  $\lim_{n \to \infty} \dfrac{5-3n^2}{(n+1)(2n+1)}$  (4)  $\lim_{n \to \infty} \dfrac{n-2}{4n(n+3)}$

문제 **3** 다음 극한값을 구하시오.

(1)  $\lim_{n \to \infty}(\sqrt{n+1} - \sqrt{n})$  (2)  $\lim_{n \to \infty}(\sqrt{n^2-2n} - n)$

(3)  $\lim_{n \to \infty}(\sqrt{n^2+n+1} - \sqrt{n^2-n+1})$

(4)  $\lim_{n \to \infty} \dfrac{1}{\sqrt{4n^2+n} - 2n}$

문제 **4** 다음 수열의 극한값을 구하시오.

$$\frac{3 \cdot 4}{1 \cdot 2}, \ \frac{4 \cdot 5}{2 \cdot 3}, \ \frac{5 \cdot 6}{3 \cdot 4}, \ \frac{6 \cdot 7}{4 \cdot 5}, \ \cdots\cdots$$

문제 **5** 다음 극한값을 구하시오.

(1)  $\lim_{n \to \infty} \dfrac{1+2+\cdots+n}{n^2}$  (2)  $\lim_{n \to \infty} \dfrac{1^2+2^2+\cdots+n^2}{n^3}$

(3)  $\lim_{n \to \infty} \dfrac{1}{n^3} \sum_{k=1}^{n} (2k^2+k)$

[주의 : 예를 들면 (1)은 제 $n$ 항이  $\dfrac{1+2+\cdots+n}{n^2}$  인 수열의 극한값이라는 뜻입니다.]

문제 **6** 제 $n$ 항이 다음 식으로 나타나는 수열의 극한값을 구하시오.

(1)  $\sin\dfrac{\pi}{n}$

(2)  $\cos\dfrac{\pi}{n}$

(3)  $\log_2 \sqrt{n} - \log_2 \sqrt{16n+5}$

문제 **7** $A$ 를 직각의 꼭지점으로 하는 직각삼각형 $ABC$ 의 빗변 $BC$ 를 $n+1$ 등분하고, 분점을 $B$ 에 가까운 쪽부터 차례로 $P_1, P_2, \cdots, P_n$ 으로 합니다.

빗변 $BC$ 의 길이를 $BC = a$ 라 하고, 다음 극한값을 구하시오.

$$\lim_{n \to \infty} \frac{1}{n}(AP_1{}^2 + AP_2{}^2 + \cdots + AP_n{}^2)$$

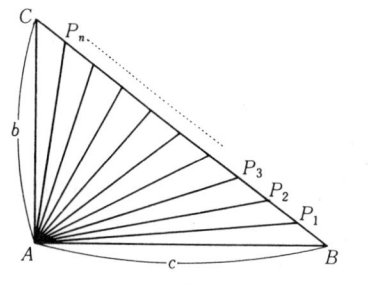
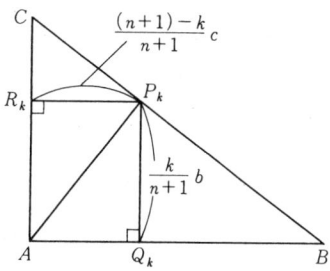

[힌트 : 먼저    $AP_1^2 + AP_2^2 + \cdots + AP_n^2$

을 계산합니다. $AB = c$, $AC = b$라 하고, 점 $P_k$에서 변 $AB$, $AC$에 내린 수선을 각각 $P_kQ_k$, $P_kR_k$라 하면

$$AP_k^2 = P_kQ_k^2 + AQ_k^2 = P_kQ_k^2 + P_kR_k^2$$

따라서

$$\sum_{k=1}^{n} AP_k^2 = \sum_{k=1}^{n} P_kQ_k^2 + \sum_{k=1}^{n} P_kR_k^2$$
$$= \frac{b^2}{(n+1)^2} \sum_{k=1}^{n} k^2 + \frac{c^2}{(n+1)^2} \sum_{k=1}^{n} k^2$$

## ◆  극한의 법칙 (2)──극한값과 부등식

수열의 극한값의 크기에 대해서는 다음 법칙이 성립합니다.

---

**1**　수열 $\{a_n\}, \{b_n\}$이 수렴하여
$$\lim_{n \to \infty} a_n = \alpha, \qquad \lim_{n \to \infty} b_n = \beta$$
일 때
$$a_n \leqq b_n \qquad (n = 1, 2, 3, \cdots)$$
이면
$$\alpha \leqq \beta$$

**2**　수열 $\{a_n\}, \{b_n\}, \{c_n\}$에서
$$a_n \leqq b_n \leqq c_n \qquad (n = 1, 2, 3, \cdots)$$
이고, 또 $\{a_n\}, \{c_n\}$이 수렴하여
$$\lim_{n \to \infty} a_n = \lim_{n \to \infty} c_n = \alpha$$
이면 $\{b_n\}$도 수렴하여
$$\lim_{n \to \infty} b_n = \alpha$$

---

위의 법칙 **1**에서 $a_n < b_n$ $(n=1, 2, 3, \cdots)$이어도 극한값에 대해서는

$$\alpha < \beta$$

가 반드시 성립한다고는 할 수 없습니다. 극한값이 같아지는 경우도 있습니다. 예를 들면,

$$a_n = 1, \qquad b_n = 1 + \frac{1}{n}$$

이라 하면 모든 $n$에 대하여 $a_n < b_n$이지만,

$$\lim_{n \to \infty} a_n = 1, \qquad \lim_{n \to \infty} b_n = 1$$

이 됩니다.

그리고 이 법칙 **1**의 특수한 경우로서

$$a_n \geqq 0 \quad (n=1, 2, 3, \cdots), \quad \lim_{n \to \infty} a_n = \alpha$$

이면 $\alpha \geqq 0$ 또는

$$a_n \leqq 0 \quad (n=1, 2, 3, \cdots), \quad \lim_{n \to \infty} a_n = \alpha$$

이면 $\alpha \leqq 0$, 이라는 명제가 성립하는 것에 주목합시다.

법칙 **2**의 응용으로서 다음과 같은 극한을 구할 수가 있습니다.

**㉠** 다음 극한값을 구하시오.

$$\lim_{n \to \infty} \frac{1}{n} \sin n\theta$$

단, 여기서 $\theta$는 어떤 상수로 합니다.

**풀이** $-1 \leqq \sin n\theta \leqq 1$, 따라서

$$-\frac{1}{n} \leq \frac{1}{n} \sin n\theta \leq \frac{1}{n}$$

입니다. 그리고

$$\lim_{n \to \infty} \left( -\frac{1}{n} \right) = 0, \quad \lim_{n \infty} \frac{1}{n} = 0$$

이므로

$$\lim_{n \to \infty} \frac{1}{n} \sin n\theta = 0$$

이 됩니다.

[주의] 위의 예도 그 중 하나이지만, 일반적으로 수열 $\{a_n\}$, $\{c_n\}$에서

$$|a_n| \leqq c_n, \qquad \lim_{n \to \infty} c_n = 0$$

이 성립하면

$$\lim_{n \to \infty} a_n = 0$$

이 됩니다.

**문제 8** 다음의 극한값을 구하시오. 단, $\theta$는 상수입니다.

(1) $\displaystyle\lim_{n \to \infty} \frac{1}{n} \cos n\theta$      (2) $\displaystyle\lim_{n \to \infty} \frac{1}{n^2} \sin 2n\theta$

(3) $\displaystyle\lim_{n \to \infty} \frac{1}{n} \sin^2 2n\theta$      (4) $\displaystyle\lim_{n \to \infty} \frac{1}{n^2} \cos^2 \frac{n\pi}{3}$

**문제 9** (1)  임의의 실수 $x, y$에 대하여 부등식

$$||x| - |y|| \leq |x - y|$$

가 성립하는 것을 증명하시오. (207페이지의 부등식 참조.)

(2)  수열 $\{a_n\}$에 대하여, $a_n \to \alpha$는 $|a_n - \alpha| \to 0$과 동치입니다. 이것과 (1)의 부등식을 이용해서

$$\lim_{n \to \infty} a_n = \alpha \quad \text{이면} \quad \lim_{n \to \infty} |a_n| = |\alpha|$$

임을 증명하시오.

## ◆ 극한의 법칙(3)——$+\infty$, $-\infty$로 발산하는 수열

$+\infty$, $-\infty$로 발산하는 수열의 극한 계산에는 많은 법칙이 있지만 체계적으로 풀어 나가는 것은 좀 번거롭고 또 거의 "자명"한 것이 많으므로, 여기서는 몇 가지 예를 드는데 그치려고 합니다. (여러분은 필요에 따라 유사한 법칙을 스스로 풀어 나갈 수 있을 것입니다.)

**1** $\displaystyle\lim_{n \to \infty} a_n = +\infty$ 이면

$\displaystyle\lim_{n \to \infty}(-a_n) = -\infty.$       역도 성립

**2** $\displaystyle\lim_{n \to \infty} a_n = +\infty, \ \lim_{n \to \infty} b_n = +\infty$    또는

$\displaystyle\lim_{n \to \infty} a_n = \alpha, \ \lim_{n \to \infty} b_n = +\infty$ 이면

$$\lim_{n \to \infty}(a_n + b_n) = +\infty$$

**3** $\displaystyle\lim_{n \to \infty} a_n = +\infty, \ \lim_{n \to \infty} b_n = +\infty$ 이면

$$\lim_{n \to \infty} a_n b_n = +\infty$$

$\displaystyle\lim_{n \to \infty} a_n = +\infty, \ \lim_{n \to \infty} b_n = -\infty$ 이면

$$\lim_{n \to \infty} a_n b_n = -\infty$$

**4**  $\lim_{n \to \infty} a_n = \alpha > 0$,  $\lim_{n \to \infty} b_n = +\infty$  이면

$$\lim_{n \to \infty} a_n b_n = +\infty$$

$\lim_{n \to \infty} a_n = \alpha < 0$,  $\lim_{n \to \infty} b_n = +\infty$  이면

$$\lim_{n \to \infty} a_n b_n = -\infty$$

**5**  $a_n > 0$ $(n=1, 2, 3, \cdots)$ 일 때

$$\lim_{n \to \infty} \frac{1}{a_n} = 0 \quad 과 \quad \lim_{n \to \infty} a_n = +\infty \quad 는 동치$$

$a_n < 0$ $(n=1, 2, 3, \cdots)$ 일 때

$$\lim_{n \to \infty} \frac{1}{a_n} = 0 \quad 과 \quad \lim_{n \to \infty} a_n = -\infty \quad 는 동치$$

**6**  $a_n < b_n$ $(n=1, 2, 3, \cdots)$ 일 때

$$\lim_{n \to \infty} a_n = +\infty \quad 이면 \quad \lim_{n \to \infty} b_n = +\infty$$

$$\lim_{n \to \infty} b_n = -\infty \quad 이면 \quad \lim_{n \to \infty} a_n = -\infty$$

**예** 다음의 극한을 구하시오.

(1)  $\lim_{n \to \infty} (n^3 - 10n)$     (2)  $\lim_{n \to \infty} \dfrac{4n + 3n^2 - 2n^3}{1 + n}$

**풀이**  (1)  $n^3 - 10n$을 변형하면

$$n^3 - 10n = n^3 \left( 1 - \frac{10}{n^2} \right)$$

$n \to \infty$일 때

$$n^3 \to \infty, \qquad 1 - \frac{10}{n^2} \to 1$$

따라서

$$\lim_{n \to \infty} (n^3 - 10n) = \lim_{n \to \infty} n^3 \left( 1 - \frac{10}{n^2} \right) = \infty$$

(2)  수열의 제$n$항을 변형하면

$$\frac{4n + 3n^2 - 2n^3}{1 + n} = \frac{4 + 3n - 2n^2}{\frac{1}{n} + 1} = \frac{n^2 \left( \frac{4}{n^2} + \frac{3}{n} - 2 \right)}{\frac{1}{n} + 1}$$

여기서 $n \to \infty$라 하면

$$n^2 \to \infty, \qquad \frac{\frac{4}{n^2} + \frac{3}{n} - 2}{\frac{1}{n} + 1} \to -2$$

따라서

$$\lim_{n \to \infty} \frac{4n + 3n^2 - 2n^3}{1 + n} = -\infty$$

문제 10  다음의 극한을 구하시오.

(1)  $\displaystyle\lim_{n \to \infty} n(n-1)$      (2)  $\displaystyle\lim_{n \to \infty} (-n^3 + 8n)$

(3)  $\displaystyle\lim_{n \to \infty} \frac{3n^2 - 4n}{n + 2}$      (4)  $\displaystyle\lim_{n \to \infty} \frac{1 - 4n + 5n^3}{2 - 3n^2}$

문제 11  다음 명제는 옳습니까? 옳지·않은 것에 대해서는
반례를 드시오. (옳은 것은 증명이 필요합니다.)

(1)  $\displaystyle\lim_{n \to \infty} a_n{}^2 = 1$ 이면,

$$\lim_{n \to \infty} a_n = 1 \quad \text{또는} \quad \lim_{n \to \infty} a_n = -1$$

(2)  $\displaystyle\lim_{n \to \infty} a_n = \infty, \ \lim_{n \to \infty} b_n = \infty$ 이면,

$$\lim_{n \to \infty} (a_n - b_n) = 0$$

(3)  $a_n \geqq 1 \ (n = 1, 2, 3, \cdots), \ \displaystyle\lim_{n \to \infty} b_n = -\infty$ 이면,

$$\lim_{n \to \infty} a_n b_n = -\infty$$

(4)  $\displaystyle\lim_{n \to \infty} a_n = +\infty$ 이고 $\{b_n\}$이 음의 무한대로 발산하지 않
으면

$$\lim_{n \to \infty} (a_n + b_n) = +\infty$$

문제 12  다음 조건을 만족하는 수열 $\{a_n\}, \{b_n\}$의 예를 하나
씩 드시오.

(1)  $\displaystyle\lim_{n \to \infty} a_n = \infty, \ \lim_{n \to \infty} b_n = \infty, \ \lim_{n \to \infty} \frac{a_n}{b_n} = \infty$

(2)  $\displaystyle\lim_{n \to \infty} a_n = \infty, \ \lim_{n \to \infty} b_n = \infty$ 이고, 수열 $\{a_n - b_n\}$ 은 진동한다.

(3)  $\displaystyle\lim_{n \to \infty} a_n = 0, \ \lim_{n \to \infty} b_n = \infty$ 이고, 수열 $\{a_n b_n\}$은 수렴한다.

(4)  $\displaystyle\lim_{n \to \infty} a_n = 0, \ \lim_{n \to \infty} b_n = \infty, \ \lim_{n \to \infty} a_n b_n = -\infty$

(5)  $\displaystyle\lim_{n \to \infty} a_n = 0, \ \lim_{n \to \infty} b_n = \infty$ 이고, 수열 $\{a_n b_n\}$은 진동한다.

## ◆ 무한등비수열 $\{r^n\}$의 극한

등비수열

$$r, \ r^2, \ r^3, \ \cdots, \ r^n, \ \cdots\cdots$$

의 극한은 매우 중요합니다. (물론 여기서 $r$은 어떤 상수

입니다.)

이것에 대해서는 다음 정리가 성립합니다.

---

$r$을 상수라 할 때, 수열 $\{r^n\}$에 대하여 다음이 성립합니다.

**1** $r > 1$   이면   $\displaystyle\lim_{n\to\infty} r^n = +\infty$

**2** $r = 1$   이면   $\displaystyle\lim_{n\to\infty} r^n = 1$

**3** $|r| < 1$   이면   $\displaystyle\lim_{n\to\infty} r^n = 0$

**4** $r \leqq -1$   이면 $\{r^n\}$은 진동하여, $\displaystyle\lim_{n\to\infty} r^n$은 존재하지 않는다.

---

정리에 설명된 것을 그림으로 그리면 다음과 같이 됩니다.

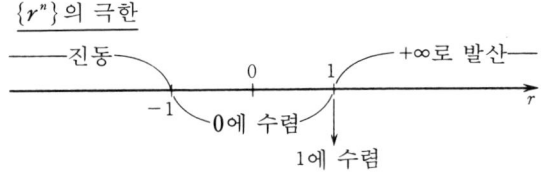

**증명** **1** $r > 1$일 때

$r = 1 + h$로 놓으면 $h > 0$이고, 687페이지의 예제로부터, 2 이상의 자연수 $n$에 대하여

$$r^n = (1+h)^n > 1 + nh$$

가 성립합니다.

$h > 0$이므로 $n \to \infty$일 때 $1 + nh \to +\infty$

따라서

$$\lim_{n\to\infty} r^n = +\infty$$

가 됩니다.

**2** $r = 1$일 때

모든 자연수 $n$에 대하여 $r^n = 1$이므로

$$\lim_{n\to\infty} r^n = 1$$

**3** $|r| < 1$ 즉 $-1 < r < 1$일 때

$r=0$이면 모든 자연수 $n$에 대하여 $r^n=0$이므로 $\lim\limits_{n\to\infty} r^n=0$입니다.

그리하여 $|r|<1$, $r\neq 0$으로 합니다. 이때 $\dfrac{1}{|r|}>1$ 이므로, **1**에 따라

$$\lim_{n\to\infty}\frac{1}{|r^n|}=\lim_{n\to\infty}\left(\frac{1}{|r|}\right)^n=+\infty$$

따라서 $\lim\limits_{n\to\infty}|r^n|=0$, 그러므로

$$\lim_{n\to\infty} r^n=0$$

**4**  $\underline{r\leqq -1일 \ 때}$

$r=-1$일 때 $\{r^n\}$은

$$-1, \ 1, \ -1, \ 1, \ -1, \ 1, \ \cdots\cdots$$

이라는 수열이 되고, 이것은 명백히 발산합니다.

$r<-1$이면 $r^n$은

$$n이 \ 홀수일 \ 때 \ 음, \ n이 \ 짝수일 \ 때 \ 양$$

이고, 게다가 $|r|>1$이므로 **1**에 따라 $n\to\infty$일 때 $|r^n|=|r|^n\to+\infty$가 됩니다. [예를 들어 $r=-2$이면 $\{(-2)^n\}$ 은 $-2, \ 4, \ -8, \ 16, \ -32, \ 64, \ \cdots$라는 수열입니다.] 따라서 $\{r^n\}$은 진동하며, $\lim\limits_{n\to\infty} r^n$은 존재하지 않습니다.

**㉠** (1)  $r=1.05$이면 $r>1$, 따라서

$$\lim_{n\to\infty}(1.05)^n=+\infty$$

(2)  $r=-\dfrac{1}{2}$이면 $|r|<1$, 따라서

$$\lim_{n\to\infty}\left(-\frac{1}{2}\right)^n=0$$

(3)  $r=-1.05$이면 $r<-1$, 따라서 $\{(-1.05)^n\}$은 진동

**㉠** $\lim\limits_{n\to\infty}\dfrac{3^n+5^n}{4^n-5^n}$ 을 구하시오.

$$\frac{3^n+5^n}{4^n-5^n}=\frac{\left(\dfrac{3}{5}\right)^n+1}{\left(\dfrac{4}{5}\right)^n-1}$$

이고, $n\to\infty$일 때 $\left(\dfrac{3}{5}\right)^n\to0$, $\left(\dfrac{4}{5}\right)^n\to0$, 따라서

$$\lim_{n\to\infty}\frac{3^n+5^n}{4^n-5^n}=\lim_{n\to\infty}\frac{\left(\dfrac{3}{5}\right)^n+1}{\left(\dfrac{4}{5}\right)^n-1}=\frac{1}{-1}=-1$$

**문제 13**  제 $n$ 항이 다음 식으로 나타나는 수열의 극한을 알아보시오.

(1)  $1.001^n$        (2)  $(-0.8)^n$        (3)  $(-1.001)^n$

(4)  $\dfrac{(-1)^n}{3}$        (5)  $\left(\dfrac{\sqrt{10}}{3}\right)^n$        (6)  $\left(\dfrac{2\sqrt{6}}{5}\right)^n$

(7)  $\dfrac{1}{1+2^n}$        (8)  $\dfrac{1+2^n}{1-2^n}$

(9)  $\dfrac{2^{n+1}-4^{n+1}}{3^n-4^n}$        (10)  $\dfrac{0.3^n+0.2^n}{0.4^n-0.1^n}$

(11)  $\left(\dfrac{1}{2}\right)^n \cos n\pi$        (12)  $\dfrac{r^{2n}-4^n}{r^{2n}+4^n}$

[힌트 : (12) $|r|>2$, $|r|=2$, $|r|<2$로 경우를 나누어서 생각하시오.]

**문제 14**  제 $n$ 항이 다음 식으로 나타나는 수열의 극한을 알아보시오.

(1)  $\sin^n\theta$,  단  $-\dfrac{\pi}{2}\le\theta\le\dfrac{\pi}{2}$

(2)  $\dfrac{1-\sin^{2n}\theta}{1+\sin^{2n}\theta}$, 단  $-\dfrac{\pi}{2}\le\theta\le\dfrac{\pi}{2}$

(3)  $\dfrac{\cos^n\theta-\sin^n\theta}{\cos^n\theta+\sin^n\theta}$, 단  $0\le\theta\le\dfrac{\pi}{2}$

[힌트 : (3) $\cos\theta$와 $\sin\theta$의 크기를 비교하시오.]

**예제**  $x$를 $x\ne-1$인 실수라 할 때, 제 $n$ 항이

$$\frac{x^{n+1}}{1+x^n}$$

인 수열은 수렴한다는 것을 증명하고, 그 극한값을 구하시오. 또, 그 극한값을

$$f(x)=\lim_{n\to\infty}\frac{x^{n+1}}{1+x^n}$$

으로 하여 함수 $f(x)$의 그래프를 그리시오.

**풀이**  1  $|x|>1$일 때

이 때는 $\left|\dfrac{1}{x}\right|<1$이므로

$$\left(\frac{1}{x}\right)^n=\frac{1}{x^n}\to 0$$

따라서    $\displaystyle\lim_{n\to\infty}\frac{x^{n+1}}{1+x^n}=\lim_{n\to\infty}\frac{x}{\dfrac{1}{x^n}+1}=x$

**2** <u>$|x| < 1$일 때</u>

이 때는 $x^n \to 0$, $x^{n+1} \to 0$. 따라서

$$\lim_{n \to \infty} \frac{x^{n+1}}{1 + x^n} = 0$$

**3** <u>$x = 1$일 때</u>

명백히

$$\lim_{n \to \infty} \frac{x^{n+1}}{1 + x^n} = \frac{1}{1 + 1} = \frac{1}{2}$$

—— 위에서 알아본 바와 같이 $x \neq -1$일 때 수열 $\left\{ \dfrac{x^{n+1}}{1 + x^n} \right\}$은 항상 수렴하며, 따라서 그 극한값으로서 함수

$$f(x) = \lim_{n \to \infty} \frac{x^{n+1}}{1 + x^n}$$

이 정의됩니다. 그 그래프는 오른쪽 그림(굵은 선 및 검은 점)과 같이 됩니다.

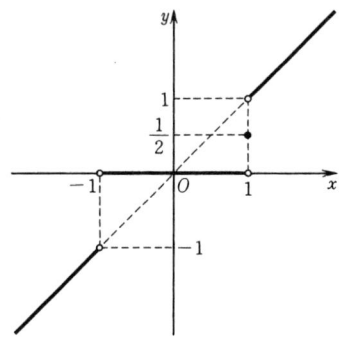

위 예제의 함수 $f(x)$의 그래프는 우리가 지금까지 다루어 온 함수의 그래프와 상당히 다른 성질을 지니고 있습니다. 즉, 이 함수는 $x = -1$을 제외한 모든 실수 $x$에 대해서 정의되지만, $x = 1$의 곳에서는 그래프가 이어져 있지 않습니다. 나중에 배우는 용어를 미리 써서 말하면, 이 함수는 $x = 1$에서 "불연속"인 것입니다. (아마도 제17장에서 이 용어가 나올 것입니다.)

덧붙여 말하면, 이 예제에서 수열 $\left\{ \dfrac{x^{n+1}}{1 + x^n} \right\}$의 극한을 생각할 때, 어째서 $x \neq -1$로 했는가? 그것은 $x = -1$로 하면, $n = 1, 3, 5, 7, \cdots$에 대하여 $1 + (-1)^n = 0$이 되어, $\dfrac{x^{n+1}}{1 + x^n}$이 정의되지 않기 때문입니다. 즉, $x = -1$일 때는 극한을 생각하기 전에 수열 그 자체가 무의미한 것이 되고 맙니다.

**문제 15** 임의의 실수 $x$에 대하여, 제 $n$ 항이 다음 식으로 나타나는 수열은 수렴한다는 것을 증명하시오. 다음에 그 극

한값을 $f(x)$로 하고, 함수 $f(x)$의 그래프를 그리시오.

(1) $\dfrac{x^{2n}}{1+x^{2n}}$      (2) $\dfrac{x^{2n+1}+1}{x^{2n}+1}$

(3) $\dfrac{|x|^n-1}{|x|^n+1}$      (4) $\dfrac{x+x^{2n}}{1+x^{2n}}$

**문제 16** 다음의 극한값을 구하시오. 그 값을 $f(x)$로 하면 $f(x)$는 어떤 함수가 될까요?

(1) $\displaystyle\lim_{n\to\infty}|\sin x|^n$      (2) $\displaystyle\lim_{n\to\infty}(|\sin x|^n+|\cos x|^n)$

**문제 17** $a, b$를 상수, $a>b>0$이라 할 때

$$\lim_{n\to\infty}\frac{a^{n+1}+b^{n+1}}{a^n+b^n}$$

을 구하시오.

**예제** $a_1=4,\ a_{n+1}=\dfrac{1}{2}a_n+4\quad(n=1,2,3\cdots)$
에 의해서 정의되는 수열 $\{a_n\}$에 대하여, $\displaystyle\lim_{n\to\infty}a_n$을 구하시오.

**풀이** 주어진 점화식을 변형하면

$$a_{n+1}-8=\frac{1}{2}(a_n-8)$$

따라서 $b_n=a_n-8$로 놓으면 수열 $\{b_n\}$은 공비 $\dfrac{1}{2}$인 등비수열이고, 그 첫째항은

$$b_1=a_1-8=-4$$

그러므로

$$b_n=-4\left(\frac{1}{2}\right)^{n-1}$$

따라서

$$a_n=b_n+8=-4\left(\frac{1}{2}\right)^{n-1}+8$$

여기서 $\{b_n\}$의 극한은

$$\lim_{n\to\infty}b_n=\lim_{n\to\infty}\left\{-4\left(\frac{1}{2}\right)^{n-1}\right\}=0$$

그러므로

$$\lim_{n\to\infty}a_n=8$$

위 예제의 수열 $\{a_n\}$의 극한값은 또, 다음과 같이 그림을 이용해서도 구할 수 있습니다.

즉, 좌표평면상에 두 직선

$$y = \frac{1}{2}x + 4, \qquad y = x$$

를 그리고, $x = a_1 = 4$에서 출발하여 오른쪽 그림의 화살표처럼 나아갑니다. 그러면 차례로 $a_2, a_3, a_4, \cdots$가 얻어지는데, 그림에서 명백하듯이 $a_n$은 점차 두 직선의 교점인 $x$좌표의 8에 무한히 가까워집니다.

이 방법은 직관적이고도 명쾌합니다!

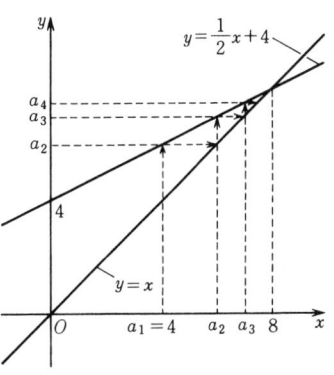

**문제 18** 다음의 점화식에 의해 결정되는 수열 $\{a_n\}$의 극한에 대해서 알아보시오.

(1)  $a_1 = 1, \quad a_{n+1} = \frac{1}{3}a_n + 1$

(2)  $a_1 = 3, \quad a_{n+1} = 9 - \frac{a_n}{2}$

(3)  $a_1 = 2, \quad a_{n+1} = \frac{3}{5}a_n - 2$

(4)  $a_1 = 1, \quad a_{n+1} = 2a_{n+1}$

[주의 : 일반적으로 $p, q$를 상수라 하고, 점화식

$$a_{n+1} = pa_n + q$$

에 의해 결정되는 수열 $\{a_n\}$은 $|p| < 1$이면 $\alpha = \frac{q}{1-p}$에 수렴합니다.]

다음 예제는 좀 어렵지만, 극한의 응용으로서 하나의 좋은 보기가 되므로 참고 삼아 게재합니다.

**예제** 수열 $\{a_n\}$을 다음과 같이 귀납적으로 정합니다 :
$$a_1 = 2, \quad a_{n+1} = \frac{1}{2}\left(a_n + \frac{2}{a_n}\right) \quad (n = 1, 2, 3\cdots)$$

(1)  모든 $n$에 대하여 $a_n > \sqrt{2}$임을 증명하시오.

(2)  수열 $\{a_n\}$은 "단조롭게 감소한다"는 것, 즉
$$a_1 > a_2 > a_3 > \cdots > a_n > a_{n+1} > \cdots\cdots$$
임을 증명하시오.

(3)  수열 $\{a_n\}$은 $\sqrt{2}$에 수렴한다는 것을 증명하시오.

**증명** (1)  귀납법에 의합니다.

먼저 $n=1$일 때, $a_1=2>\sqrt{2}$입니다.

다음에 $n=k$일 때, $a_k>\sqrt{2}$라 가정하면 $a_k\neq\dfrac{2}{a_k}$이므로 산술평균과 기하평균의 관계에서

$$a_{k+1}=\frac{1}{2}\left(a_k+\frac{2}{a_k}\right)>\sqrt{a_k\cdot\frac{2}{a_k}}=\sqrt{2}$$

그러므로 모든 $n$에 대하여 $a_n>\sqrt{2}$가 됩니다.

(2)  $a_n-a_{n+1}$을 계산하면

$$\begin{aligned}a_n-a_{n+1}&=a_n-\frac{1}{2}\left(a_n+\frac{2}{a_n}\right)\\&=\frac{1}{2}\left(a_n-\frac{2}{a_n}\right)=\frac{1}{2a_n}(a_n{}^2-2).\end{aligned}$$

(1)에 의해서 $a_n>\sqrt{2}$, 따라서 $a_n{}^2-2>0$이므로

$$a_n-a_{n+1}=\frac{1}{2a_n}(a_n{}^2-2)>0$$

그러므로 $a_n>a_{n+1}$. 즉 수열 $\{a_n\}$은 단조롭게 감소합니다.

(3)  수열 $\{a_n-\sqrt{2}\}$는 (1)에 의해서 모든 항이 양수인 수열입니다. 이것이 0에 수렴한다는 것을 증명하면 됩니다. 점화식을 써서 $a_{n+1}-\sqrt{2}$를 계산하면,

$$\begin{aligned}a_{n+1}-\sqrt{2}&=\frac{1}{2}\left(a_n+\frac{2}{a_n}\right)-\sqrt{2}\\&=\frac{1}{2a_n}(a_n{}^2-2\sqrt{2}\,a_n+2)=\frac{1}{2a_n}(a_n-\sqrt{2})^2.\end{aligned}$$

$a_n>\sqrt{2}$  이므로, 이것으로부터 부등식

$$a_{n+1}-\sqrt{2}<\frac{1}{2\sqrt{2}}(a_n-\sqrt{2})^2 \qquad ①$$

을 얻습니다. 이 부등식은 이미 $a_n-\sqrt{2}\to0$임을 시사하고 있지만, 좀더 자세히 설명하겠습니다.

지금, $b_n=a_n-\sqrt{2}$로 놓으면 $b_n>0$이고, ①로부터

$$b_{n+1}<\frac{1}{2\sqrt{2}}b_n{}^2$$

여기서 쉽사리 $n=2,\ 3,\ 4,\ \cdots$에 대하여

$$b_n<2\sqrt{2}\left(\frac{b_1}{2\sqrt{2}}\right)^{2^{n-1}} \qquad ②$$

이 성립되는 것을 알 수 있습니다. [정확한 증명은 역시 귀납법에 의해서 이루어집니다. 이 증명은 여러분에게 맡기겠습니다.]

그런데 $\dfrac{b_1}{2\sqrt{2}} = \dfrac{2-\sqrt{2}}{2\sqrt{2}}$ 는 1보다 작으므로, $n \to \infty$ 일 때

$$\left( \frac{b_1}{2\sqrt{2}} \right)^{2^{n-1}} \to 0$$

그러므로 ②로부터 $b_n = a_n - \sqrt{2} \to 0$. 이것으로 $a_n \to \sqrt{2}$ 임이 증명되었습니다.

위 예제의 수열의 항을 $a_1 = 2$에서 출발하여 주어진 점화식에 의해서 실제로 차례차례 계산하면 다음과 같이 됩니다.

$$a_2 = \frac{1}{2}\left( a_1 + \frac{2}{a_1} \right) = \frac{3}{2} = 1.5$$

$$a_3 = \frac{1}{2}\left( a_2 + \frac{2}{a_2} \right) = \frac{17}{12} = 1.41666666\cdots$$

$$a_4 = \frac{1}{2}\left( a_3 + \frac{2}{a_3} \right) = \frac{577}{408} = 1.41421568\cdots$$

$$a_5 = \frac{1}{2}\left( a_4 + \frac{2}{a_4} \right) = \frac{665857}{470832} = 1.41421356\cdots$$

이것을 보면 이 수열은 "대단히 빨리" $\sqrt{2}$에 수렴하는 것을 알 수 있습니다. ($a_5$의 소수 전개는 $\sqrt{2}$의 그것과 소수 8자리까지 일치합니다.) 다시 말하면, 이 예제의 점화식은 $\sqrt{2}$의 근사 분수를 효율적으로 만드는 수단을 부여하는 것입니다.

문제 19  (1)  일반적으로 $\alpha$를 하나의 양수라 합니다. 하나의 수 $a_1$을 $a_1 > \sqrt{\alpha}$가 되게 선정하고, $a_2, a_3, a_4, \cdots$은 점화식

$$a_{n+1} = \frac{1}{2}\left( a_n + \frac{\alpha}{a_n} \right) \qquad (n=1, 2, 3, \cdots)$$

에 의해서 결정합니다. 이때 수열 $\{a_n\}$에 대하여

$$a_n > \sqrt{\alpha}$$

$$a_1 > a_2 > \cdots > a_n > a_{n+1} > \cdots\cdots$$

$$\lim_{n \to \infty} a_n = \sqrt{\alpha}$$

임을 증명하시오. [힌트 : 증명은 위 예제의 경우와 같습니다. 여러분은 다만 "$\sqrt{2}$"의 부분을 "$\sqrt{\alpha}$"로 바꾸기만 하면됩니다. 다만, 위의 증명을 그대로 따라가려면

$$\frac{b_1}{2\sqrt{\alpha}} = \frac{a_1 - \sqrt{\alpha}}{2\sqrt{\alpha}}$$

가 1보다 작아져야만 하므로, $a_1 < 3\sqrt{\alpha}$로 가정할 필요가 있습니다. 여러분은 그렇게 가정하십시오. (실제로는 $a_1 > \sqrt{\alpha}$이기만 하면 다른 제한은 필요없습니다.)]

(2)  $\alpha = 3$일 때 $a_1 = 2$부터 출발하여 (1)의 점화식에 의해서 $a_2, a_3, a_4$를 계산해 보시오.

### [보충설명] 쌍곡선상의 격자점
#### ——방정식 $x^2 - 2y^2 = \pm 1$의 정수근

$\sqrt{2}$의 근사 분수의 이야기가 나온 김에 또 하나, 이것역시 근사 분수와 관계가 있는 이야기를 추가해 보겠습니다.

이 이야기는 수준이 좀 높을지 모릅니다. 그러나 어려운 수학을 알고 있을 필요는 전혀 없습니다. 여러분이 지금까지 얻은 지식이면 충분한 데다가, 한편으로는 지금까지 배운 여러 가지 지식이 종합적으로 이용됩니다. 그런 뜻에서 흥미있는 화제입니다. 여러분이 추론의 길이만을 참는다면 이 이야기는 "논증의 묘미"를 맛보게 해줄 것입니다.

우리는 여기서 방정식

$$x^2 - 2y^2 = \pm 1$$

의 정수근, 좀더 정확히 쓰면 방정식

$$x^2 - 2y^2 = 1 \quad \text{또는} \quad x^2 - 2y^2 = -1$$

의 정수근을 구하는 문제를 생각합니다. 즉, 이들 방정식을 만족하는 정수 $x, y$를 구하는 것을 생각하는 것입니다.

이들 방정식이 쌍곡선을 나타낸다는 것을 우리는 이미 알고 있습니다. 따라서 기하학적으로 말하면, 이들 방정식의 정수근을 구하는 것은 쌍곡선상의 <u>격자점</u>을 구하는 문제가 됩니다. 여기서 격자점이란 두 좌표가 모두 정수인 점을 말합니다.

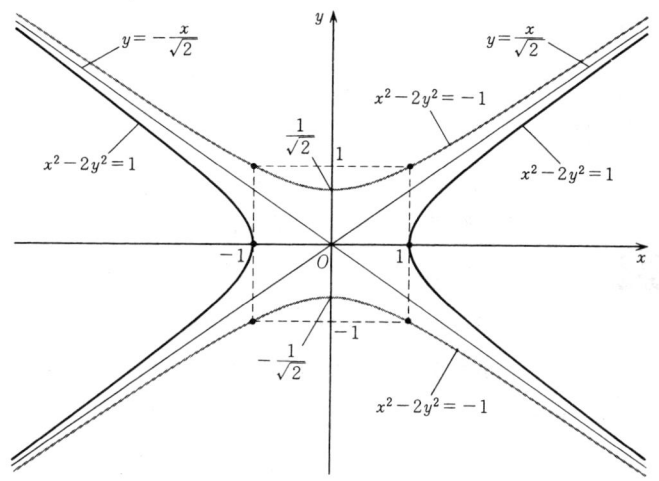

금방 알 수 있듯이, 두 점 $(1, 0)$, $(-1, 0)$은 쌍곡선 $x^2 - 2y^2 = 1$ 위의 격자점입니다. 또 네 점 $(1, 1)$, $(-1, 1)$, $(1, -1)$, $(-1, -1)$은 쌍곡선 $x^2 - 2y^2 = -1$ 위의 격자점입니다.

이들 점 외에도 쌍곡선상에 격자점이 있을까? 이것은 흥미있는 문제입니다.

우리는 지금부터 이 문제를 좀 체계적으로, 단계를 밟아서 생각해 보기로 합시다.

먼저, 방정식에 번호를 매겨서
$$x^2 - 2y^2 = \pm 1 \qquad\qquad ①$$
이라 합니다.

위에서도 말한 바와 같이 $x = \pm 1$, $y = 0$은 방정식 $x^2 - 2y^2 = 1$의 근——여기서 "근"이라 함은 "정수근"을 뜻합니다——인데, 이것은 "자명한" 근입니다. 따라서 앞으로는 $x \neq 0$, $y \neq 0$인 근을 생각합니다.

방정식 ①은

$$(x+y\sqrt{2})(x-y\sqrt{2})=\pm 1$$

로 변형됩니다. 이것은 ①의 근을 구하기 위해서는

$$x+y\sqrt{2} \ ; \ x, y는 정수$$

라는 형태의 수를 고찰하는 것이 효과가 있기 때문입니다. 그리하여, 이 형태의 수 전체의 집합을 $R$이라고 이름을 붙입시다. 즉,

$$R=\{x+y\sqrt{2}\mid x, y는 정수\}$$

라 합니다.

이 집합 $R$에 관하여 다음이 성립합니다.

**1** $R$은 덧셈·뺄셈·곱셈에 대하여 닫혀 있다.

**증명** $\alpha=x+y\sqrt{2},\ \beta=u+v\sqrt{2}$를 $R$의 두 원소로 하면,

$$\alpha\pm\beta=(x\pm u)+(y\pm v)\sqrt{2},$$
$$\alpha\beta=(xu+2yv)+(xv+yu)\sqrt{2}$$

이고, $x\pm u,\ y\pm v,\ xu+2yv,\ xv+yu$는 정수입니다. 따라서 $\alpha\pm\beta\in R,\ \alpha\beta\in R$이 됩니다. [주의 : 다음에서 우리의 당면한 목표에 필요한 것은 $R$이 "곱셈에 대하여 닫혀 있다"는 부분 뿐입니다.]

$R$의 원소 $\alpha=x+y\sqrt{2}$에 대하여

$$\alpha'=x-y\sqrt{2}$$

로 놓고, 이것을 $\alpha$의 "켤레"라 부르기로 합니다. 켤레에 관해서, 다음은 쉽게 검증이 됩니다.

$$(\alpha')'=\alpha, \quad (\alpha\pm\beta)'=\alpha'\pm\beta', \quad (\alpha\beta)'=\alpha'\beta'$$

이 검증은 매우 기계적입니다. 따라서 그것은 여러분에게 맡깁니다.

다음에 $\alpha=x+y\sqrt{2}\in R$에 대하여, $\alpha$와 그 켤레 $\alpha'$의 곱

$$\alpha\alpha'=(x+y\sqrt{2})(x-y\sqrt{2})=x^2-2y^2$$

을 $\alpha$의 "노름"이라 하고, $N(\alpha)$라 쓰기로 합니다. 즉,

$$N(\alpha)=\alpha\alpha'=x^2-2y^2$$

이것은 정수이며, $\alpha\neq 0$이면 $N(\alpha)$도 0이 아닙니다.

**2** $\alpha, \beta\in R$에 대하여

$$N(\alpha\beta) = N(\alpha)N(\beta)$$

특히 $\alpha \in R$이면, 임의의 자연수 $n$에 대하여

$$N(\alpha^n) = N(\alpha)^n$$

**증명**  전반 :

$$N(\alpha\beta) = (\alpha\beta)(\alpha\beta)' = (\alpha\beta)(\alpha'\beta')$$
$$= (\alpha\alpha')(\beta\beta') = N(\alpha)N(\beta)$$

후반 : 전반에 의해서 명백합니다. ($\alpha = \beta$라 하면 $n=2$ 의 경우가 얻어지고, 일반적인 경우는 귀납법에 의해서 증명됩니다.)

**1**에서 말한 바와 같이 $R$은 곱셈에 대해서 닫혀 있지만, 나눗셈에 대해서는 닫혀 있지 않습니다. 실제로 $\alpha = x + y\sqrt{2} \in R$, $\alpha \neq 0$일 때 $\dfrac{1}{\alpha}$은

$$\frac{1}{\alpha} = \frac{1}{x+y\sqrt{2}} = \frac{x-y\sqrt{2}}{(x+y\sqrt{2})(x-y\sqrt{2})}$$
$$= \frac{x}{x^2-2y^2} - \frac{y}{x^2-2y^2}\sqrt{2}$$

가 되지만, $\dfrac{x}{x^2-2y^2}$, $\dfrac{y}{x^2-2y^2}$ 는 일반적으로 정수가 아닙니다. 따라서 $\dfrac{1}{\alpha}$은 일반적으로는 $R$의 원소가 되지 않습니다.

위에서 계산한 식은 노름을 써서 간단히

$$\frac{1}{\alpha} = \frac{\alpha'}{\alpha\alpha'} = \frac{\alpha'}{N(\alpha)}$$

로 쓸 수 있습니다.

여기에서 다음을 알 수 있습니다.

**3**  $\alpha \in R$, $\alpha \neq 0$일 때

$$\frac{1}{\alpha} \in R$$

이기 위한 필요충분조건은

$$N(\alpha) = \pm 1$$

이 성립하는 것이다.

**증명**  $N(\alpha) = \pm 1$이면

$$\frac{1}{\alpha} = \frac{\alpha'}{\alpha\alpha'} = \frac{\alpha'}{N(\alpha)} = \pm\alpha',$$

따라서 $\frac{1}{\alpha} \in R$입니다.

반대로 $\frac{1}{\alpha} \in R$로 합시다. 이때 $\frac{1}{\alpha} = \beta$라 놓으면 $\alpha\beta = 1$이므로, **2**에 의해서

$$N(\alpha)N(\beta) = N(\alpha\beta) = N(1) = 1$$

이 됩니다. ($N(1) = 1$인 것에 주목하십시오.) 여기서 $\alpha$, $\beta$는 $R$의 원소이므로 $N(\alpha)$, $N(\beta)$는 모두 정수입니다. 따라서 $N(\alpha)$는 1의 약수이어야만 합니다. 1의 약수는 $\pm 1$ 외에 없으므로 $N(\alpha) = \pm 1$입니다.


그런데 여기서 $\alpha$ 자신과 함께 $\frac{1}{\alpha}$도 $R$의 원소인 $\alpha$ 전체의 집합 $R_0$로 합니다. **3**에 의하면, 이것은 $N(\alpha) = \pm 1$인 $\alpha \in R$ 전체의 집합이라 해도 마찬가지입니다. $R_0$은 $R$의 부분집합이며 정의로부터 명백하듯이 $\alpha \in R_0$이면 $\frac{1}{\alpha} \in R_0$입니다.

일반적으로 다음이 성립합니다.

**4**  $R_0$은 곱셈·나눗셈에 대해서 닫혀 있다. 즉, $\alpha, \beta \in R_0$이면

$$\alpha\beta \in R_0, \qquad \frac{\alpha}{\beta} \in R_0$$

특히 $\alpha \in R_0$이면, 임의의 자연수 $n$에 대하여

$$\alpha^n \in R_0$$

**증명**  $\alpha, \beta \in R_0$이면, $\frac{1}{\alpha}, \frac{1}{\beta} \in R$. 따라서

$$\alpha\beta \in R, \qquad \frac{1}{\alpha\beta} = \left(\frac{1}{\alpha}\right)\left(\frac{1}{\beta}\right) \in R$$

그러므로 $\alpha\beta \in R_0$ 즉, $R_0$은 곱셈에 대해서 닫혀 있습니다.

또 $\alpha$, $\beta \in R_0$이면 $\alpha$, $\frac{1}{\beta} \in R_0$이므로, 위의 $\beta$ 대신에 $\frac{1}{\beta}$을 생각하면

$$\frac{\alpha}{\beta} = \alpha \cdot \left(\frac{1}{\beta}\right) \in R_0$$

이라는 것도 알 수 있습니다. 즉, $R_0$은 나눗셈에 대해서도 닫혀 있습니다.

후반의 주장은 전반에 의해서 명백합니다.

이상의 준비를 한 다음, 우리는 방정식

$$x^2 - 2y^2 = \pm 1 \qquad \text{①}$$

로 돌아갑니다. ①은

$$(x + y\sqrt{2})(x - y\sqrt{2}) = \pm 1 \qquad \text{②}$$

과 동치이며, $\alpha = x + y\sqrt{2}$로 놓으면, ②는 $R$의 원소 $\alpha$가

$$N(\alpha) = \pm 1$$

을 만족하고 있는 것, 즉 $\alpha$가 $R_0$의 원소라는 것을 뜻합니다. 따라서 "방정식 ①의 정수근을 구한다"는 문제는 "$R_0$의 원소를 구한다"는 문제와 동치가 됩니다.

그런데 방정식 ①의 근(정수근)을 생각할 때 $x$, $y$의 부호는 문제로 삼을 필요가 없습니다. 따라서 앞으로는

$$x > 0, \qquad y > 0$$

인 근만을 생각하기로 합니다. 도형적으로 말하면 쌍곡선 $x^2 - 2y^2 = \pm 1$ 위의 제1사분면에 있는 격자점을 생각하는 것이 됩니다.

**5**  $R_0$의 원소 $\alpha = x + y\sqrt{2}$에 대하여

$$x > 0, \qquad y > 0$$

이라는 것은

$$\alpha > 1$$

인 것과 동치이다.

**증명**  먼저, $R_0$의 원소 $\alpha = x + y\sqrt{2}$가 $x > 0, y > 0$을 만족하는 것이라 합니다. 이때 $x \geqq 1$(왜냐하면 $x$는 정수)이므로

$$\alpha = x + y\sqrt{2} \geqq 1 + y\sqrt{2} > 1$$

이 됩니다.

반대로 $\alpha = x + y\sqrt{2} \in R_0$, $\alpha > 1$이라 합니다. $\alpha \in R_0$, 따라서

$$N(\alpha) = \alpha\alpha' = \pm 1$$

이므로, 이때 $|\alpha'| < 1$이어야 합니다. 즉,

$$-1 < x - y\sqrt{2} < 1$$

입니다. 그리하여 두 부등식

$$x + y\sqrt{2} > 1, \quad x - y\sqrt{2} > -1$$

을 변끼리 더하면 $2x > 0$, 따라서 $x > 0$이 얻어집니다. $x$는 정수이므로 $x \geq 1$입니다. 그리고 $x - y\sqrt{2} < 1$이므로

$$y\sqrt{2} > x - 1 \geq 0$$

그러므로 $y$도 $y > 0$임을 알 수 있습니다.


────이상에 논한 것에서 무엇을 알았는가? 그것은 방정식 ①의 정수근 $x$, $y$로서 $x > 0$, $y > 0$인 것을 구하는 일은

<u>$\alpha > 1$인 $R_0$의 원소 $\alpha$를 구한다</u>

는 것과 동치라는 것입니다.

우리는 마침내 결론적인 명제에 가까이 왔습니다. 그것은 다음과 같이 말할 수 있습니다.

**6** <u>$\varepsilon = 1 + \sqrt{2}$로 놓으면 $\varepsilon \in R_0$이다. 그리고 1보다 큰 $R_0$의 모든 원소는</u>

<u>$$\varepsilon^n \quad (n = 1, 2, 3, \cdots)$$</u>

<u>으로 주어진다.</u> (여기서 그리스 문자 $\varepsilon$은 입실론으로 읽습니다.)

**증명**  $\varepsilon = 1 + \sqrt{2}$가 $R_0$에 속하는 것은 명백합니다. 실제로

$$N(\varepsilon) = (1 + \sqrt{2})(1 - \sqrt{2}) = -1$$

이 되기 때문입니다.

다음에 $\alpha = x + y\sqrt{2} \in R_0$, $\alpha > 1$이면 $\alpha \geq \varepsilon$임을 증명합시다. 이 증명은 간단합니다. 실제로 $\alpha > 1$이면 **5**에 의해서 $x > 0$, $y > 0$, 따라서

$$x \geq 1, \qquad y \geq 1,$$

그러므로

$$\alpha = x + y\sqrt{2} \geq 1 + \sqrt{2} = \varepsilon$$

이 됩니다. 지금 증명한 것은 $\varepsilon$이, 1보다 큰 $R_0$의 원소 중에서 최소임을 뜻합니다. 다시 말하면,

$$1 < \alpha < \varepsilon, \qquad \alpha \in R_0$$

인 $\alpha$는 존재하지 않습니다.

그런데 $\varepsilon \in R_0$이므로 **4**에 의해서 임의의 자연수 $n$에 대하여 $\varepsilon^n \in R_0$입니다. 그리고 $\varepsilon > 1$이므로

$$\varepsilon < \varepsilon^2 < \varepsilon^3 < \cdots < \varepsilon^n < \varepsilon^{n+1} < \cdots\cdots$$

또

$$\lim_{n \to \infty} \varepsilon^n = +\infty$$

가 됩니다.

마지막으로 $\alpha \in R_0$, $\alpha > 1$인 임의의 $\alpha$는 $\varepsilon^n$의 어느 것과 일치하는 것을 증명하겠습니다. 귀류법으로 이것을 증명하기 위해 $\alpha > 1$을 만족하는 $R_0$의 원소 $\alpha$로서 어느 $\varepsilon^n$과도 일치하지 않는 것이 있었다고 가정합니다. 그러면 수열 $\{\varepsilon^n\}$은 "단조롭게 증가"하여 $+\infty$로 발산하므로, 그러한 $\alpha$에 대해서는

$$\varepsilon^n < \alpha < \varepsilon^{n+1}$$

이 되는 자연수 $n$이 반드시 발견될 것입니다. 이 부등식의 각 변을 $\varepsilon^n$으로 나누면

$$1 < \frac{\alpha}{\varepsilon^n} < \varepsilon$$

그리고 **4**에 의해서

$$\frac{\alpha}{\varepsilon^n} \in R_0$$

입니다. 그런데 위에서 증명한 바와 같이 1보다 크고 $\varepsilon$보다 작은 $R_0$의 원소는 존재하지 않습니다. 이것은 모순입니다. 그러므로 $\alpha > 1$인 $R_0$의 임의의 원소 $\alpha$는 $\varepsilon^n$ ($n = 1, 2, 3, \cdots$) 중 어느 하나와 일치하지 않으면 안됩니다. 이것으로 증명은 끝났습니다.

——상당히 긴 설명이 계속되었는데, 여러분 중에는 이런 "논증의 실"을 더듬어 가는 데에 강한 흥미를 가진 사람도 있을 것입니다. 결론적으로 얻어진 것을 다시 정리해 봅시다. 그것은

$$\varepsilon = 1 + \sqrt{2}$$

로 놓으면 $\varepsilon^n (n = 1, 2, 3, \cdots)$이 1보다 큰 $R_0$의 모든 원소를 준다는 것입니다. 그리고 우리는 $R_0$의 1보다 큰 원소는 방정식

$$x^2 - 2y^2 = \pm 1$$

의 양의 정수근에 대응한다는 것을 이미 알고 있습니다. 따라서 위를 바꾸어 말하면 다음과 같이 됩니다 :

$\varepsilon = 1 + \sqrt{2}$라 하고,

$$\varepsilon^n = x_n + y_n \sqrt{2} \quad (n = 1, 2, 3, \cdots) \qquad \text{③}$$

로 놓으면 $(x_n, y_n)$이 방정식

$$x^2 - 2y^2 = \pm 1$$

의 모든 양의 정수근을 준다! 이것이 결론입니다.

끝으로 이 결론을 더욱 완전한 것으로 하기 위해 우리는 ③에서 주어진 $(x_n, y_n)$이 방정식

$$x^2 - 2y^2 = 1 \qquad\qquad (+)$$
$$x^2 - 2y^2 = -1 \qquad\qquad (-)$$

중에서 어느 쪽을 만족하는지를 확정해 둡시다. (이것은 필요한 일입니다. 왜냐하면, 방정식 $x^2 - 2y^2 = \pm 1$은 하나의 방정식이 아니라 위와 같이 두 방정식으로 나누어지기 때문입니다.) 그러나 그 답은 쉽사리 알 수 있습니다. 즉 $(x_n, y_n)$은, $n$이 홀수일 때는 방정식 $(-)$의 근이 되고, $n$이 짝수일 때는 방정식 $(+)$의 근이 됩니다. 왜 그럴까요?

그것은 이미 보아온 바와 같이 $\varepsilon = 1 + \sqrt{2}$의 노름이

$$N(\varepsilon) = -1$$

이고, 따라서

$$N(\varepsilon^n) = N(\varepsilon)^n = (-1)^n$$

이 되기 때문입니다. 이 값은 $n$이 홀수일 때는 $-1$, 짝수일 때는 $+1$ 입니다.

다시 한 번 최종적인 결론을 되풀이합니다.

방정식

$$x^2 - 2y^2 = \pm 1$$

의 모든 양의 정수근은

$$\varepsilon^n = (1 + \sqrt{2})^n = x_n + y_n \sqrt{2} \quad (n = 1, 2, 3, \cdots)$$

으로 놓을 때, $(x_n, y_n)$에 의해서 주어진다.

$n$이 홀수이면 $(x_n, y_n)$은 $x^2 - 2y^2 = -1$의 근

$n$이 짝수이면 $(x_n, y_n)$은 $x^2 - 2y^2 = 1$의 근

이다.

이상으로 결론을 얻었으나 또 한 가지 중요한 문제가 남아 있습니다. 그것은 구체적으로 $(x_n, y_n)$을 계산하려면 어떻게 하면 좋은가 하는 문제입니다. 이것에 대한 해답을 얻기 위해서 우리는

$$\varepsilon^{n+1} = x_{n+1} + y_{n+1}\sqrt{2},$$
$$\varepsilon^{n+1} = \varepsilon^n \cdot \varepsilon = (x_n + y_n\sqrt{2})(1 + \sqrt{2})$$
$$= (x_n + 2y_n) + (x_n + y_n)\sqrt{2}$$

라는 두 식을 비교해 봅시다. 그러면 수열 $\{x_n\}$, $\{y_n\}$에 대하여 점화식

$$\begin{cases} x_{n+1} = x_n + 2y_n \\ y_{n+1} = x_n + y_n \end{cases} \qquad ④$$

이 얻어집니다. 이 점화식은 수열 $\{x_n\}$, $\{y_n\}$이 서로 관련을 가지면서 각각의 제 $n$ 항에서 각각의 제 $n+1$ 항을 결정해 가는 과정을 주고 있습니다. $x_n$, $y_n$의 실제 계산에는 이 점화식 ④를 이용하면 됩니다.

실제로 $(x_1, y_1) = (1, 1)$에서 출발하여 점화식 ④를 이용하여 차례로 $(x_n, y_n)$을 계산하면 다음과 같이 됩니다.

$$(x_2, y_2) = (3, 2), \qquad (x_3, y_3) = (7, 5),$$

$$(x_4, y_4) = (17, 12), \qquad (x_5, y_5) = (41, 29)$$
$$(x_6, y_6) = (99, 70), \qquad (x_7, y_7) = (239, 169)$$

·········

도형적으로 말하면 이들 격자점 $(x_n, y_n)$은 $n$이 홀수일 때는 쌍곡선 $x^2 - 2y^2 = -1$ 위에 $n$이 짝수일 때는 쌍곡선 $x^2 - 2y^2 = 1$ 위에(단, 둘 다 제1사분면의 부분) 있습니다. 이들 격자점은 두 쌍곡선상을 "번갈아 옮겨 다니고" 있습니다.

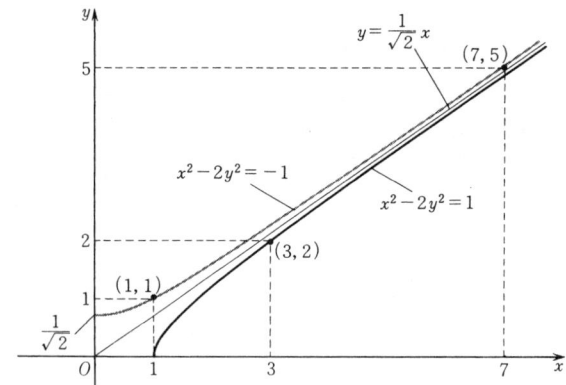

이상으로 우리는, 쌍곡선 $x^2 - 2y^2 = 1$ 위에도, 쌍곡선 $x^2 - 2y^2 = -1$ 위에도 무수히 많은 격자점이 있다는 것을 알았습니다. 마지막으로 위와같은 격자점 $(x_n, y_n)$은 $n$이 한없이 커짐에 따라 2개의 쌍곡선의 점근선

$$y = \frac{x}{\sqrt{2}}$$

에 한없이 가까이 접근해 가는 것에 주의합시다! 즉,

$$\lim_{n \to \infty} \frac{x_n}{y_n} = \sqrt{2}$$

입니다. 실제로, $n = 1, 2, 3, \cdots$에 대한 분수 $\dfrac{x_n}{y_n}$을 만들면

$$\frac{x_n}{y_n} = \frac{1}{1}, \frac{3}{2}, \frac{7}{5}, \frac{17}{12}, \frac{41}{29}, \frac{99}{70}, \frac{239}{169}, \cdots\cdots$$

가 되고, 이들 분수를 소수로 고치면,

$$\frac{17}{12} = 1.4166666\cdots, \quad \frac{41}{29} = 1.4137931\cdots,$$

$$\frac{99}{70} = 1.4142857\cdots, \quad \frac{239}{169} = 1.4142011\cdots$$

과 같이 됩니다.

또 하나 주의할 것은, 점 $(x_n, y_n)$은 $n$이 홀수이거나 짝수이거나에 따라서, 점근선 $y = \dfrac{x}{\sqrt{2}}$ 보다 위 또는 아래에 있습니다. 따라서, 이러한 근사분수의 값은 $n$이 홀수일 때에는 $\sqrt{2}$보다 작고, $n$이 짝수일 때에는 $\sqrt{2}$보다 큽니다. 즉, 이 근사분수열은 "양측에서" $\sqrt{2}$에 가까워집니다.


**보충 설명의 보충**   이상으로 [보충 설명]은 끝났지만, 이 이야기와 관련된 것을 몇 마디 더 추가하고자 합니다.

우리는 위에서 방정식

$$x^2 - 2y^2 = \pm 1$$

의 정수근을 생각했습니다. 이 $y^2$의 계수 "2"를 "3"으로 바꾸어, 방정식

$$x^2 - 3y^2 = \pm 1 \qquad\qquad ⑤$$

의 정수근을 생각하면 어떻게 될까요?

이 경우에도 이론의 구성 방식은 앞서와 같습니다. 나는 의욕적인 사람에게 이 문제를 생각해 보도록 권하는 바입니다. 앞의 $R$이나 $R_0$에 해당하는 집합이 이 경우에는 어떤 집합이 될 것인지, 현명한 여러분은 쉽사리 추측할 수 있을 것입니다. 따라서 나는 이 문제의 "체계적 논술"은 여러분의 자발적인 연구에 맡기기로 하고, 단지 결론만을 말하고자 합니다.

그것은 다음과 같이 됩니다. 즉, 이번 경우의 집합 $R_0$의 1보다 큰 모든 원소는, $\varepsilon = 2 + \sqrt{3}$으로 놓으면

$$\varepsilon^n = (2 + \sqrt{3})^n \qquad (n = 1, 2, 3, \cdots)$$

에 의해서 주어집니다.

다시 말하면,

$$\varepsilon^n = (2 + \sqrt{3})^n = x_n + y_n \sqrt{3} \qquad (n = 1, 2, 3, \cdots)$$

으로 놓으면 $(x_n, y_n)$이 방정식 ⑤의 모든 양의 정수근을 줍니다.

단, 이 경우에는 $(x_n, y_n)$이 모두 방정식

$$x^2 - 3y^2 = 1$$

의 근으로 됩니다. 방정식

$$x^2 - 3y^2 = -1$$

쪽에는 근이 없습니다. 즉, 쌍곡선 $x^2 - 3y^2 = 1$ 위에는 격자점이 무한히 있지만 쌍곡선 $x^2 - 3y^2 = -1$ 위에는 격자점이 하나도 없습니다.

이번 경우에 실제로 $(x_n, y_n)$을 계산하는 점화식은

$$\varepsilon^{n+1} = \varepsilon^n \cdot \varepsilon = (x_n + y_n\sqrt{3})(2+\sqrt{3})$$
$$= (2x_n + 3y_n) + (x_n + 2y_n)\sqrt{3}$$

과 $\varepsilon^{n+1} = x_{n+1} + y_{n+1}\sqrt{3}$ 을 비교하여 얻습니다. 즉,

$$\begin{cases} x_{n+1} = 2x_n + 3y_n \\ y_{n+1} = x_n + 2y_n \end{cases}$$

입니다. $(x_1, y_1) = (2, 1)$에서 출발하여 이 점화식을 써서 계산해 나가면,

$$(x_2, y_2) = (7, 4), \qquad (x_3, y_3) = (26, 15),$$
$$(x_4, y_4) = (97, 56), \qquad (x_5, y_5) = (362, 209),$$
$$\cdots\cdots\cdots$$

가 얻어지고,

$$\frac{x_n}{y_n} = \frac{2}{1}, \quad \frac{7}{4}, \quad \frac{26}{15}, \quad \frac{97}{56}, \quad \frac{362}{209}, \quad \cdots\cdots$$

는 $\sqrt{3}$의 근사 분수열이 됩니다. 전자계산기로 계산하면

$$\frac{97}{56} = 1.7321428\cdots,$$

$$\frac{362}{209} = 1.7320574\cdots$$

가 됩니다.


위에서 생각한 $x^2 - 2y^2 = \pm 1$, $x^2 - 3y^2 = \pm 1$과 같은 방정식은 이른바 "펠 방정식"의 가장 간단한 경우입니다. 끝으로 이 방정식에 관해서 한 마디 더 덧붙이고자 합니다.

일반적으로 $m$을 제곱수가 아닌 양의 정수라 할 때,

$$x^2 - my^2 = \pm 1$$

이라는 형태의 방정식을 **펠 방정식**이라고 합니다. 단, 이 것을 펠 방정식이라 부를 때는 우리는 그 정수근을 구하 는 것을 문제로 하고 있습니다. 이 방정식을 푸는 문제는 17세기부터 여러 사람이 다루었으며 근대 정수론의 발달 을 촉구하는 하나의 요인이 되었습니다.

여러분의 흥미를 끌기 위해 역사적으로 유명한 다음과 같은 문제를 소개하겠습니다. "병사가 같은 크기의 정사 각형으로 정렬한 군단이 61개 있다. 거기에 왕 한 사람을 더해서 다시 정렬시켰더니 큰 정사각형이 되었다. (왕 한 사람을 더한) 전병력은 몇 사람인가?"라는 문제입니다. 군단의 한 변의 인원수를 $y$로 하고, 다시 정렬시킨 정사 각형의 한 변의 인원수를 $x$로 하면, 이 문제는 펠 방정식

$$x^2 - 61y^2 = 1 \qquad\qquad ⑥$$

의 근을 구하는 문제가 됩니다.

근대 정수론의 실마리를 잡은 17세기의 프랑스 수학자 페르마(1601~1665)는——이 사람은 원래 법률가였으 며, 지방 의회 의원으로 있으면서 여가에 수학을 연구했 습니다.——당시의 영국 수학자에게 도전하여 위의 펠 방정식 ⑥을 풀라는 문제를 제안했던 것입니다.

참고로 풀이하면 이 방정식 ⑥의 근(최소의 양의 정수 근)은 다음과 같습니다.

$$x = 1766319049, \qquad y = 226153980$$

따라서 전병력 $x^2$(명)은 놀랍게도 다음과 같은 수가 됩니 다.

$$x^2 = 3119882982860264401 \,(\text{명})$$

이것은 오늘날 지구상의 총인구의 약 6억 배라고 하는 엄 청난 수입니다.

참고로 덧붙여 두겠는데, 임의의 펠 방정식

$$x^2 - my^2 = \pm 1$$

은 반드시 근을 가집니다. (단, 음의 근은 없는 것도 있습니다.) 이것은 라그랑즈(1736~1813)에 의해서 처음으로 증명되었습니다. 그러나 일반적인 경우의 증명은 상당한 기교를 필요로 하며 $m=2, 3$의 경우와 같이 간단히 되지는 않습니다. 이 펠 방정식이라는 명칭은 18세기의 대수학자 오일러가 이 방정식의 해법을 최초로 생각해낸 사람이 펠이라고 오해한 데서 비롯되었다고 합니다.

## $14._3$ 무한급수

이 절에서는 극한을 이용하여 유한합에서 "무한합"으로 진행하겠습니다.

### ◈ 무한급수와 그 합

수열 $\{a_n\}$이 주어졌다고 합시다. (여기서도 번호는 1부터 시작합니다.) 우리는 유한개의 수의 합의 의미를 알고 있으므로, 이 수열의 첫째항부터 제$n$항까지의 합

$$S_n = a_1 + a_2 + \cdots + a_n$$

을 만들 수가 있습니다. 그러나 무한합

$$a_1 + a_2 + a_3 + \cdots\cdots$$

을 만드는 것은 의미가 없는 것처럼 보입니다. 그것은 우리가 무한개의 수를 더하는 조작을 모르기 때문입니다. 하지만 극한의 생각을 이용해서 우리는 이 문제에 접근할 수가 있습니다. 즉, 만일 위의 $S_n$이, $n \to \infty$일 때 어떤 극한(유한의 극한) $S$에 가까워진다면, 이 $S$를 수열의 합으로 정의하면 되지 않을까요? 이것은 매우 자연스럽고 또한 설득력 있는 생각이라고 할 만합니다.

그리하여 처음부터 다시 출발하기로 합니다.

무한수열 $\{a_n\}$이 주어졌을 때,

$$a_1 + a_2 + a_3 + \cdots + a_n + \cdots\cdots$$

이라는 꼴의 식을 수열 $\{a_n\}$으로부터 정해지는 **무한급수**

또는 단지 **급수**라 부릅니다. 수열 $\{a_n\}$의 첫째항, 제 $n$ 항 등을 그대로 이 급수의 첫째항, 제 $n$ 항이라고 합니다. 또, 이 급수를 기호 $\sum$를 써서

$$\sum_{n=1}^{\infty} a_n$$

으로도 나타냅니다. [주의 : 물론 이것을 $\sum_{k=1}^{\infty} a_k$ 등과 같이 쓸 수도 있습니다.]

무한급수 $\sum_{n=1}^{\infty} a_n$에서, 첫째항부터 제 $n$ 항까지의 합

$$S_n = a_1 + a_2 + \cdots + a_n$$

을 이 급수의 **부분합**이라고 합니다. 즉,

$$S_1 = a_1$$
$$S_2 = a_1 + a_2$$
$$S_3 = a_1 + a_2 + a_3$$
$$\cdots\cdots$$
$$S_n = a_1 + a_2 + a_3 + \cdots + a_n$$
$$\cdots\cdots$$

입니다. 기호 $\sum$를 사용하면 $S_n$은

$$S_n = \sum_{k=1}^{n} a_k$$

로 나타납니다.

이 부분합의 수열 $\{S_n\}$이 수렴하여 그 극한값이 $S$일 때, 즉

$$\lim_{n \to \infty} S_n = \lim_{n \to \infty} \sum_{k=1}^{n} a_k = S$$

일 때, 무한급수 $\sum_{n=1}^{\infty} a_n$은 $S$에 **수렴한다**고 하고, $S$를 이 급수의 **합**이라 부릅니다. 이때

$$a_1 + a_2 + a_3 + \cdots + a_n + \cdots = S$$

또는

$$\sum_{n=1}^{\infty} a_n = S$$

로 씁니다.

즉, 급수가 수렴할 때는 급수의 기호가 동시에 급수의 합도 나타내는 것입니다. 그러나 여러분은 "급수"와 "급

수의 합"은 개념상 다르다는 것을 분명히 인식해야만 합니다.

수열 $\{S_n\}$이 발산할 때는 급수 $\sum_{n=1}^{\infty} a_n$도 **발산한다**고 말합니다. 다시 말하면, $\{S_n\}$이 $+\infty$로 발산하는가, $-\infty$로 발산하는가, 진동하는가에 따라 급수 $\sum_{n=1}^{\infty} a_n$도 $+\infty$로 발산한다, $-\infty$로 발산한다, 진동한다고 합니다.

발산하는 급수에 대해서는 그 합을 생각하지 않습니다. 그러나 급수가 $+\infty$ 또는 $-\infty$로 발산할 때는 각각

$$\sum_{n=1}^{\infty} a_n = +\infty \quad \text{또는} \quad \sum_{n=1}^{\infty} a_n = -\infty$$

로 써서, 합이 $+\infty$ 또는 $-\infty$라고 하는 수도 있습니다.

[주의 : 위에서는 수열 $\{a_n\}$의 번호를 앞서와 같이 1부터 시작했으므로 급수를 $\sum_{n=1}^{\infty} a_n$으로 썼습니다. 만일 수열 $\{a_n\}$의 번호가 0부터 시작되어 있다면 급수는 당연히

$$\sum_{n=0}^{\infty} a_n$$

으로 쓰게 됩니다.]

㉺ 급수

$$\sum_{n=1}^{\infty} \frac{1}{n(n+1)}$$

을 생각합니다.

이 급수의 첫째항부터 제 $n$ 항까지의 부분합 $S_n$은

$$S_n = \sum_{k=1}^{\infty} \frac{1}{k(k+1)} = \sum_{k=1}^{n} \left( \frac{1}{k} - \frac{1}{k+1} \right)$$
$$= 1 - \frac{1}{n+1}$$

입니다. 이 극한을 생각하면

$$\lim_{n \to \infty} S_n = 1$$

따라서 이 급수는 수렴하며, 합은

$$\sum_{n=1}^{\infty} \frac{1}{n(n+1)} = 1$$

입니다.

㉺ 급수 $\sum_{n=1}^{\infty} n$의 부분합 $S_n$은

$$S_n = 1 + 2 + \cdots + n = \frac{n(n+1)}{2}$$

이고, $n\to\infty$일 때 $S_n\to+\infty$

따라서 이 급수는 $+\infty$로 발산합니다. 이 결과는

$$\sum_{n=1}^{\infty} n = +\infty$$

로 쓸 수가 있습니다.

**예** 급수 $\sum_{n=1}^{\infty} (-1)^{n-1}$, 즉 급수

$$1+(-1)+1+(-1)+1+(-1)+\cdots\cdots$$

을 생각합니다. 이 급수의 부분합을 $S_n$이라 하면

$$S_1=1, \quad S_2=0, \quad S_3=1, \quad S_4=0, \quad \cdots\cdots$$

즉 $\{S_n\}$은 진동합니다. 따라서 이 급수는 진동합니다.

**문제 20** 다음 급수의 수렴·발산을 알아보시오. 수렴하는 것에 대해서는 그 합을 구하시오.

(1) $\dfrac{1}{1\cdot 3}+\dfrac{1}{3\cdot 5}+\dfrac{1}{5\cdot 7}+\dfrac{1}{7\cdot 9}+\cdots$

(2) $\displaystyle\sum_{n=1}^{\infty} \dfrac{1}{\sqrt{n+1}+\sqrt{n}}$　　　(3) $\displaystyle\sum_{n=1}^{\infty} \sin\dfrac{n}{2}\pi$

◈ **무한등비급수**

무한 등비수열 $\{ar^{n-1}\}$에서 만들어지는 급수

$$\sum_{n=1}^{\infty} ar^{n-1}=a+ar+ar^2+\cdots+ar^{n-1}+\cdots\cdots$$

를 **무한등비급수** 또는 단지 **등비급수**라고 합니다. 이것은 무한급수 중에서 응용상 특히 중요합니다.

다음에는 등비급수의 수렴·발산을 알아봅시다.

$a=0$이면 모든 항이 0이므로 물론 이 급수는 수렴하며, 그 합은 0입니다. 따라서 $a\neq 0$으로 합니다.

이 급수의 첫째항부터 제 $n$항까지의 합을 $S_n$이라 하면, 등비수열의 합의 공식에 따라,

$r\neq 1$일 때는

$$S_n=\frac{a(1-r^n)}{1-r}=\frac{a}{1-r}-\frac{a}{1-r}r^n$$

$r=1$일 때는

$$S_n = na$$

입니다. 여기서 우리는 736페이지에서 배운 수열 $\{r^n\}$의 극한에 관한 결과를 이용합니다. 그러면 다음과 같이 됩니다.

$r > 1$  또는  $r \leq -1$일 때

　　이 경우는 수열 $\{r^n\}$이 발산하므로 수열 $\{S_n\}$도 발산합니다. 그러므로 급수는 발산합니다.

$r = 1$일 때

　　$S_n = na$이고, $a \neq 0$이므로 $\{S_n\}$은 발산합니다. 따라서 급수는 발산합니다.

$|r| < 1$일 때

　　이 경우는 $\lim\limits_{n \to \infty} r^n = 0$입니다. 그러므로

$$\lim_{n \to \infty} S_n = \lim_{n \to \infty} \left( \frac{a}{1-r} - \frac{a}{1-r} r^n \right) = \frac{a}{1-r}$$

즉, $\{S_n\}$은 $\dfrac{a}{1-r}$에 수렴합니다. 따라서 급수는 수렴하고, 그 합은

$$\sum_{n=1}^{\infty} ar^{n-1} = \frac{a}{1-r}$$

가 됩니다.

이상의 결과를 종합하면 다음 정리가 얻어집니다.

---

**정리**　$a \neq 0$일 때, 무한등비급수

$$\sum_{n=1}^{\infty} ar^{n-1} = a + ar + ar^2 + \cdots + ar^{n-1} + \cdots\cdots$$

의 수렴·발산은 다음과 같다.

**$|r| < 1$일 때 수렴하고, 그 합은 $\dfrac{a}{1-r}$**

**$|r| \geq 1$일 때 발산한다.**

---

⑩ 등비급수　　$1 + \dfrac{1}{2} + \dfrac{1}{2^2} + \dfrac{1}{2^3} + \cdots\cdots$

　　은 $\left| \dfrac{1}{2} \right| < 1$이므로 수렴하고, 그 합은

$$1 + \frac{1}{2} + \frac{1}{2^2} + \frac{1}{2^3} + \cdots = \frac{1}{1 - \frac{1}{2}} = 2$$

다음 그림은 이 무한등비급수가 2에 수렴하는 모양
을 보여 줍니다.

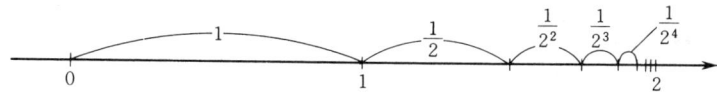

**(예)** 등비급수

$$\sqrt{2} - 1 + \frac{1}{\sqrt{2}} - \frac{1}{2} + \frac{1}{2\sqrt{2}} - \cdots\cdots$$

은 첫째항 $\sqrt{2}$, 공비 $-\dfrac{1}{\sqrt{2}}$ 이고, $\left| -\dfrac{1}{\sqrt{2}} \right| < 1$이므로

수렴합니다. 그 합은

$$\sqrt{2} - 1 + \frac{1}{\sqrt{2}} - \frac{1}{2} + \frac{1}{2\sqrt{2}} - \cdots$$

$$= \frac{\sqrt{2}}{1 - \left( -\dfrac{1}{\sqrt{2}} \right)} = 2(\sqrt{2} - 1)$$

**(예)** 등비급수

$$\sum_{n=1}^{\infty} \left( -\frac{3}{2} \right)^{n-1}$$

은 $\left| -\dfrac{3}{2} \right| > 1$이므로 발산합니다.

**문제 21** 다음의 무한등비급수는 수렴할까요? 수렴하는 것
에 대해서는 합을 구하시오.

(1)  $3 - 3 + 3 - 3 + 3 - 3 + \cdots\cdots$

(2)  $1 - 0.2 + 0.04 - 0.008 + 0.0016 - \cdots\cdots$

(3)  $2 + \sqrt{3} + \dfrac{3}{2} + \dfrac{3\sqrt{3}}{4} + \cdots\cdots$

**문제 22** 무한등비급수 $1 + r + r^2 + r^3 + \cdots$가 수렴하고, 합이
$S$일 때, 다음의 무한등비급수의 합을 $S$로 나타내시오.

(1)  $1 - r + r^2 - r^3 + \cdots\cdots$

(2)  $1 - r^2 + r^4 - r^6 + \cdots\cdots$

**문제 23** 다음의 등비급수가 수렴하는 것은 $x$가 어떤 범위
의 수일 때일까요? 또, 수렴할 때의 합을 구하시오.

(1)    $1+\dfrac{x}{3}+\dfrac{x^2}{9}+\dfrac{x^3}{27}+\cdots\cdots$

(2)    $2+2(1-x)+2(1-x)^2+2(1-x)^3+\cdots\cdots$

(3)    $x+x(1-x^2)+x(1-x^2)^2+x(1-x^2)^3+\cdots\cdots$

**문제 24**    무한급수

$$\sum_{n=1}^{\infty}\frac{x^2}{(1+x^2)^n}$$

은 임의의 실수 $x$에 대하여 수렴함을 증명하시오. 이 급수의 합을 $f(x)$로 하면 이것은 어떤 함수가 될까요?

**문제 25**    무한등비급수

$$1+\frac{1}{2}+\frac{1}{2^2}+\frac{1}{2^3}+\cdots\cdots$$

의 합 $S$와 제 $n$항까지의 부분합 $S_n$과의 차가 처음으로 $10^{-4}$ 보다 작아지는 것은 $n$이 얼마일 때입니까? 단, $\log_{10} 2 = 0.3010$으로 합니다.

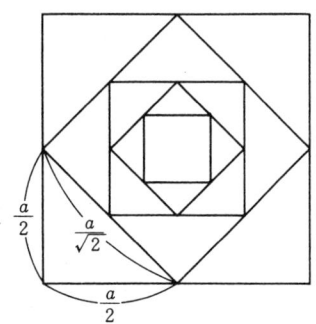

**예제**    한 변의 길이가 $a$인 정사각형 $R_1$이 있습니다. $R_1$의 각 변의 중점을 차례로 연결하여 정사각형 $R_2$를 만듭니다. 또, $R_2$의 각 변의 중점을 차례로 연결하여 정사각형 $R_3$을 만듭니다. 이와 같은 조작을 무한히 계속해서 정사각형 $R_4$, $R_5$, $\cdots$를 만듭니다. 정사각형 $R_n$의 둘레의 길이를 $L_n$이라 할 때, 이것들의 총합

$$\sum_{n=1}^{\infty} L_n$$

을 구하시오.

**풀이**    정사각형 $R_1$의 한 변의 길이가 $a$이므로, $R_2$의 한 변의 길이는 $\dfrac{a}{\sqrt{2}}$ 입니다.

일반적으로 정사각형 $R_n$의 한 변의 길이를 $a_n$이라 하면

$$a_{n+1}=\frac{a_n}{\sqrt{2}}$$

이 됩니다.

그러므로 수열 $\{L_n\}$은 공비 $\dfrac{1}{\sqrt{2}}$ 인 무한등비수열을 이룹니다.

그리고 첫째항 $L_1 = 4a$입니다.

따라서 구하는 둘레의 총합은

$$\sum_{n=1}^{\infty} L_n = \frac{4a}{1-\dfrac{1}{\sqrt{2}}} = 4(2+\sqrt{2})a$$

가 됩니다.

**예제**   다음과 같이 정의되는 수열 $\{a_n\}$이 있습니다.

$$a_1 = 0, \qquad a_2 = 1$$
$$a_{n+2} = \frac{a_{n+1}+a_n}{2} \quad (n=1,2,3,\cdots)$$

이 수열의 극한 $\lim_{n\to\infty} a_n$을 구하시오.

**풀이**   주어진 점화식의 양변에서 $a_{n+1}$을 빼면

$$a_{n+2} - a_{n+1} = -\frac{1}{2}(a_{n+1}-a_n)$$

따라서 이 수열 $\{a_n\}$의 계차수열을 $\{b_n\}$이라 하면

$$b_{n+1} = -\frac{1}{2}b_n$$

즉, $\{b_n\}$은 공비 $-\dfrac{1}{2}$ 인 등비수열입니다. 그리고 그 첫째항은

$$b_1 = a_2 - a_1 = 1$$

그러므로

$$b_n = \left(-\frac{1}{2}\right)^{n-1}$$

따라서

$$a_n = a_1 + \sum_{k=1}^{n-1} b_k = \sum_{k=1}^{n-1}\left(-\frac{1}{2}\right)^{k-1}$$

그러므로

$$\lim_{n\to\infty} a_n = \lim_{n\to\infty}\sum_{k=1}^{n-1}\left(-\frac{1}{2}\right)^{k-1}$$
$$= \sum_{n=1}^{\infty}\left(-\frac{1}{2}\right)^{n-1} = \frac{1}{1-\left(-\frac{1}{2}\right)} = \frac{2}{3}$$

즉, 수열 $\{a_n\}$은 $\dfrac{2}{3}$에 수렴합니다.

다음 그림은 $a_n$이 점차 $\dfrac{2}{3}$에 가까이 가는 모양을 보여 줍니다.

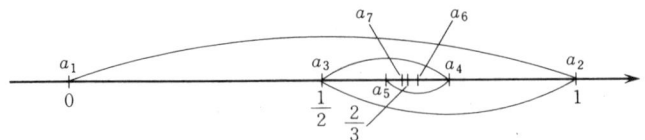

**예제**  다음 급수의 합을 구하시오.

$$\sum_{n=1}^{\infty}\left(\frac{1}{2}\right)^{n}\sin\frac{n\pi}{2}$$

**풀이**  $\sin\dfrac{n\pi}{2}$는 $n$이 짝수일 때는 0이 되므로, 홀수번째의 항만 남습니다. 그리고 급수의 합은 다음과 같이 계산됩니다.

$$
\begin{aligned}
\sum_{n=1}^{\infty}\left(\frac{1}{2}\right)^{n}\sin\frac{n\pi}{2} &= \frac{1}{2}\sin\frac{\pi}{2}+\left(\frac{1}{2}\right)^{3}\sin\frac{3\pi}{2} \\
&\quad +\left(\frac{1}{2}\right)^{5}\sin\frac{5\pi}{2}+\left(\frac{1}{2}\right)^{7}\sin\frac{7\pi}{2}+\cdots \\
&= \frac{1}{2}-\frac{1}{2^{3}}+\frac{1}{2^{5}}-\frac{1}{2^{7}}+\cdots \\
&= \frac{\dfrac{1}{2}}{1-\left(-\dfrac{1}{2^{2}}\right)}=\frac{2}{5}
\end{aligned}
$$

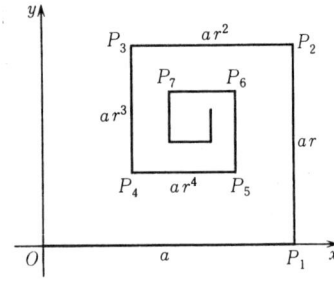

**문제 26**  평면상에서, 원점 $O$로부터 $x$축의 양의 방향으로 $a$만큼 나아간 점을 $P_1$, $P_1$으로부터 $y$축의 양의 방향으로 $ar$ 만큼 나아간 점을 $P_2$, $P_2$로부터 $x$축의 음의 방향으로 $ar^2$만큼 나아간 점을 $P_3$, $P_3$로부터 $y$축의 음의 방향으로 $ar^3$만큼 나아간 점을 $P_4$로 하고, 왼쪽 그림과 같이 점 $P_5$, $P_6$, $\cdots$을 정해 나갑니다. 이때 점 $P_n$은 어떤 점에 다가갈까요? 그 점의 좌표를 구하시오. 단, $a, r$은 상수이고, $a>0$, $0<r<1$로 합니다.

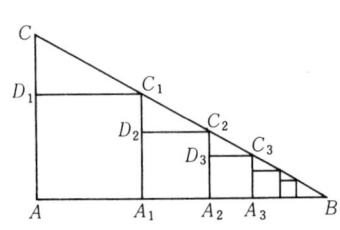

**문제 27**  $A$를 직각으로 하는 직각삼각형 $ABC$에, 그림과 같이 차례차례 정사각형 $AA_1C_1D_1$, $A_1A_2C_2D_2$, $A_2A_3C_3D_3$, $\cdots$을 내접시켜 갑니다. $AC=b$, $AB=c$라 하고, 다음 물음에 답하시오.

(1) $A_1C_1$의 길이를 구하시오.

(2) 정사각형 $AA_1C_1D_1$, $A_1A_2C_2D_2$, $A_2A_3C_3D_3$, $\cdots$의 넓이의 총합을 구하시오.

문제 28 $a_1 = 0$, $a_2 = 1$이고, 점화식

$$a_{n+2} = \frac{a_{n+1} + 2a_n}{3} \quad (n = 1, 2, 3, \cdots)$$

에 의해서 결정되는 수열 $\{a_n\}$의 극한을 구하시오.

문제 29 급수 $\sum_{n=0}^{\infty} \left(-\frac{1}{2}\right)^n \cos\frac{n\pi}{2}$ 의 합을 구하시오.

## ◆ 순환소수

순환소수가 유리수를 나타내는 것은 이미 제1장의 8페이지에서 배웠습니다. 실제로 순환소수를 분수의 꼴로 고치는 방법도 거기서 설명했습니다. 그러나 무한등비급수를 사용하면 우리는 그 문제를 좀더 이론적으로 다룰 수가 있습니다.

예를 들면 순환소수 $0.\dot{\alpha}_1\alpha_2\dot{\alpha}_3$을 생각해 봅시다. 단, 여기서 $\alpha_1$, $\alpha_2$, $\alpha_3$은 0에서 9까지의 어떤 숫자를 나타냅니다. 이 순환소수는

$$0.\dot{\alpha}_1\alpha_2\dot{\alpha}_3 = 0.\alpha_1\alpha_2\alpha_3 + 0.000\alpha_1\alpha_2\alpha_3$$
$$+ 0.000000\alpha_1\alpha_2\alpha_3 + \cdots$$
$$= \frac{\alpha_1\alpha_2\alpha_3}{10^3} + \frac{\alpha_1\alpha_2\alpha_3}{10^6} + \frac{\alpha_1\alpha_2\alpha_3}{10^9} + \cdots$$

이므로 첫째항 $\frac{\alpha_1\alpha_2\alpha_3}{10^3}$, 공비 $\frac{1}{10^3}$인 무한등비급수의 합을 나타냅니다. 따라서 무한등비급수의 합의 공식에 따라

$$0.\dot{\alpha}_1\alpha_2\dot{\alpha}_3 = \frac{\frac{\alpha_1\alpha_2\alpha_3}{10^3}}{1 - \frac{1}{10^3}} = \frac{\alpha_1\alpha_2\alpha_3}{10^3 - 1} = \frac{\alpha_1\alpha_2\alpha_3}{999}$$

가 됩니다.

이것과 마찬가지로, 일반적으로

$$0.\dot{\alpha}_1\alpha_2\cdots\dot{\alpha}_n = \frac{\alpha_1\alpha_2\cdots\alpha_n}{99\cdots9}$$

임을 알 수 있습니다. 다만, 우변의 분모에서 9는 $n$개 나

열됩니다.

덧붙여 말하면, $0.\dot{5}$, $3.\dot{2}7\dot{0}$과 같이 소수 첫자리에서 순환절이 시작되는 순환소수는 **순순환소수**라 하고, 그 이외의 **순환소수**는 **혼순환소수**라 합니다. 예를 들면 $0.2\dot{4}0\dot{7}$, $7.0\dot{7}$ 등은 혼순환소수입니다.

다음에는 예를 들어 $\gamma_1\gamma_2.\beta_1\beta_2\dot{\alpha}_1\alpha_2\dot{\alpha}_3$과 같은 혼순환소수를 생각해 봅시다. 이것은

$$\gamma_1\gamma_2.\beta_1\beta_2\dot{\alpha}_1\alpha_2\dot{\alpha}_3 = \gamma_1\gamma_2.\beta_1\beta_2 + 0.00\dot{\alpha}_1\alpha_2\dot{\alpha}_3$$
$$= \frac{\gamma_1\gamma_2\beta_1\beta_2}{10^2} + \frac{0.\dot{\alpha}_1\alpha_2\dot{\alpha}_3}{10^2}$$

으로 변형되고, 이 $0.\dot{\alpha}_1\alpha_2\dot{\alpha}_3$에

$$0.\dot{\alpha}_1\alpha_2\dot{\alpha}_3 = \frac{\alpha_1\alpha_2\alpha_3}{10^3-1} = \frac{\alpha_1\alpha_2\alpha_3}{999}$$

을 대입하면

$$\gamma_1\gamma_2.\beta_1\beta_2\dot{\alpha}_1\alpha_2\dot{\alpha}_3 = \frac{\gamma_1\gamma_2\beta_1\beta_2 \cdot 10^3 - \gamma_1\gamma_2\beta_1\beta_2}{10^2(10^3-1)} + \frac{\alpha_1\alpha_2\alpha_3}{10^2(10^3-1)}$$
$$= \frac{\gamma_1\gamma_2\beta_1\beta_2\alpha_1\alpha_2\alpha_3 - \gamma_1\gamma_2\beta_1\beta_2}{10^2(10^3-1)}$$
$$= \frac{\gamma_1\gamma_2\beta_1\beta_2\alpha_1\alpha_2\alpha_3 - \gamma_1\gamma_2\beta_1\beta_2}{99900}$$

가 됩니다.

좀더 일반적으로, $\gamma_1\gamma_2\cdots\gamma_l.\beta_1\beta_2\cdots\beta_m\dot{\alpha}_1\alpha_2\cdots\dot{\alpha}_n$을 분수로 고치면,

$$\frac{\gamma_1\gamma_2\cdots\gamma_l\beta_1\beta_2\cdots\beta_m\alpha_1\alpha_2\cdots\alpha_n - \gamma_1\gamma_2\cdots\gamma_l\beta_1\beta_2\cdots\beta_m}{\underbrace{99\cdots9}_{n\text{개}}\underbrace{00\cdots0}_{m\text{개}}}$$

이라는 결과가 얻어집니다. 여러분이 이 일반적인 경우를 증명하기는 그다지 어렵지 않을 것입니다.

**(예)** 위의 "일반론"을 이용해서 몇 개의 순환소수를 분수로 고쳐 봅시다.

$$0.\dot{2}\dot{1} = \frac{21}{99} = \frac{7}{33}$$
$$0.\dot{1}8\dot{5} = \frac{185}{999} = \frac{5}{27}$$

$$3.5\dot{2} = \frac{352-35}{90} = \frac{317}{90}$$

$$4.0\dot{5}50\dot{0} = \frac{405500-40}{99990} = \frac{3686}{909}$$

문제 30  다음 순환소수를 분수로 고치시오.

(1)  $0.\dot{2}7\dot{0}$        (2)  $4.2\dot{5}\dot{4}$

(3)  $0.00\dot{6}$       (4)  $4.9\dot{3}2\dot{4}$

문제 31  다음 등식은 옳습니까? 옳지 않으면 우변을 옳은 순환소수로 고치시오.

(1)  $0.1\dot{2}\dot{3} \times 10 = 1.2\dot{3}$        (2)  $123\dot{4}.5\dot{4} \div 10 = 123.\dot{4}\dot{5}$

(3)  $0.\dot{1}\dot{5} \times 2 = 0.\dot{3}$        (4)  $0.\dot{1}2\dot{3} \times 3 = 0.\dot{3}6\dot{9}$

(5)  $0.\dot{2}0\dot{4} \div 4 = 0.05\dot{1}$        (6)  $0.0\dot{4}\dot{3} \times 5 = 0.2\dot{1}\dot{5}$

문제 32  어떤 등비수열의 처음 3항은 $0.\dot{a}$, $0.0\dot{b}$, $0.00\dot{c}$ 라는 순환소수로 나타납니다. 여기서 $a$, $b$, $c$는 $1 < a < b < c < 9$ 를 만족하는 정수입니다.

(1)  $a$, $b$, $c$의 값을 구하시오.

(2)  이 등비수열의 제 4 항을 순환소수로 나타내시오.

◆  **무한급수의 합의 계산**

수렴하는 무한급수에 대해서는 다음이 성립합니다.

무한급수 $\sum\limits_{n=1}^{\infty} a_n$, $\sum\limits_{n=1}^{\infty} b_n$이 수렴하여

$$\sum_{n=1}^{\infty} a_n = S, \qquad \sum_{n=1}^{\infty} b_n = T$$

이면

**1** $\sum\limits_{n=1}^{\infty} k a_n = kS$   단, $k$는 상수

**2** $\sum\limits_{n=1}^{\infty} (a_n + b_n) = \sum\limits_{n=1}^{\infty} a_n + \sum\limits_{n=1}^{\infty} b_n$

**3** $\sum\limits_{n=1}^{\infty} (a_n - b_n) = \sum\limits_{n=1}^{\infty} a_n - \sum\limits_{n=1}^{\infty} b_n$

이것들의 증명은 극한에 관한 727~728 페이지의 법칙에서 즉시 얻어집니다. 한 예로서 **2**를 증명해 봅시다.

급수 $\sum\limits_{n=1}^{\infty} a_n$, $\sum\limits_{n=1}^{\infty} b_n$, $\sum\limits_{n=1}^{\infty} (a_n+b_n)$ 의 제 $n$ 항까지의 부분합을 각각 $S_n$, $T_n$, $U_n$이라 하면,

$$U_n = \sum_{k=1}^{n} (a_k+b_k) = \sum_{k=1}^{n} a_k + \sum_{k=1}^{n} b_k = S_n + T_n.$$

그리고 가정에 따라

$$\lim_{n\to\infty} S_n = S, \qquad \lim_{n\to\infty} T_n = T.$$

따라서

$$\lim_{n\to\infty} U_n = \lim_{n\to\infty} (S_n + T_n) = S + T.$$

그러므로

$$\sum_{n=1}^{\infty} (a_n+b_n) = S + T.$$

이것으로 **2**가 증명되었습니다.

위의 법칙을 이용하면 다음과 같은 계산이 가능합니다.

**예** 다음 급수의 합을 구하시오.

$$\sum_{n=1}^{\infty} \frac{2^n+3^n}{6^n}$$

**풀이** 이 급수의 제 $n$ 항은

$$\frac{2^n+3^n}{6^n} = \left(\frac{1}{3}\right)^n + \left(\frac{1}{2}\right)^n$$

으로 고쳐 쓸 수 있으며, 급수 $\sum\limits_{n=1}^{\infty}\left(\frac{1}{3}\right)^n$, $\sum\limits_{n=1}^{\infty}\left(\frac{1}{2}\right)^n$은 각각 수렴하고, 그 합은

$$\sum_{n=1}^{\infty}\left(\frac{1}{3}\right)^n = \frac{\frac{1}{3}}{1-\frac{1}{3}} = \frac{1}{2}, \qquad \sum_{n=1}^{\infty}\left(\frac{1}{2}\right)^n = \frac{\frac{1}{2}}{1-\frac{1}{2}} = 1$$

입니다. 그러므로

$$\sum_{n=1}^{\infty}\frac{2^n+3^n}{6^n} = \sum_{n=1}^{\infty}\left(\frac{1}{3}\right)^n + \sum_{n=1}^{\infty}\left(\frac{1}{2}\right)^n = \frac{3}{2}$$

**예** $|x| < \frac{1}{2}$일 때 급수

$$1 + 3x + 7x^2 + 15x^3 + \cdots + (2^n-1)x^{n-1} + \cdots$$

의 합을 구하시오.

**풀이** 이 급수의 제 $n$ 항은

$$(2^n - 1)x^{n-1} = 2 \cdot (2x)^{n-1} - x^{n-1}$$

으로 고쳐 쓸 수 있습니다. 가정에 따라 $|x| < \dfrac{1}{2}$, 따라서 $|2x| < 1$이므로 급수 $\sum\limits_{n=1}^{\infty} (2x)^{n-1}$은 수렴하여

$$\sum_{n=1}^{\infty} (2x)^{n-1} = \frac{1}{1-2x}$$

또, 급수 $\sum\limits_{n=1}^{\infty} x^{n-1}$도 수렴하여

$$\sum_{n=1}^{\infty} x^{n-1} = \frac{1}{1-x}$$

그러므로 구하는 급수의 합은

$$2\sum_{n=1}^{\infty} (2x)^{n-1} - \sum_{n=1}^{\infty} x^{n-1} = \frac{2}{1-2x} - \frac{1}{1-x}$$
$$= \frac{1}{(1-2x)(1-x)}$$

**문제 33** 다음 급수의 합을 구하시오.

(1) $\displaystyle\sum_{n=1}^{\infty} \frac{2^n + 1}{3^n}$     (2) $\displaystyle\sum_{n=1}^{\infty} \frac{5^n - 2^n}{10^n}$

(3) $\displaystyle\sum_{n=1}^{\infty} (3^n - 2^n) x^{n-1}$     단, $|x| < \dfrac{1}{3}$

◆ $\displaystyle\sum_{n=1}^{\infty} a_n$의 수렴·발산과 $\displaystyle\lim_{n \to \infty} a_n$

다음 명제는 간단하지만 중요합니다.

> **급수 $\displaystyle\sum_{n=1}^{\infty} a_n$이 수렴하면 $\displaystyle\lim_{n \to \infty} a_n = 0$이다.**

**증명** 급수 $\displaystyle\sum_{n=1}^{\infty} a_n$의 제 $n$ 항까지의 부분합을 $S_n$이라 하면, $n \geq 2$일 때

$$a_n = S_n - S_{n-1}$$

입니다.

지금 이 급수 $\displaystyle\sum_{n=1}^{\infty} a_n$이 $S$에 수렴한다고 하면, $n \to \infty$일 때

$$S_n \to S, \qquad S_{n-1} \to S$$

따라서

$$a_n \to S - S = 0$$

이 됩니다.

위 명제의 대우를 생각하면 다음을 알 수 있습니다.

**수열 $\{a_n\}$이 0에 수렴하지 않으면**

**급수 $\sum\limits_{n=1}^{\infty} a_n$은 발산한다.**

이 명제는 급수의 수렴을 보증하는 것이 아니라 그와 반대로 발산을 결론으로 하는 것이므로, 그런 뜻에서 부정적인 명제이지만, 간단한 판정법이어서 많은 경우에 유효하게 이용됩니다.

**예** 급수

$$\sum_{n=1}^{\infty} \frac{(-1)^{n-1} n}{n+1} = \frac{1}{2} - \frac{2}{3} + \frac{3}{4} - \frac{4}{5} + \cdots\cdots$$

는 발산합니다. 왜냐하면, 제$n$항

$$\frac{(-1)^{n-1} n}{n+1}$$

은 0에 수렴하지 않기 때문입니다.

그런데 위에서 말한 바와 같이 급수 $\sum\limits_{n=1}^{\infty} a_n$이 수렴한다고 하면

$$\lim_{n \to \infty} a_n = 0$$

인데 이 $\lim\limits_{n \to \infty} a_n = 0$은 급수 $\sum\limits_{n=1}^{\infty} a_n$이 수렴하기 위한 <u>필요조건</u>이기는 하지만 <u>충분조건은 아닙니다</u>.

즉, $\lim\limits_{n \to \infty} a_n = 0$이어도 급수 $\sum\limits_{n=1}^{\infty} a_n$이 반드시 수렴한다고는 할 수 없습니다!

$\lim\limits_{n \to \infty} a_n = 0$이지만 $\sum\limits_{n=1}^{\infty} a_n$이 수렴하지 않는 예로서 가장 전형적인 것은 급수

$$1 + \frac{1}{2} + \frac{1}{3} + \frac{1}{4} + \cdots + \frac{1}{n} + \cdots$$

입니다. 이 제$n$항은 물론 0에 수렴합니다. 그러나 이 급

수는 수렴하지 않습니다. 이것은 양의 무한대로 발산합
니다.

실제로 이 급수의 부분합 $S_n$은 $n$이 커지면 얼마든지 커
지게 됩니다. 이것을 확인하기 위해 이 급수의 항을

$$1+\frac{1}{2}+\frac{1}{3}+\frac{1}{4}+\frac{1}{5}+\cdots+\frac{1}{8}+\frac{1}{9}+\cdots+\frac{1}{16}+\cdots \text{①}$$

과 같이 묶고, 묶은 각 쌍에서 각각의 수를 가장 오른쪽
수로 바꾸어 급수

$$1+\frac{1}{2}+\frac{1}{4}+\frac{1}{4}+\frac{1}{8}+\cdots+\frac{1}{8}+\frac{1}{16}+\cdots+\frac{1}{16}+\cdots \text{②}$$

을 만듭니다. 그러면 만드는 방법에서 알 수 있듯이 급수
①의 부분합 쪽이 급수 ②의 부분합보다 커집니다. 그
리고 급수 ②의 묶은 부분의 항의 합은 항상 $\frac{1}{2}$이 되므로
급수 ②의 제 $2^m$항까지의 합은

$$1+\underbrace{\frac{1}{2}+\frac{1}{2}+\cdots+\frac{1}{2}}_{m\text{개}}=1+\frac{m}{2}$$

이 되고, 그러므로 우리의 급수 ①의 부분합은

$$S_{2^m}>1+\frac{m}{2}$$

을 만족합니다. $m\to\infty$일 때 $1+\frac{m}{2}$은 얼마든지 커지므로,
$S_{2^m}$은 무한히 커집니다. 이것으로 급수 ①의 부분합이 수
열 $\{S_n\}$은 양의 무한대로 발산하는 것이 증명되었습니다.

참고 삼아서, 위의 급수 대신에 급수

$$1+\frac{1}{2^2}+\frac{1}{3^2}+\frac{1}{4^2}+\cdots+\frac{1}{n^2}+\cdots\cdots \text{③}$$

을 생각하면 어떻게 될까요? 이것은 수렴할까요, 발산할
까요? 이것은 수렴합니다!(그리고 사실은

$$1+\frac{1}{2^2}+\frac{1}{3^2}+\cdots+\frac{1}{n^2}+\cdots=\frac{\pi^2}{6}$$

이 됩니다.)

그러나 급수 ③이 수렴하는 것의 증명은, 이 강의의 단
계에서는 유감스럽게도 할 수가 없습니다. 현재로서는

우리는 아직 급수가 수렴하는 것을 보장하는 강력한 무기가 될 만한 정리에 대해서 거의 아무 것도 모르기 때문입니다. 그러한 무기를 획득하기 위해서는 먼저 실수의 성질을 좀더 자세히 알아야만 합니다. "급수론"의 배경에는 얼마간의 "실수론"이 필요한 것입니다.

급수론은 매우 풍부하고 흥미있는 내용을 가지고 있습니다. 나는 여러분 중에서 몇 십 퍼센트는 장차 이러한 매력적인 세계와 접촉할 기회를 갖게 될 것이라고 생각합니다.

오늘날 알려져 있는 수의 성질은 대부분이 관찰에 의해서 밝혀진 것이다.

오일러

# 15 '경우의 수'를 세다
—— 순열 · 조합

## 15.1 순 열

앞 장에서는 수열의 극한이나 무한급수에 대해서 배웠습니다. 이것은 해석학의 기초이며, 여기에서 출발하여 함수의 극한, 미분법, 적분법으로 나아가는 것이 자연스러운 방향일 것입니다.

그러나 여기서 잠시 걸음을 멈추고, 어떤 의미에서는 되돌아가서 좀더 기본적인 문제를 생각해 보도록 합시다. "물건의 개수"나 "경우의 수"를 세는 문제입니다. 이것은 확실히 기초적 또는 원시적인 문제이므로, 훨씬 이전에 이 문제를 다루었어야 했습니다.

### ◆ 합의 법칙, 곱의 법칙

앞에서 "물건의 개수"나 "경우의 수"를 세는 것은 원

시적인 문제라고 했는데, 실제로 사람은 물건의 개수를
세는 데에 본능적으로 강한 흥미와 욕구를 가지고 있습
니다. ("원시적"이라고 한 것은 그런 뜻에서 한 말입니
다.) 그리고 이런 문제를 다루기 위해 매우 유용하고도
기본적인 도구로 사용되는 것이 이 장에서 배우는 순열
이나 조합에 관한 몇 가지 간단한 공식입니다.

[일반적으로 말하면, "물건의 개수"를 센다는 것은 결
코 쉬운 일이 아닙니다. 그것은 많은 경우 어려운 문제입
니다. 오늘날에는 "개수 계산"을 주요 목표로 하는 수학
의 분야인 "조합론"의 여러 가지 수법이 개발되어 눈부
시게 발전하고 있습니다.]

먼저, 순열·조합의 이야기에 들어가기 전에 매우 기본
적인 법칙을 두 개 소개하고자 합니다.

예를 들면, 적과 백의 두 주사위를 동시에 던졌을 때
점 수의 합이 4 또는 5가 되는 경우가 몇 가지 있는지 생
각해 봅시다.

점 수의 합이 4가 되는 것은

적1 백3,   적2 백2,   적3 백1

의 세 가지입니다. 또 점 수의 합이 5가 되는 것은

적1 백4,   적2 백3,   적3 백2,   적4 백1

의 네 가지입니다. 따라서 점 수의 합이 4 또는 5가 되는
경우의 수는

$$3+4=7$$

가지가 됩니다.

일반적으로 다음 법칙이 성립합니다. 이것을 "합의 법
칙"이라 합니다.

### 합의 법칙

2개의 사항 $A$, $B$가 있는데, 이것들은 동시에 일어
나지 않는 것으로 합니다. $A$가 일어나는 방법이
$m$가지, $B$가 일어나는 방법이 $n$가지이면, $A$ 또는 $B$
가 일어나는 방법은 $m+n$가지입니다.

물론 이 법칙은 3개 이상의 사건에 대해서도 확장됩니다.

다음에는 아래와 같은 문제를 생각해 봅시다.

갑, 을, 병의 세 마을이 있는데, 갑에서 을로 가는 데는 세 가지 길 $a, b, c$가 있고, 을에서 병으로 가는 데는 두 가지 길 $x, y$가 있다고 합시다. 이때 갑에서 을을 거쳐 병으로 가는 길을 선정하는 방법은 몇 가지나 될까요?

이 해답도 간단합니다. 실제로 갑에서 을로 가는 길을 선정하는 방법은 $a, b, c$의 세 가지가 있고, 그 각각에 대해서 을에서 병으로 가는 길을 선정하는 방법은 $x, y$의 두 가지가 있습니다. 따라서 갑에서 을을 거쳐 병으로 가는 코스는 다음 그림과 같이

$$3 \times 2 = 6$$

가지가 됩니다.

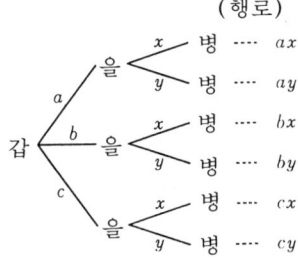

일반적으로 다음 법칙이 성립합니다. 이것을 "곱의 법칙"이라 합니다.

### 곱의 법칙

2개의 사건 $A, B$가 있는데, $A$가 일어나는 방법이 $m$가지 있고, 그 각각에 대하여 $B$가 일어나는 방법이 $n$가지 있다고 합니다. 이 때 $A, B$가 일어나는 방법은 $mn$가지입니다.

이 법칙 역시 3개 이상의 사건에 대하여 확장할 수가 있습니다.

여러분은 이제부터 이 장에서 곱의 법칙의 응용례를 많이 볼 것입니다. 다음 예도 그 중 하나입니다.

**(예)** 1200의 양의 약수는 전부 몇 개일까요?

**풀이** 1200을 소인수분해하면

$$1200 = 2^4 \cdot 3 \cdot 5^2$$

이 됩니다. 따라서 1200의 약수는

$$2^x 3^y 5^z$$

의 꼴이며, $x$, $y$, $z$는 각각

$$x = 0, 1, 2, 3, 4$$
$$y = 0, 1$$
$$z = 0, 1, 2$$

의 어느 것이어야 합니다. 즉, $x$를 선정한 방법은 5 가지, $y$를 선정하는 방법은 2가지, $z$를 선정하는 방법은 3가지이고, 또한 $x$, $y$, $z$의 다른 선정 방법으로부터는 다른 약수가 얻어집니다. 그러므로 1200의 양의 약수는 전부

$$5 \times 2 \times 3 = 30$$

개 있습니다.

**문제 1** 남자 25명, 여자 20명 중에서 남자 1명, 여자 1명의 대표를 선출하는 방법은 몇 가지일까요?

**문제 2** 빨간 꽃이 $a$, $b$, $c$의 3종, 흰 꽃이 $p$, $q$, $r$, $s$의 4종, 노란 꽃이 $x$, $y$의 2종 피어 있습니다. 각기 다른 빛깔의 꽃을 하나씩 골라서 꽃다발을 만듭니다. 몇 종류의 꽃다발이 생길까요?

**문제 3** 72, 360, 1000, 1800의 양의 약수는 각각 몇 개일까요?

## ◆ 순 열

지금 여기에 5개의 문자 $a$, $b$, $c$, $d$, $e$가 있습니다. 이 중에서 다른 3개를 택하여 한 줄로 나열하면, 예를 들면

$$abc, \quad abd, \quad dce, \quad eba, \quad dec$$

와 같은 줄이 생깁니다. 이것들을 $a$, $b$, $c$, $d$, $e$로부터 3개

택한 **순열**이라고 합니다.

이와 같은 순열은 전부 합해서 몇 개나 생길까요?

이 물음에 답하기 위해 다음과 같이 생각합니다.

먼저, 첫번째 문자는 $a, b, c, d, e$ 중 어느 것을 택해도 되므로, 그 선정 방법은 5가지 입니다. 다음에, 첫번째 문자를 정했을 때, 두 번째 문자의 선정 방식은 $a, b, c, d, e$ 중에서 첫번째로 선정한 문자를 제외하고 생각해야 합니다. 따라서 두 번째 문자의 선정 방법은 4가지입니다. 또, 첫번째와 두 번째 문자를 정했을 때 세 번째로 선정할 수 있는 문자는 $a, b, c, d, e$ 중에서 이미 선정한 2개를 제외한 3개입니다. 따라서 그 선정 방법은 3가지입니다. 따라서 결국 이와 같은 순열은 전부 합하여

$$5 \times 4 \times 3 = 60$$

개 있는 것이 됩니다. 여기서 우리는 "곱의 법칙"을 이용했습니다.

일반적으로 $n$개의 서로 다른 원소에서 다른 $r$개를 택하여 한 줄로 나열한 것을

### $n$개의 원소에서 $r$개를 택한 순열

이라 하고, 그 총수를 기호 $_nP_r$ 로 나타냅니다. 단, 여기서 $r$은 $0 < r \leqq n$을 만족하는 정수로 합니다.

위와 같이 생각하면, $_nP_r$은 $n$에서 시작하여 차례로 하나씩 작아지는 $r$개의 정수의 곱임을 알 수 있습니다. 왜냐하면, 첫번째, 두 번째, 세 번째, $\cdots$, $r$ 번째의 선정 방법은 각각 $n$가지, $n-1$가지, $n-2$가지, $\cdots$, $n-(r-1)$가지이기 때문입니다.

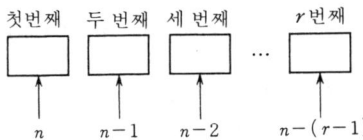

즉 다음 공식이 성립합니다.

$$_nP_r = n(n-1)(n-2)\cdots(n-r+1)$$

[주의 : 기호 $_nP_r$ 의 P는 permutation(순열)의 머리글자입니다.]

**㉡**
$$_5P_3 = 5\times4\times3 = 60$$
$$_7P_2 = 7\times6 = 42$$
$$_{10}P_4 = 10\times9\times8\times7 = 5040$$

**㉡** 20명의 부원 중에서 부장, 부부장, 매니저를 1명씩 선정하는 방법의 수는
$$_{20}P_3 = 20\times19\times18 = 6840$$
입니다.

$_nP_r$ 에서, 특히 $r=n$ 이라 하면
$$_nP_n = n(n-1)(n-2)\cdots3\cdot2\cdot1$$
이 됩니다. 이것은 $n$ 개의 다른 원소 전부를 한 줄로 나열하는 순열의 총수이며, 이 우변은 1에서 $n$ 까지의 자연수를 모두 곱한 것입니다.

이 1에서 $n$ 까지의 자연수의 곱을 $n$ 의 **계승**이라 하고,
$$n!$$
이라는 기호로 나타냅니다. 즉,
$$n! = n(n-1)\cdots2\cdot1 = 1\cdot2\cdots(n-1)n$$
입니다. 이 기호를 사용하면 $_nP_n$ 은
$$_nP_n = n!$$
으로 나타납니다.

$n!$ 의 앞쪽 몇 개를 계산하면 다음과 같이 됩니다. [여러분은 $n! = (n-1)! \times n$ 임에 주목하십시오.]

$$1! = 1, \quad 2! = 1\times2 = 2, \quad 3! = 1\times2\times3 = 6,$$
$$4! = 3!\times4 = 24, \quad 5! = 4!\times5 = 120,$$
$$6! = 5!\times6 = 720, \quad 7! = 6!\times7 = 5040,$$
$$8! = 40320, \quad 9! = 362880, \quad 10! = 3628800.$$

여기서 볼 수 있는 바와 같이 $n!$은 $n$이 증가함에 따라 아주 급격히 증대합니다.

예를 들어 20!은

$$20! = 2432902008176640000$$

이라는 19자리의 수가 됩니다.

불과(?) 20개의 원소의 순열의 총수가 이렇듯 큰 수가 되는 것은 놀랄 만한 일입니다. 여러분은 "인간의 일생은 불과 25억초 정도에 지나지 않는다"고 한 말(21페이지)을 상기해 주십시오. 이 수와 20!을 비교해 봅시다. 만일 어떤 이유로 해서 20!개의 순열을 하나하나 조사해 볼 필요가 생겼다고 합시다. 그리고 그것을 태어난 즉시 1초 동안에 하나씩 조사해 나간다고 해도 일생 동안에 그 전체의 약 10억분의 1밖에 조사할 수가 없는 것입니다.

물론 이런 이야기는 하찮은 비유에 지나지 않습니다. 그러나 $n!$이 얼마나 급격히 증대하는가를 여러분의 뇌리에 깊은 인상으로 남기는 데는 다소 도움이 될 것입니다.

아울러 주의할 점은 이런 식으로 $n!$은 급격히 증대하므로 순열에 관한 문제의 답을 쓸 때 $n!$을 실제로 계산한다는 것은 곤란합니다. 따라서 $n$이 좀 커졌을 때는 $n!$이라는 기호를 그대로 써도 무방합니다. 실제 문제로서 대체적인 기준을 말하면, $n \geq 9$이면 $n!$의 기호를 그대로 두어도 무방하리라 생각합니다.

여담은 차치하고, 이야기를 본제로 돌립시다.

순열의 수 $_n\mathrm{P}_r$의 공식의 우변은 $0 < r < n$이면

$$
\begin{aligned}
_n\mathrm{P}_r &= n(n-1)\cdots(n-r+1) \\
&= \frac{n(n-1)\cdots(n-r+1)(n-r)\cdots 3\cdot 2\cdot 1}{(n-r)\cdots 3\cdot 2\cdot 1}
\end{aligned}
$$

으로 변형할 수가 있는데, 그 분자는 $n!$, 분모는 $(n-r)!$으로 됩니다. 그러므로 우리는 $_n\mathrm{P}_r$을 계승의 기호를 써서

$$_n\mathrm{P}_r = \frac{n!}{(n-r)!} \qquad\qquad ①$$

으로 나타낼 수가 있습니다.

　위의 등식 ①은 $0<r<n$일 때 성립하지만, ①에서 $r=n$으로 놓으면

$$\text{좌변은} \quad {}_n\mathrm{P}_n, \qquad \text{우변은} \quad \frac{n!}{0!}$$

이 됩니다. 그리하여 우리는 ①이 $r=n$일 때도 성립하듯이

$$0!=1$$

로 정합니다.

　또, 우리는 편의상

$$_n\mathrm{P}_0=1$$

로 정합니다. 그러면 ①은 $r=0$일 때에도 성립합니다.

　위와 같은 약속에 따라 등식 ①은 임의의 양의 정수 $n$과, $0\leqq r\leqq n$을 만족하는 임의의 정수 $r$에 대해서 성립하게 됩니다.

　그래서 순열의 공식을 이용하면 다음과 같은 문제를 풀 수가 있습니다.


　**예제**　남자 5명과 여자 3명을 한 줄로 세울 때, 다음 물음에 답하시오.

(1)　늘어 세우는 방법은 전부 몇 가지일까요?

(2)　여자 3명이 전부 이웃하도록 늘어 세우는 방법은 몇 가지일까요?

(3)　여자 3명이 전부는 이웃하지 않도록 늘어 세우는 방법은 몇 가지일까요?

(4)　어느 두 여자도 이웃하지 않도록 늘어 세우는 방법은 몇 가지일까요?

**풀이**　(1)　이것은 간단하며, 답은

$$8!=40320$$

입니다.

(2)　5명의 남자를 $a$, $b$, $c$, $d$, $e$라 하고, 3명의 여자의 그룹을 $F$라 합니다.

여자 3명이 이웃하도록 늘어 세우는 데는 먼저 $a$, $b$, $c$, $d$, $e$, $F$를 아래 그림과 같이 일렬로 늘어 세우고, 다음에 그룹 $F$ 중에서 3명의 여자를 일렬로 세우면 됩니다.

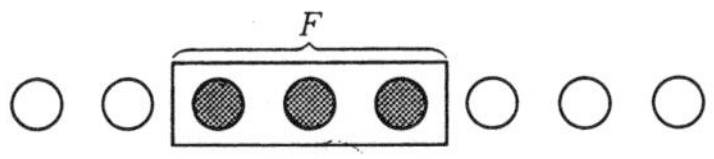

○ ○ [⬤ ⬤ ⬤]$^F$ ○ ○ ○

$a$, $b$, $c$, $d$, $e$, $F$를 일렬로 세우는 방법은 6!가지, 또 그룹 $F$ 중에서 3명의 여자를 일렬로 세우는 방법은 3!가지입니다. 따라서 구하는 수는, 곱의 법칙에 따라

$$6! \times 3! = 720 \times 6 = 4320$$

이 됩니다.

(3)  이것은 (1)의 방법의 수에서 (2)의 방법의 수를 빼면 얻어집니다. 즉, 답은

$$40320 - 4320 = 36000$$

입니다.

(4)  3명의 여자를 $x$, $y$, $z$라 합니다.

① boy ② boy ③ boy ④ boy ⑤ boy ⑥

어느 두 여자도 이웃하지 않도록 세우려면 먼저 남자 5명을 위의 그림과 같이 일렬로 세우고, 다음에 그림의 여섯 장소 ①, ②, ③, ④, ⑤, ⑥ 중에서 3개를 골라 그 장소에 여자를 하나씩 두면 됩니다.

그런데 5명의 남자를 늘어 세우는 방법은 5!가지입니다. 또, 예를 들어 3명의 여자 $x$, $y$, $z$의 $x$를 ③에, $y$를 ①에, $z$를 ④로 놓는 것은 순열

③ ① ④

에 의해서 나타낼 수 있으므로 ①, ②, ③, ④, ⑤, ⑥ 중에서 3개의 장소를 골라 여자를 하나씩 두는 방법은 $_6P_3$가지입니다. 그러므로 곱의 법칙에 따라 구하는 수는

$$5! \times {}_6P_3 = 120 \times 120 = 14400$$

이 됩니다.

문제 4  1, 2, 3, 4, 5 중에서 다른 4개의 숫자를 써서 만들어지는 4자리의 정수는 몇 개일까요? 또, 그 중 짝수는 몇 개일까요?

문제 5  적, 백, 청, 흑 황, 녹의 여섯 장의 카드를 일렬로 나열합니다. 다음과 같은 나열 방법은 각각 몇 가지일까요?

(1)  적과 흑이 이웃하도록 나열한다.

(2)  적과 흑이 이웃하지 않도록 나열한다.

(3)  양끝이 적과 흑이 되도록 나열한다.

문제 6  남자 5명과 여자 3명을 한 줄로 세울 때, 다음과 같이 세우는 방법은 몇 가지일까요?

(1)  양끝이 남자가 되도록 세운다.

(2)  한쪽 끝이 남자, 다른 쪽 끝이 여자가 되도록 세운다.

◆  원순열

5개국의 수뇌가 회의실에 들어가서 원탁 주위에 앉습니다. 5명의 수뇌가 앉는 방법은 몇 가지나 될까요? 단, 여기서는 수뇌의 위치 관계만을 문제로 삼습니다. 다시 말하면, 회전시키면 같게 되는 방법은 "같다"고 보는 것입니다.

5개국의 수뇌를 $a, b, c, d, e$라 합시다.

위에서 말한 바와 같이 회전시키면 겹치는 방법은 같은 것으로 간주하므로, 이를테면 다음 그림의 5개의 방법은 모두 같은 것이 됩니다.

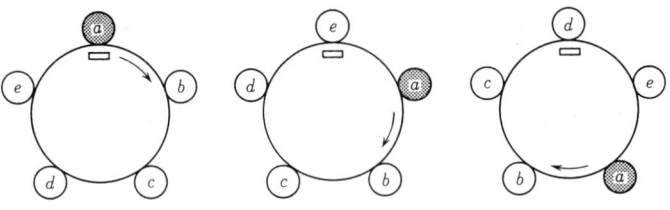

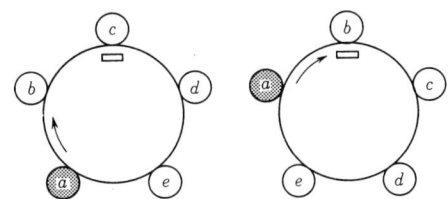

즉, 그림의 □표 위치를 기점으로 하여 왼쪽 방향으로
——위쪽에서 보면 오른쪽 방향으로——5명이 앉는 순
열 중에서

$$abcde, \quad eabcd, \quad deabc,$$
$$cdeab, \quad bcdea$$

와 같이 차례로 나열된 순열은 모두 같은 것으로 간주합
니다.

5명의 수뇌가 일렬로 늘어서는 방법은 5!가지 있습니
다. 이것들 중에서 원탁을 둘러싸는 방법으로서, 같은 것
으로 간주하는 것이 5가지씩 있습니다. 따라서 5명이 원
탁 주위에 앉는 방법의 수는

$$\frac{5!}{5} = 4! = 24$$

가 됩니다.

일반적으로 $n$개의 원소를 원형으로 나열한 것을 $n$개
의 원소 **원순열**이라고 합니다. (이 경우, 우리는 회전시
키면 겹치는 방법은 같다고 생각합니다.) 위에서 말한 바
와 마찬가지로, 일반적으로

### $n$개의 서로 다른 원소의 원순열의 총수는
$$(n-1)!$$

임을 알 수 있습니다.

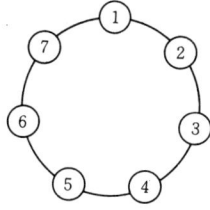

**문제 7** 위와 같이 5개국 수뇌가 원탁에 앉을 때, 특별한 2
명이 반드시 이웃하도록 앉는 방법은 몇 가지일까요?

**문제 8** 남자 4명과 여자 4명이 둥글게 섰습니다. 남자와
여자가 하나씩 걸러서 늘어서는 방법은 몇 가지나 될까요?

**문제 9** 끈에 빛깔이 다른 7개의 구슬을 고리처럼 꿰어 목

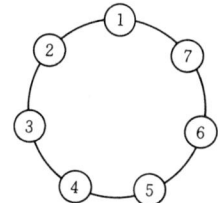

걸이를 만듭니다. 몇 종류의 목걸이가 될까요? 단, 앞 페이
지의 왼쪽 그림처럼 하나의 고리를 뒤집어서 생기는 고리
는 원래의 고리와 같다고 생각합니다.

### ◈  중복순열

지금까지 생각한 순열에서는, $n$개의 서로 다른 원소에
서 $r$개를 택하여 나열할 때 하나의 원소를 2개 이상 택할
수가 없었습니다. $n$개의 서로 다른 원소에서 같은 것을
반복해서 취하는 것을 허용하고 $r$개를 택하여 이것들을
한 줄로 나열한 것을,

**$n$개의 원소에서 $r$개를 택한 중복순열**

이라고 합니다. (중복순열의 경우에는 $r > n$이라도 상관
없습니다.)

예를 들면 $a, b, c, d$라는 4개의 것에서 3개를 취한 중복
순열은

$$aaa, \quad baa, \quad cbc, \quad dba, \quad cdd$$

이고, $a, b$라는 2개의 원소에서 4개를 택한 중복순열은

$$aaaa, \quad abba, \quad bbba, \quad abaa$$

등입니다.

$n$개의 다른 원소에서 $r$개 택한 중복순열의 개수를 구
하는 것은 매우 간단합니다. 사실, 중복순열에서는 첫번
째, 두 번째, 세 번째, …, $n$번째의 선정 방법은 항상 $n$입
니다.

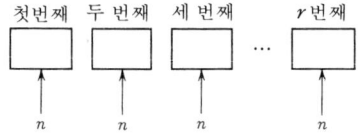

따라서 다음을 알 수 있습니다.

$n$개의 다른 원소에서 $r$개를 택한 중복순열의 총수는
$$n^r$$
이다.

(예) 1, 2, 3, 4, 5라는 5개의 숫자를 사용하여 만들 수 있는 ─── 단, 중복을 허락하여 ─── 3자리의 정수는 전부해서

$$5^3 = 125$$

개이다.

(예) $m$명의 사람이 어떤 시험을 치를 때 합격, 불합격의 판정은 몇 가지 경우가 생길까요?

**풀이** $m$명의 이름을 일렬로 늘어 놓고, 합격자 밑에 ○, 불합격자 밑에 ×를 붙이기로 하면, ○, ×라는 두 기호를 반복 허용하여 $m$개 늘어 놓은 순열이 됩니다. 따라서 전부 합하면

$$2^m$$

가지의 경우가 생깁니다. [예를 들면, 10명이 시험을 치렀다고 하면 그 합격, 불합격 판정에는 $2^{10} = 1024$가지의 경우가 생깁니다.]

**문제 10** 1, 2, 3, 4, 5라는 5개의 숫자를 써서 생기는 4자리의 정수의 개수를 구하시오. 또 그 중 짝수인 것의 개수를 구하시오. 단, 같은 숫자를 중복해서 사용해도 좋은 것으로 합니다.

**문제 11** 0, 1, 2, 3, 4, 5라는 6개의 숫자를 써서 생기는 4자리의 정수의 개수를 구하시오. 단, 같은 숫자를 중복해서 쓰는 것을 허용합니다.

**문제 12** 1에서 1000까지의 자연수 중 7이라는 숫자가 적어도 하나 사용된 것은 몇 개일까요?

# 15.2 조 합

서로 다른 $n$개의 원소에서 다른 $r$개를 택해서 만든 쌍을,

**$n$개의 원소에서 $r$개를 택한 조합**

이라고 합니다. 단, $0 < r \leq n$으로 합니다.

예를 들면, 4개의 원소 $a$, $b$, $c$, $d$에서 3개를 택한 조합은

$$\{a, b, c\}, \quad \{a, b, d\}, \quad \{a, c, d\}, \quad \{b, c, d\}$$

의 4개입니다.

위에서는 예를 들어 $\{a, b, c\}$로 썼지만, 이 기법은 여러분이 이미 아는 바와 같이 3개의 원소 $a$, $b$, $c$로 이루어지는 집합을 나타냅니다. 물론 이 기법에서는 문자를 나열하는 순서는 마음대로입니다. 따라서 $\{a, b, c\}$를 $\{b, a, c\}$, $\{c, b, a\}$등으로 써도 뜻은 같습니다.

일반적으로 $n$개의 서로 다른 원소에서 $r$개를 택한 조합이란, 그 $n$개를 원소로 하는 집합의 부분집합으로, $r$개의 원소로 이루어지는 것이라는 뜻과 같습니다.

### ◆ 조합의 공식

$n$개의 원소에서 $r$개를 택한 조합의 총수——다시 말하면, $n$개의 원소를 가진 집합에서 $r$개의 원소로 이루어지는 부분집합의 개수——를 기호 $_nC_r$ 로 나타냅니다.

[주의 : 기호 $_nC_r$ 의 C는 combination(조합)의 머리글자입니다.]

예를 들면, 위의 예에 의하면 $_4C_3 = 4$입니다. 이 값 $_4C_3 = 4$는

$$\frac{_4P_3}{3!} = \frac{4 \cdot 3 \cdot 2}{3!} = 4$$

와 같은 것에 주목합니다. 어째서 $_4C_3$이 $\dfrac{_4P_3}{3!}$과 같은가? 그 이유는 다음과 같습니다.

지금, 네 문자 $a$, $b$, $c$, $d$에서 3개를 택한 하나의 조합, 예를 들면 $\{a, b, c\}$에 대하여 그 원소 $a$, $b$, $c$를 일렬로 나열하면,

$$abc, \quad acb, \quad bac, \quad bca, \quad cab, \quad cba$$

라는 3!개의 순열이 생깁니다. 다른 조합으로부터도 각
각 3!개씩의 순열이 생깁니다. 따라서 $a, b, c, d$에서 3개
를 택한 순열은 전부 합해서 조합의 수의 3!배, 즉 $_4C_3 \times 3!$
개가 생기게 됩니다. 이것은 순열의 수 $_4P_3$과 같아져야 합
니다. 그러므로

$$_4C_3 \times 3! = {}_4P_3$$

즉,

$$_4C_3 = \frac{_4P_3}{3!}$$

이 성립합니다.

이와 같이 하여, 일반적으로 $_nC_r$에 대해서 다음 공식이
성립하는 것을 알 수 있습니다.

$$_nC_r = \frac{_nP_r}{r!} = \frac{n(n-1)(n-2)\cdots(n-r+1)}{r!}$$

이것은 $0 < r \leqq n$일 때 성립하는 공식이지만,

$$_nC_0 = 1$$

로 정하면 이것은 $r = 0$일 때에도 성립합니다. 왜냐하면,
우리는 이미

$$_nP_0 = 1, \quad 0! = 1$$

로 약정하고 있기 때문입니다.

[주의 : $n$개의 원소로 이루어지는 집합의 "0개의 원소
를 가진 부분집합"이란 즉 "원소를 갖지 않는 부분집합"
이며, 이것은 공집합이라 불리는 집합 1개밖에 없습니다.
이런 뜻에서 생각해도 $_nC_0 = 1$로 정하는 것은 매우 자연스
러운 규약이라 할 것입니다.]

$_nC_r$의 공식에서

$$_nP_r = \frac{n!}{(n-r)!}$$

임에 주목하면, 이것은 다음과 같이 나타낼 수도 있습니
다.

$$_n\mathrm{C}_r = \frac{n!}{r!(n-r)!} \qquad ①$$

이 공식에서 또, $0 \leqq r \leqq n$일 때 등식

$$_n\mathrm{C}_r = {_n\mathrm{C}_{n-r}}$$

을 얻을 수 있습니다. 실제로

$$_n\mathrm{C}_{n-r} = \frac{n!}{(n-r)!\{n-(n-r)\}!}$$

$$= \frac{n!}{(n-r)!\, r!} = {_n\mathrm{C}_r}$$

이기 때문입니다.

조합의 수 $_n\mathrm{C}_r$은 또 종종 $\dbinom{n}{r}$ 이라는 기호로도 표시됩니다.


[여담: 순열이나 조합의 기호 $_n\mathrm{P}_r$, $_n\mathrm{C}_r$은 경우에 따라 반드시 일정한 것은 아닌 것 같습니다. 예를 들면, 조합의 수 $_n\mathrm{C}_r$의 첨자의 위치를 $\mathrm{C}^r_n$처럼 쓰기도 합니다. 이것에 비하면 기호

$$\dbinom{n}{r}$$

쪽이 더 보편적인 것이 아닐까 생각됩니다.]

**예**
$$_7\mathrm{C}_2 = \frac{7\cdot 6}{2!} = \frac{7\cdot 6}{2\cdot 1} = 21$$

$$_{10}\mathrm{C}_7 = {_{10}\mathrm{C}_3} = \frac{10\cdot 9\cdot 8}{3\cdot 2\cdot 1} = 120$$

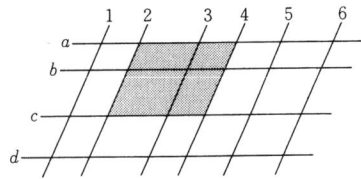

**예제** 4개의 평행선과 6개의 평행선이 그림과 같이 교차하고 있습니다. 이들 평행선으로 둘러싸인 평행사변형은 전부 합해서 몇 개일까요?

**풀이** 4개의 평행선 $a, b, c, d$에서 2개와, 다른 6개의 평행선 1, 2, 3, 4, 5, 6에서 2개를 선정하면 하나의 평행사변형이 생깁니다.

$a, b, c, d$ 중에서 2개를 선정하는 방법은 $_4\mathrm{C}_2$가지 이고, 1, 2, 3, 4, 5, 6 중에서 2개를 선정하는 방법은 $_6\mathrm{C}_2$가지 입니다. 따라서 평행사변형의 총수는

$$_4C_2 \times {}_6C_2 = \frac{4 \cdot 3}{2} \times \frac{6 \cdot 5}{2} = 90$$

입니다.

**예제** 12명의 학생이 있습니다. 그들을 다음과 같이 나누는 방법의 개수를 구하시오.

(1) 4명씩 $A$조, $B$조, $C$조의 3조로 나눈다.

(2) 조로 구별을 짓지 않고 단지 4명씩 3조로 나눈다.

**풀이** (1) 12명 중에서 $A$조에 들어갈 4명을 선정하는 방법은 $_{12}C_4$ 가지 입니다. 다음에 나머지 8명 중에서 $B$조에 들어갈 4명을 선정하는 방법은 $_8C_4$ 가지 입니다. 이와 같이 $A$조, $B$조에 들어갈 사람을 선정하면 $C$조에 들어갈 사람은 나머지 4명으로 자연스럽게 결정됩니다.

따라서 구하는 수는

$$_{12}C_4 \times {}_8C_4 = \frac{12 \cdot 11 \cdot 10 \cdot 9}{4 \cdot 3 \cdot 2} \times \frac{8 \cdot 7 \cdot 6 \cdot 5}{4 \cdot 3 \cdot 2} = 34650$$

이 됩니다.

(2) 12명을 3조로 나누는 방법이 $x$가지 있다고 합시다. 그 각각의 방법에 대하여 3개의 조를 $A$조, $B$조, $C$조로 구별하면 3!가지의 경우가 생기고, 전부 합해서 $3! \times x$개의 조가 생깁니다. 이것은 (1)에서 구한 방법의 개수입니다. 그러므로

$$3! \times x = 34650$$

따라서

$$x = \frac{34650}{3!} = 5775$$

입니다.

**예제** 다음 등식을 증명하시오.

$$_nC_r = {}_{n-1}C_r + {}_{n-1}C_{r-1}$$

단, $n$은 2 이상의 자연수, $r$은 $1 \leq r \leq n-1$을 만족하는

자연수로 합니다.

**증명**  789페이지의 식 ①을 써서 계산하면,

$$_{n-1}C_r + {}_{n-1}C_{r-1}$$

$$= \frac{(n-1)!}{r!(n-r-1)!} + \frac{(n-1)!}{(r-1)!(n-r)!}$$

$$= \frac{(n-1)! \times (n-r)}{r!(n-r)!} + \frac{(n-1)! \times r}{r!(n-r)!}$$

$$= \frac{(n-1)! \times \{(n-r)+r\}}{r!(n-r)!}$$

$$= \frac{n!}{r!(n-r)!} = {}_nC_r$$

이것으로 예제의 등식이 증명되었습니다.

**다른증명**  위의 증명은 $_nC_r$의 공식을 변형시킴으로써 증명한 것이지만, 조합의 수로서의 의미를 생각하면 다음과 같이 직접적으로도 증명할 수가 있습니다.

지금 $n$개의 다른 것을 $a_1$, $a_2$, $\cdots$, $a_n$으로 합니다. 이 중에서 특별한 하나 $a_1$에 주목하여, $a_1$, $a_2$, $\cdots$, $a_n$에서 $r$개를 택한 조합(단, $1 \leq r \leq n-1$)을

$a_1$을 포함하지 않는 조합
$a_1$을 포함하는 조합

의 두 종류로 분류해서 생각합니다. $a_1$을 포함하지 않는 조합은 $a_2$, $\cdots$, $a_n$의 $n-1$개에서 $r$개를 택한 조합이므로 그 수는 $_{n-1}C_r$입니다. 또, $a_1$을 포함하는 조합은 $a_2$, $\cdots$, $a_n$의 $n-1$개에서 $r-1$개를 택한 조합에 $a_1$을 더한 것이므로 그 수는 $_{n-1}C_{r-1}$입니다. 즉,

$a_1$을 포함하지 않는 조합의 수는    $_{n-1}C_r$,
$a_1$을 포함하는 조합의 수는    $_{n-1}C_{r-1}$

입니다. 이들 두 종류의 조합의 수의 합이 $n$개에서 $r$개를 택한 조합의 수 $_nC_r$과 같으므로

$$_nC_r = {}_{n-1}C_r + {}_{n-1}C_{r-1}$$

이 성립합니다.

문제 13   남자 7명, 여자 5명 중에서 남자 3명, 여자 2명을 선정하는 방법은 몇 가지일까요?

문제 14   9명을 다음과 같은 조로 나누는 방법은 각각 몇 가지일까요?

(1)   4명, 3명, 2명의 3조로 나눈다.

(2)   3명씩 $A$조, $B$조, $C$조의 3조로 나눈다.

(3)   단지 3명씩 3조로 나눈다.

문제 15   각각 6명의 인원을 가진 배구팀이 $A$, $B$, $C$ 세 팀이 있습니다. 이 세 팀에서 6명의 대표를 선출하게 되었습니다. 몇 가지의 선출 방법이 있을까요? 단, 어느 팀에서나 적어도 1명의 선수를 선출하는 것으로 합니다.

문제 16   볼록사각형의 두 꼭지점을 잇는 선분은 4개의 변 이외에 2개의 대각선이 있습니다. 일반적으로 $n \geq 4$일 때 볼록 $n$각형의 두 꼭지점을 잇는 선분 중에서 변 이외의 것은 모두 몇 개일까요?

문제 17   평면상에 10개의 점과 직선 $l$이 있습니다. 이 점들 중에서 5개는 직선 $l$상에 있고, 또 $l$밖에 있는 점들 중 점 3개를 지나는 직선은 없습니다. 이 10개의 점에서 3개의 점을 선정하여 삼각형을 만들 때, 몇 개의 삼각형을 만들 수 있을까요?

문제 18   검은 돌 10개와 흰 돌 7개를 일렬로 나열합니다. 단, 흰돌은 2개 이상 연속되는 일이 없도록 합니다. 이와 같은 나열 방법은 몇 가지나 될까요?


◆   $n$개의 원소를 가진 집합의 부분집합은 모두 몇 개 있는가?

$P$를 2개의 원소를 가진 집합 $P = \{a, b\}$라 합니다. 이때, $P$의 모든 부분집합은

$$\phi, \quad \{a\}, \quad \{b\}, \quad \{a, b\}$$

의 4개입니다. [$\phi$는 공집합을 나타내는 기호였습니다.]

또, $Q$를 3개의 원소를 가진 집합 $Q=\{a, b, c\}$라 합니다. 이때 $Q$의 모든 부분집합은

$$\phi, \quad \{a\}, \quad \{b\}, \quad \{c\},$$
$$\{a, b\}, \quad \{a, c\}, \quad \{b, c\}, \quad \{a, b, c\}$$

의 8개입니다.

좀더 원소의 개수를 늘려서, 6개의 원소를 가진 집합

$$R = \{a, b, c, d, e, f\}$$

를 생각해 봅시다. $R$의 부분집합은 모두 몇 개일까요?

이 문제를 풀기 위해 $R$의 원소 $a, b, c, d, e, f$를 일렬로 나열합니다. 그리고 이들 문자 밑에 기호 ○와 ×를 임의로 6개 나란히 쓰고, ○표가 있는 원소만을 취해서 $R$의 부분집합을 만듭니다. 예를 들면, 다음의 배열 (1), (2), (3)으로부터는 각각 부분집합

$$\{a, d\}, \quad \{c, d, e\}, \quad \{a, b, e, f\}$$

가 얻어집니다.

|  | a | b | c | d | e | f |
|---|---|---|---|---|---|---|
| (1)… | ○ | × | × | ○ | × | × |
| (2)… | × | × | ○ | ○ | ○ | × |
| (3)… | ○ | ○ | × | × | ○ | ○ |

이와 같이 하면 ○와 ×를 6개 나열한 중복순열의 하나하나가 각각 $R$의 한 부분집합을 정한다는 것을 알 수 있습니다. 따라서 결국 $R$의 부분집합은 ○와 ×에서 6개를 취한 중복순열의 수만큼 있는 것입니다. 그러므로 $R$의 부분집합은 모두 $2^6 = 64$개입니다.

일반적으로 $A$를 $n$개의 원소로 이루어지는 유한집합이라 할 때, $A$의 부분집합의 총수는 $2^n$개입니다. 위에서는 $n=6$인 경우를 증명했습니다. 일반적인 경우의 증명도 이것과 똑같습니다.

위의 사실은 기억해 두어도 좋을 것입니다. 그러므로 다시 한 번 정리해 두겠습니다.

## $n$개의 원소로 이루어지는 유한집합의 부분집합의 개수는 모두 $2^n$개이다.

그럼 조합의 이야기로 돌아가서, $A$를 $n$개의 원소로 이루어지는 집합으로 하고, $r$을 $0 \leq r \leq n$을 만족하는 정수로 합니다. 조합의 정의에 따르면, $_nC_r$은 $A$의 $r$개의 원소로 이루어지는 부분집합의 개수를 나타내는 것이었습니다. 따라서 $r = 0, 1, 2, \cdots, n$에 대한 $_nC_r$의 총합

$$_nC_0 + {}_nC_1 + {}_nC_2 + \cdots + {}_nC_{n-1} + {}_nC_n$$

은 $A$의 모든 부분집합의 개수를 나타냅니다. 왜냐하면, $_nC_0, {}_nC_1, {}_nC_2, \cdots, {}_nC_n$은 각각 $A$의 0개, 1개, 2개, $\cdots$, $n$개의 원소로 이루어지는 부분집합의 개수를 주고 있기 때문입니다. [특히 $A$의 0개의 원소로 이루어지는 부분집합이란 공집합, $A$의 $n$개의 원소로 이루어지는 부분집합이란 $A$ 자신이라는 것에 주목하십시오.]

한편, 우리는 위에서 $A$의 모든 부분집합의 개수는 $2^n$과 같다는 것을 알았습니다. 이것에서 다음 등식

$$_nC_0 + {}_nC_1 + {}_nC_2 + \cdots + {}_nC_n = 2^n$$

을 얻습니다.

이것은 흥미있는 등식입니다. 특히 흥미로운 것은 이 등식의 증명이 ——— 우변의 $2^n$을 얻기 위해 중복순열의 공식이 사용된 외에는 ——— 전적으로 조합의 수의 정의에 의해서, 아무런 계산 없이도 얻을 수 있었다는 점입니다.

## ◈ 같은 것이 있을 때의 순열

앞 절에서는 $n$개의 다른 것에서 몇 개를 (중복을 허용하지 않고, 또는 중복을 허용하고) 택해서 나열하는 순열을 생각했습니다. 여기서는 주어진 $n$개의 원소 중에 같은 것이 있을 때, 그것들 $n$개를 하나씩 전부 취해서 일렬로

나열하는 방법에 대해서 생각합니다. 이것은 순열의 문제이지만, 다음과 같이 조합을 이용하는 편이 효과적입니다.

예를 들면, $a, a, a, a, b, b, b, c, c$라는 9문자를 일렬로 나열하는 방법이 몇 가지 있는지를 생각해 봅시다.

그러기 위해 다음 그림과 같은 9개의 장소를 만듭니다.

○ ○ ○ ○ ○ ○ ○ ○ ○

$a, a, a, a, b, b, b, c, c$의 9문자를 일렬로 나열하는 방법의 개수는 이 9개의 장소에 이 9문자를 하나씩 넣는 방법의 개수와 같다고 할 수 있습니다. 따라서 다음과 같이 생각할 수가 있습니다.

먼저, 9개의 장소에서 4개의 $a$를 넣을 4개의 장소를 선정합니다. 이 방법은 $_9C_4$가지입니다. 다음에 나머지 5개의 장소에서 3개의 $b$를 넣을 3개의 장소를 선정합니다. 이 방법은 $_5C_3$가지 입니다. 끝으로 남은 2개의 장소에 2개의 $c$를 넣는 방법은 물론 1가지입니다. 다음 그림은 장소를 선정하는 방법의 한 예를 보인 것입니다.

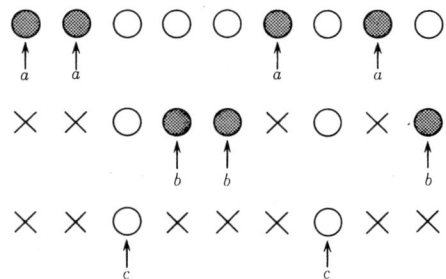

위의 고찰로부터, 곱의 법칙에 의해서 구하는 나열 방법의 수는

$$_9C_4 \times _5C_3 \times 1 = \frac{9 \cdot 8 \cdot 7 \cdot 6}{4 \cdot 3 \cdot 2 \cdot 1} \times \frac{5 \cdot 4 \cdot 3}{3 \cdot 2 \cdot 1} \times 1$$
$$= 1260 \ (가지)$$

임을 알 수 있습니다.

위에서 구한 나열 방법의 수는 또

$$_9C_4 \times _5C_3 = \frac{9!}{4!5!} \times \frac{5!}{3!2!} = \frac{9!}{4!3!2!}$$

으로도 나타낼 수 있는 점에 주목하십시오.

위의 예와 똑같은 생각으로, 일반적으로 같은 것을 포함하는 순열에 대해서는 다음 정리가 성립하는 것을 알 수 있습니다.

---

$n$개의 원소 중에 $p$개의 같은 것, $q$개의 다른 같은 것, $r$개의 또 다른 같은 것, ⋯이 있다고 한다. 단,
$$p+q+r+\cdots=n$$
이다. 이때, 이들 $n$개의 원소 전부를 일렬로 나열하는 순열의 수는
$$\frac{n!}{p!q!r!\cdots}$$
으로 주어진다.

---

㉙ 1, 1, 1, 2, 2, 3, 3의 7개의 숫자를 모두 써서 만들어지는 7자리의 정수는 몇 개일까요?

**풀이** 1이 3개, 2가 2개, 3이 2개 있는 순열의 수이므로

$$\frac{7!}{3!2!2!} = 210$$

이 됩니다.

**예제** 오른쪽 그림과 같은 도시가 있는데, 동서로 4개, 남북으로 5개의 길이 있습니다. 이 도시의 남서쪽 구석의 $A$ 지점에서 북동쪽 구석의 $B$ 지점까지 가는 최단 경로는 몇 가지일까요?

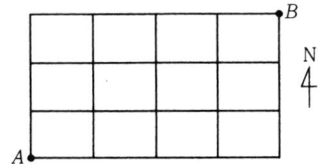

**풀이** 동쪽으로 한 구획 나아가는 것을 $a$, 북쪽으로 한 구획 나아가는 것을 $b$로 나타내면, 예를 들어 다음의 왼쪽 그림, 오른쪽 그림의 최단 경로는 각각 순열

$$abbaaba, \quad baaabba$$

로 나타냅니다.

따라서 구하는 최단 경로의 수는 4개의 $a$와 3개의 $b$ 를 일렬로 나열한 순열의 수와 같으며, 그것은

$$\frac{7!}{4!3!} = 35$$

가 됩니다.

**문제 19** monotone이라는 단어의 문자를 모두 일렬로 나열 하는 방법은 몇 가지일까요?

**문제 20** $a, b, c, d, e, \alpha, \beta, \gamma$의 8문자 전부를 일렬로 나열할 때, 라틴 문자, 그리스 문자가 각각 알파벳순이 되도록 나열 하는 방법은 몇 가지일까요?

**문제 21** parabola라는 단어의 문자에서 3개를 택해서 만들 어지는 순열의 수를 구하시오. [힌트 : 이 순열을 $a$를 포함 하지 않는 것, $a$를 하나만 포함하는 것, $a$를 2개 포함하는 것, $a$를 3개 포함하는 것으로 분류해서 생각하십시오.]

**문제 22** 4개의 흰 구슬, 6개의 빨간 구슬, 1개의 검은 구슬 이 있습니다.

(1) 이 구슬 전부를 원형으로 늘어놓는 방법은 몇 가지일 까요?

(2) 이들 구슬 전부를 둥글게 실에 꿰어 목걸이를 만드는 방법은 몇 가지일까요? [힌트 : (2) 원순열 중에서 대칭적 인 나열 방법에 주목하십시오.]

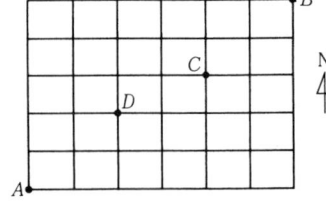

**문제 23** 왼쪽 그림과 같이 동서로 6개, 남북으로 7개의 도 로가 나 있는 도시가 있습니다. $A$지점에서 $B$지점에 이르 는 최단 경로에 대해서 다음 물음에 답하시오.

(1) 모두 몇 가지일까요?

(2)  $C$를 지나는 것은 몇 가지일까요?

(3)  $C$를 지나지 않는 것은 몇 가지일까요?

(4)  $C$를 지나고, $D$를 지나지 않는 것은 몇 가지일까요?

### ◈  중복조합

 $a$, $b$, $c$라는 3문자에서 서로 다른 2개를 택한 짝(또는 조합)은

$$ab, \quad ac, \quad bc$$

의 셋입니다. 만일 $a$, $b$, $c$에서 2개를 택한 짝을 만들 때, 같은 것을 중복해서 취하는 것을 허용한다면

$$aa, \quad ab, \quad ac, \quad bb, \quad bc, \quad cc$$

라는 6개의 짝이 생깁니다.

 또, $a$, $b$, $c$에서 중복을 허용하고 4개를 택한 짝을 만들면,

$$aaaa, \quad aaab, \quad aaac, \quad aabb, \quad aabc,$$
$$aacc, \quad abbb, \quad abbc, \quad abcc, \quad accc,$$
$$bbbb, \quad bbbc, \quad bbcc, \quad bccc, \quad cccc$$

라는 15개의 짝이 생깁니다. (여기서 "짝"이라 함은 문자의 순서를 문제 삼지 않습니다. 즉, 문자의 순서를 바꾸었을 뿐인 "짝"은 같은 것으로 간주합니다. 따라서 "순열"과는 다릅니다.)

 일반적으로 $n$개의 다른 원소에서 중복을 허용하여 $r$개를 택한 짝을

### $n$개의 원소에서 $r$개를 택한 중복조합

이라고 합니다. 보통의 조합과는 달리 중복조합에서는 $r > n$이라도 상관없습니다.

 앞에서 $n$개의 원소에서 $r$개를 택한 조합이란 그 $n$개의 원소로 이루어지는 집합의 $r$개의 원소로 이루어지는 부분집합에 지나지 않는다고 말했습니다. 그러나 중복조합의 경우에는 이것을 정정해야 합니다. 중복조합은 원래의 $n$개의 원소로 이루어지는 집합의 부분집합은 아닙니

다. 예를 들어 3문자 $a, b, c$에서 4개를 택한 중복조합은 $\{a, b, c\}$의 부분집합은 아닙니다.

[주의 : 예를 들면 $a, b, c$에서 4개를 택한 중복조합을 빠짐없이 계산하려면, 799페이지의 표에 쓴 것처럼, 알파벳순에 따라 규칙적으로 나열하면 됩니다. 이와 같은 나열 방법을 **사전식 나열법**이라고 합니다.]

그런데 $a, b, c$에서 4개를 택한 중복조합의 개수는 위에서 알아본 바와 같이 15입니다. 이 개수를 실제로 중복조합을 나열하는 일 없이 구하려면 어떻게 하면 될까요?

이것을 생각하기 위해 우리는 동서로 $a, b, c$라는 3개의 길이 있고, 남북으로 5개의 길이 있는 도시를 만듭니다. 그리고, 예를 들어

$$aaaa, \quad abbb, \quad abcc, \quad bccc$$

라는 중복조합을 각각 그림과 같은 경로로 나타냅니다.

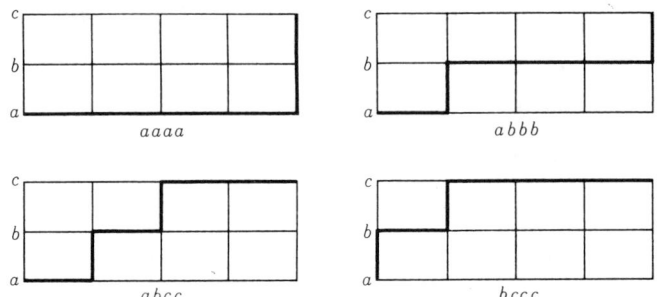

이렇게 하면 각각의 중복조합에, 이 도시의 남서쪽 모서리에서 북동쪽 모서리에 이르는 하나의 최단거리가 대응하고, 반대로 각각의 최단거리에는 하나의 중복조합이 대응합니다.

따라서, $a, b, c$에서 4개를 취한 중복조합의 개수는 위 그림의 최단거리의 개수와 같다는 것을 알 수 있습니다. 그러므로 구하는 중복조합의 개수는

$$\frac{(2+4)!}{2!4!} = \frac{6!}{2!4!} = 15$$

입니다.

위에서는 $n=3, r=4$인 경우의 중복조합의 수를 구했

801 15. 2 조합

습니다. 그 답은

$$\frac{6!}{2!4!}$$

이지만, 이것은 또

$$_6C_4 = {}_{3+4-1}C_4$$

로 쓸 수가 있습니다. $_{3+4-1}C_4$의 3은 "$a, b, c$ 3문자"의 3을, 4는 "4개를 택한 중복조합"의 4를 나타냅니다.

이 예에 따라 일반적으로 다음을 알 수가 있습니다.

---

$n$개의 다른 원소에서 $r$개를 택한 중복조합의 수는

$$_{n+r-1}C_r$$

이다.

---

(예) 4종류의 과자로 도합 12개가 들어가는 과자상자를 만듭니다.

(1) 만드는 방법은 몇 가지일까요?

(2) 만일 어느 종류의 과자나 적어도 1개는 넣어야 한다면 만드는 방법은 몇 가지일까요?

**풀이** (1) 4개의 다른 원소에서 12개를 택하는 중복조합의 수이므로,

$$_{4+12-1}C_{12} = {}_{15}C_{12} = {}_{15}C_3 = 455$$

가지입니다.

(2) 처음에 4종류의 과자를 하나씩 넣고, 나머지 8개를 임의로 선정하면 됩니다. 따라서 그것을 만드는 방법은

$$_{4+8-1}C_8 = {}_{11}C_8 = {}_{11}C_3 = 165$$

가지가 됩니다.

(예) 세 문자 $x, y, z$에 관한 일차방정식

$$x+y+z = 7$$

을 생각합니다.

(1) 이 방정식의 음이 아닌 정수근의 쌍, 예를 들면

$$(x=4, y=2, z=1), \quad (x=0, y=2, z=5)$$

와 같은 짝은 몇 개일까요?

(2) 이 방정식의 양의 정수근의 짝은 몇 개일까요?

**[풀이]**  (1)  3개의 원소 $a, b, c$를 준비해 두었다가, 예를 들면

$$x=4, \quad y=2, \quad z=1$$

이라는 근에는 $a$를 4개, $b$를 2개, $c$를 1개 취하는 중복조합을 대응시키고,

$$x=0, \quad y=2, \quad z=5$$

라는 근에는 $b$를 2개, $c$를 5개($a$는 0개) 취하는 중복조합을 대응시킵니다. 그러면 구하는 정수근의 수는 $a, b, c$에서 7개를 취하는 중복조합의 수와 같다는 것을 알 수 있습니다. 따라서 답은

$$_{3+7-1}\mathrm{C}_7 = {}_9\mathrm{C}_7 = {}_9\mathrm{C}_2 = 36$$

입니다.

(2)  $x'=x-1, \; y'=y-1, \; z'=z-1$로 놓으면 방정식

$$x+y+z=7 \qquad\qquad ①$$

은

$$x'+y'+z'=4 \qquad\qquad ②$$

로 고쳐 쓸 수 있고, ①의 양의 정수근 $(x, y, z)$와 ②의 음이 아닌 정수근 $(x', y', z')$와는

$$x'=x-1, \quad y'=y-1, \quad z'=z-1$$

이라는 관계에 따라 일대일로 대응합니다. 따라서 ①의 양의 정수근의 수는

$$_{3+4-1}\mathrm{C}_4 = {}_6\mathrm{C}_4 = {}_6\mathrm{C}_2 = 15$$

입니다.

이 항을 마침에 있어, 다시 한 번 799페이지에 제시한 3문자 $a, b, c$에서 4개를 취한 중복조합의 수

| | | | | |
|---|---|---|---|---|
| *aaaa*, | *aaab*, | *aaac*, | *aabb*, | *aabc*, |
| *aacc*, | *abbb*, | *abbc*, | *abcc*, | *accc*, |
| *bbbb*, | *bbbc*, | *bbcc*, | *bccc*, | *cccc* |

를 봅시다.

이 표에서 각각의 중복조합을 그 조합에 포함되는 문자의 곱으로 간주하면,

$$a^4, \quad a^3b, \quad a^3c, \quad a^2b^2, \quad a^2bc,$$
$$a^2c^2, \quad ab^3, \quad ab^2c, \quad abc^2, \quad ac^3,$$
$$b^4, \quad b^3c, \quad b^2c^2, \quad bc^3, \quad c^4$$

과 같이, $a, b, c$의 3문자로 만들어지는 4차의 모든 단항식(다만 계수는 모두 1)의 표가 얻어집니다.

이것은 $a, b, c$ 3문자에 관한 4차의 동차다항식은 최대의 경우 15개의 항——즉, $a, b, c$에서 4개를 택하는 중복조합의 수와 같은 개수의 항——을 가지는 것을 나타냅니다.

일반적으로 $n$개의 문자에 관한 $r$차의 동차다항식은 최대의 경우 $_{n+r-1}C_r$개의 항을 갖습니다.

**문제 24** 방정식 $x+y+z=10$의 음이 아닌 정수근은 몇 쌍이 있을까요?

**문제 25** 6개의 주사위를 동시에 던졌을 때, 눈이 나오는 방법에는 몇 가지 경우가 있을까요? 단, 주사위는 같은 모양의 것으로 하여 구별을 두지 않습니다.

**문제 26** 배 7개와 사과 6개를 3명에게 나누어 줍니다. 분배 방법에는 몇 가지가 있을까요? 단, 배든 사과든 각자에게 적어도 1개는 나누어 주는 것으로 합니다.

**문제 27** $n$개의 다른 원소에서 $r$개 이하를 택한 중복조합——하나도 취하지 않는 경우도 여기에 포함됩니다——의 총수는 $_{n+r}C_r$과 같다는 것을 증명하시오.

**문제 28** $a, b$ 2문자에 관한 5차의 단항식(4차 이하의 항도 포함)은 최대의 경우 몇 개의 항을 갖습니까? $a, b, c$ 3문자에 관한 5차의 다항식은 최대의 경우 몇 개의 항을 갖습니까?

### ◈ 집합의 원소의 개수에 관한 어떤 공식

$_nP_r$이나 $_nC_r$과는 이야기가 좀 멀어지지만, 여기서 또 한 가지 유한집합의 원소의 개수에 대해서, 흔히 이용되는 기본적인 공식을 설명하겠습니다.

기술의 편의상 여기서는 유한집합 $A$의 원소에 개수를 기호

$$|A|$$

라 나타내기로 합니다. (물론 이 의미에서 쓴 기호 $|\ |$는 절대값과는 아무런 관계가 없습니다.)

예를 들어 $A=\{1, 3, 5, 7\}$이면 $|A|=4$입니다. 또, 공집합 $\phi$에 대해서는 $|\phi|=0$이 됩니다.

그런데, 지금 $A, B$를 2개의 유한집합이라 합시다. 이때 $A, B$ 및 이것들의 교집합 $A\cap B$, 합집합 $A\cup B$의 원소의 개수에 관해서 다음 관계식이 성립합니다.

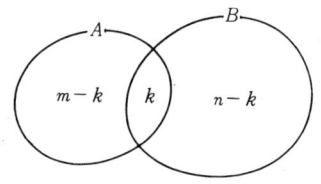

$$|A\cup B|=|A|+|B|-|A\cap B|$$

이것의 증명은 아주 간단합니다. 실제로

$$|A|=m, \quad |B|=n, \quad |A\cap B|=k$$

라 하면, 왼쪽 그림에서 알 수 있듯이

$$|A\cup B|=(m-k)+k+(n-k)$$

따라서

$$|A\cup B|=m+n-k=|A|+|B|-|A\cap B|$$

가 됩니다.

특히 $A\cap B=\phi$(즉 $k=0$) 일 때는

$$|A\cup B|=|A|+|B|$$

가 됩니다.

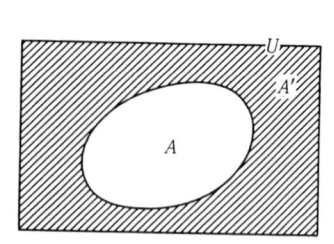

이것의 특별한 경우라고도 할 수 있는데, 지금 하나의 유한한 전체집합 $U$가 있고, $A$가 그 부분집합일 때, $U$에 대한 $A$의 여집합을 $A'$라 하면

$$|U|=|A|+|A'|$$

따라서
$$|A'| = |U| - |A|$$
가 성립합니다.

**예제**  1에서 1000까지의 자연수 중에서 다음과 같은
수의 개수를 구하시오.
(1)  4 또는 6으로 나누어떨어지는 수
(2)  4나 6으로도 나누어떨어지지 않는 수

**풀이**  (1)  1에서 1000까지의 자연수 전체의 집합을
$U$라 하고, 그 중에서 4로 나누어떨어지는 수 전체의
집합을 $A$, 6으로 나누어떨어지는 수 전체의 집합을 $B$
라 합니다. 이때 $U$의 원소 중에서 4 또는 6으로 나누어
떨어지는 수 전체의 집합은 $A \cup B$입니다. 한편, $A \cap B$
는 마찬가지로 $U$의 원소 중에서 4나 6으로 나누어떨어
지는 수, 즉 4와 6의 최소공배수 12로 나누어떨어지는
수 전체의 집합을 나타냅니다. 그리고
$$1000 \div 4 = 250$$
$$1000 \div 6 = 166.6\cdots$$
$$1000 \div 12 = 83.3\cdots$$
이므로 $|A|$, $|B|$, $|A \cap B|$는 각각
$$|A| = 250, \quad |B| = 166, \quad |A \cap B| = 83$$
이 됩니다. 그러므로
$$|A \cup B| = |A| + |B| - |A \cap B|$$
$$= 250 + 166 - 83 = 333$$
이것이 구하는 개수입니다.           〈답〉  333개
(2)  $U$의 원소 중 4나 6으로도 나누어떨어지지 않는
수라는 것은
$$A' \cap B' = (A \cup B)'$$
에 속하는 수입니다. (여기서 $'$는 $U$에 대한 여집합을
뜻합니다.) 따라서 이와 같은 수의 개수는
$$|U| - |A \cup B| = 1000 - 333 = 667$$

입니다.

〈답〉   667개

문제 29   1에서 1000까지의 자연수 중에서 다음과 같은 수
의 개수를 구하시오.

(1)   3의 배수           (2)   5의 배수

(3)   3 또는 5의 배수인 수

(4)   3이나 5로 나누어떨어지지 않는 수

문제 30   1에서 1000까지의 자연수 중에서 다음과 같은 수
의 개수를 구하시오.

(1)   9로 나누어떨어지지 않는 수

(2)   6 또는 9로 나누어떨어지는 수

(3)   6이나 9로 나누어떨어지지 않는 수

(4)   6으로는 나누어떨어지지만 9로는 나누어떨어지지 않
는 수

위에서는 두 개의 유한집합 $A$, $B$에 대하여, 이것들의
합집합 $A \cup B$의 원소의 개수가 $A$, $B$ 및 교집합 $A \cap B$의
원소의 개수에 의해서

$$|A \cup B| = |A| + |B| - |A \cap B| \qquad ①$$

로 나타나는 것을 보았습니다.

또한, 또 하나의 유한집합 $C$가 주어졌을 때 $A$, $B$, $C$의
합집합 $A \cup B \cup C$의 원소의 개수

$$|A \cup B \cup C|$$

에 대해서 유사한 공식을 구해 봅시다.

먼저 $|A \cup B \cup C| = |(A \cup B) \cup C|$이므로 ①의 $A$, $B$를
각각 $A \cup B$, $C$로 대체하면,

$$|A \cup B \cup C| = |A \cup B| + |C| - |(A \cup B) \cap C|$$

가 얻어집니다. 여기서 집합의 계산에 관한 분배법칙을
사용하면

$$(A \cup B) \cap C = (A \cap C) \cup (B \cap C)$$

이므로, $A \cap C = A_1$, $B \cap C = B_1$이라 놓으면

$$|A \cup B \cup C| = |A \cup B| + |C| - |A_1 \cup B_1|$$

이 됩니다. 그리하여 다시 공식 ①을 사용하면

$$|A \cup B| = |A| + |B| - |A \cap B|,$$
$$|A_1 \cup B_1| = |A_1| + |B_1| - |A_1 \cap B_1|$$
$$= |A \cap C| + |B \cap C| - |A \cap B \cap C|.$$

이것들을 위의 $|A \cup B \cup C|$의 식의 우변에 대입하면, 공식

$$|\boldsymbol{A} \cup \boldsymbol{B} \cup \boldsymbol{C}| = |\boldsymbol{A}| + |\boldsymbol{B}| + |\boldsymbol{C}|$$
$$- |\boldsymbol{A} \cap \boldsymbol{B}| - |\boldsymbol{A} \cap \boldsymbol{C}| - |\boldsymbol{B} \cap \boldsymbol{C}|$$
$$+ |\boldsymbol{A} \cap \boldsymbol{B} \cap \boldsymbol{C}| \qquad ②$$

가 얻어집니다. 이것은 공식 ①을 세 개의 집합의 합집합에 대하여 확장한 것입니다.

그럼, 이번에는 하나의 유한한 전체집합 $U$가 주어졌을 때, $A$, $B$, $C$를 모두 $U$의 부분집합이라 합시다. 이때 $A$에 속하지 않는 $U$의 원소의 개수 즉 여집합 $A'$의 요소의 개수는 이미 말한 바와 같이

$$|\boldsymbol{U}| - |\boldsymbol{A}|$$

로 구할 수 있습니다. 또, $A$에도 $B$에도 속하지 않는 $U$의 원소의 개수, 즉 집합

$$A' \cap B' = (A \cup B)'$$

의 원소의 개수는 $|U| - |A \cup B|$와 같으며, 따라서 ①에 의해서 그것은

$$|\boldsymbol{U}| - |\boldsymbol{A}| - |\boldsymbol{B}| + |\boldsymbol{A} \cap \boldsymbol{B}| \qquad ③$$

로 주어집니다.

또한 $A$, $B$, $C$의 어느 것에도 속하지 않는 $U$의 원소의 개수, 즉 집합

$$A' \cap B' \cap C' = (A \cup B \cup C)'$$

의 원소의 개수는 $|U|$에서 $|A \cup B \cup C|$를 뺌으로써 얻어집니다. ②에 의하면 그것은

$$|\boldsymbol{U}| - |\boldsymbol{A}| - |\boldsymbol{B}| - |\boldsymbol{C}|$$

$$+|A \cap B|+|A \cap C|+|B \cap C|-|A \cap B \cap C| \qquad ④$$

로 나타납니다.

　　이상에서 말한 $A \cup B$, $A \cup B \cup C$ 또는 그것들의 여집합의 원소에 관한 공식은 어떤 공통의 원리에 의해서 만들어져 있습니다. 실제로 우리는, ②의 공식

$$|A \cup B \cup C| = |A|+|B|+|C|$$
$$-|A \cap B|-|A \cap C|-|B \cap C|$$
$$+|A \cap B \cap C|$$

에 대하여 다음과 같은 해석을 내릴 수가 있습니다.

　　즉, $A \cup B \cup C$의 원소의 개수를 구하려면 먼저 $A$, $B$, $C$ 각각의 원소를 "포함"해야만 합니다. 이것이 제1단계의 계산

$$|A|+|B|+|C|$$

입니다. 그러나 이렇게 하면 $A$, $B$, $C$의 2개에 속하는 원소는 이중으로 또 $A \cap B \cap C$에 속하는 원소는 삼중으로 포함되므로 이번에는

$$A \cap B,$$
$$A \cap C,$$
$$B \cap C$$

의 각각에 속하는 원소를 "배제"해야만 합니다. 이것이 제2단계의

$$-|A \cap B|-|A \cap C|-|B \cap C|$$

라는 계산입니다. 그러면 $A$, $B$, $C$ 중의 2개에 속하는 원소는 정확히 1회만 포함되는 것이 됩니다만, $A \cap B \cap C$에 속하는 원소는 삼중으로 배제되어 없어져 버립니다. 그러므로 끝으로 다시 한 번 그 원소를 포함시켜야 합니다. 그것이 제3단계의

$$+|A \cap B \cap C|$$

라는 계산입니다.

　　이것이 공식 ②의 의미입니다. 위에서 말한 포함과 배

제의 과정을 그림으로 그리면 다음과 같이 됩니다. 이 그림 안의 숫자는 각각 포함 또는 배제의 횟수를 나타냅니다. [시각적으로 알기 쉽게 하기 위해 배제의 횟수에는 −(마이너스)를 붙였습니다.]

제1단계 : 포함      제2단계 : 배제      제3단계 : 포함

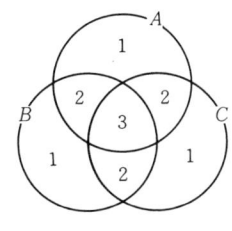 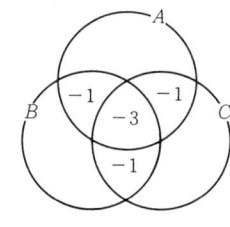 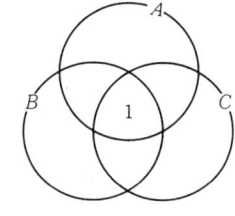

위에서 말한 논의를 **포함과 배제의 원리**, 또는 줄여서 **포제원리**라 부릅니다.

위의 공식 ①, ②, ③, ④는 모두 포제원리에 의해서 얻어진 것입니다.

이 원리는 중요합니다. 그러므로 여러분의 연습을 위해 앞으로 2, 3개의 응용례를 예제 및 문제로서 들겠습니다.

**예제**  1에서 1000까지 자연수 중에서 다음과 같은 수의 개수를 구하시오.

(1)  2 또는 3 또는 5의 배수인 수

(2)  2, 3, 5의 어느 것으로도 나누어떨어지지 않는 수

**풀이**  (1)  1에서 1000까지의 자연수 전체의 집합을 $U$라 하고, 그 중에서

2의 배수 전체의 집합을 $A$,

3의 배수 전체의 집합을 $B$,

5의 배수 전체의 집합을 $C$

라 합니다. 이때 2 또는 3 또는 5의 배수인 수 전체의 집합은

$$A \cup B \cup C$$

입니다. 이 집합의 원소의 개수를 구하기 위해 우리는

공식 ②를 사용합니다.

지금의 경우

$A \cap B$는 6의 배수 전체의 집합,

$A \cap C$는 10의 배수 전체의 집합,

$B \cap C$는 15의 배수 전체의 집합,

이고, 다시

$A \cap B \cap C$는 30의 배수 전체의 집합

입니다. 그리고

$$1000 \div 2 = 500, \qquad 1000 \div 3 = 333.3\cdots,$$
$$1000 \div 5 = 200, \qquad 1000 \div 6 = 166.6\cdots,$$
$$1000 \div 10 = 100, \qquad 1000 \div 15 = 66.6\cdots,$$
$$1000 \div 30 = 33.3\cdots$$

이므로

$$|A| = 500, \qquad |B| = 333, \qquad |C| = 200,$$
$$|A \cap B| = 166, \qquad |A \cap C| = 100, \qquad |B \cap C| = 66,$$
$$|A \cap B \cap C| = 33$$

이 됩니다. 그러므로 $|A \cup B \cup C|$는

$$500 + 333 + 200 - 166 - 100 - 66 + 33 = 734$$

가 됩니다.                                     〈답〉 734개

(2)  이것은 $|U| = 1000$에서 (1)에서 구한 개수를 빼면 얻어집니다.

즉,

$$1000 - 734 = 266$$

이것이 답입니다.

〈답〉 266개

**예제**  6개의 숫자 1, 2, 3, 4, 5, 6의 순열

$$p_1 p_2 p_3 p_4 p_5 p_6$$

을 생각합니다. (여기서 순열이라 함은 보통의 순열이고 중복순열이 아닙니다.) 이러한 순열 중

$$p_1 \neq 1, \qquad p_2 \neq 2, \qquad p_3 \neq 3$$

인 순열——즉, 1이 첫번째에 없고, 2가 두 번째에 없
고, 3이 세 번째에 없는 순열——은 모두 몇 개 있습
니까? 그 개수를 구하시오.

**풀이**  1, 2, 3, 4, 5, 6의 순열 전체의 집합을 $U$로 합니
다. 또, 순열

$$p_1 p_2 p_3 p_4 p_5 p_6$$

중에서

$p_1 = 1$인 순열 전체의 집합을 $A$,

$p_2 = 2$인 순열 전체의 집합을 $B$,

$p_3 = 3$인 순열 전체의 집합을 $C$

라 합니다. 그러면,

$$p_1 \neq 1, \quad p_2 \neq 2, \quad p_3 \neq 3$$

인 순열이란 바로 $A$에도 $B$에도 $C$에도 속하지 않는 $U$
의 원소를 말합니다.

따라서 이와 같은 순열의 개수는, 공식에 따라

$$|U| - |A| - |B| - |C|$$
$$+ |A \cap B| + |A \cap C| + |B \cap C|$$
$$- |A \cap B \cap C|$$

에 의해서 구해집니다.

여기서 $|U|$, $|A|$, $|A \cap B|$ 등을 계산해 봅시다.

먼저, $|U|$는 1, 2, 3, 4, 5, 6의 순열 전부의 개수이므
로

$$|U| = 6!$$

입니다. 다음은 $|A|$인데, $A$의 원소는 $p_1 = 1$인 순열

$$1 p_2 p_3 p_4 p_5 p_6$$

이고, $p_2 p_3 p_4 p_5 p_6$은 2, 3, 4, 5, 6의 임의의 순열입니다. 따
라서 이와 같은 순열은 모두 5!개 있습니다. 그러므로

$$|A| = 5!$$

입니다. 마찬가지로 $|B| = 5!$, $|C| = 5!$이 됩니다.

또, $A \cap B$의 요소는 "$p_1 = 1$ 또한 $p_2 = 2$"인 순열

$$12 p_3 p_4 p_5 p_6$$

이고, $p_3p_4p_5p_6$은 3, 4, 5, 6의 임의의 순열입니다. 따라서 이와 같은 순열은 모두 4!개 있습니다. 즉

$$|A \cap B| = 4!$$

입니다. 마찬가지로

$$|A \cap C| = 4!, \quad |B \cap C| = 4!$$

인 것도 알 수 있습니다.

끝으로, $A \cap B \cap C$의 원소는 "$p_1 = 1$ 또한 $p_2 = 2$ 또한 $p_3 = 3$"인 순열

$$123\,p_4p_5p_6$$

이고, $p_4p_5p_6$은 4, 5, 6의 임의의 순열입니다. 이와 같은 순열은 모두 3!개 있으므로,

$$|A \cap B \cap C| = 3!$$

입니다.

그러므로 구하는 개수는

$$6! - 5! \times 3 + 4! \times 3 - 3!$$

에 의해서 주어집니다. 이것을 계산하면 426. 이것이 답입니다.  〈답〉 426개

**[문제 31]** 1에서 1000까지의 자연수 중에서 다음과 같은 수의 개수를 구하시오.

(1) 4, 6, 10 중 어느 하나로 나누어떨어지는 수

(2) 4, 6, 10의 어느 것으로나 나누어떨어지는 수

**[문제 32]** 1에서 10,000까지의 자연수 중에서 다음과 같은 수의 개수를 구하시오.

(1) 6, 10, 15 중 어느 하나로 나누어떨어지는 수

(2) 6, 10, 15의 어느 것으로도 나누어떨어지지 않는 수

**[문제 33]** 1에서 720까지의 자연수 중에서 720과 서로 소인 수의 개수를 구하시오. [힌트 : 720을 소수의 곱으로 분해하면,

$$720 = 2^4 \cdot 3^2 \cdot 5$$

가 됩니다. 따라서 어떤 정수가 720과 서로 소라 함은 그 정

수가 2, 3, 5의 어느 것으로나 나누어떨어지지 않는다는 말이 됩니다.]

**문제 34** 6명의 피아니스트가 바흐, 베토벤, 모차르트, 쇼팽, 드비시, 라프마니노프의 곡을 각각 한 곡씩 연주하고, 다른 피아니스트는 다른 사람의 곡을 연주합니다. 단, 첫번째 피아니스트는 바흐와 베토벤을 연주해서는 안됩니다. 두 번째 피아니스트는 모차르트를 연주해서는 안됩니다. 또, 마지막 피아니스트는 쇼팽을 연주해서는 안됩니다. 이때, 6명의 피아니스트가 연주하는 작곡가의 순서를 나열하는 방법은 몇 가지일까요?

## ◆ 포제원리의 일반 공식

참고삼아 위 항에서 말한 몇 가지 공식을 일반화한 것을 다음에 설명하고자 합니다. [여러분은 이 항을 "부록"으로 생각하고 생략해도 상관없습니다.]

지금, $U$를 하나의 유한한 전체집합이라 하고, $A_1$, $A_2$, $\cdots$, $A_n$을 $U$의 $n$개의 부분집합이라 합시다. 우리가 구하고자 하는 것은 $A_1$, $A_2$, $\cdots$, $A_n$이 적어도 하나 중 그 어느 것에 속하는 원소의 개수

$$|A_1 \cup A_2 \cup \cdots \cup A_n|$$

과 $A_1$, $A_2$, $\cdots$, $A_n$의 어느 것에도 속하지 않는 $U$의 원소의 개수

$$|U| - |A_1 \cup A_2 \cup \cdots \cup A_n|$$

에 대한 공식입니다. 우리는 이미 $n = 2, 3$의 경우의 공식을 알고 있는데, 일반적인 경우의 공식도 이것에서 유추함으로써 이끌어낼 수가 있습니다.

여기서는 직접적으로 답을 말하겠습니다. 그러기 위해서 먼저 기호를 설명하겠습니다.

지금 $|A_1|$, $|A_2|$, $\cdots$, $|A_n|$의 모든 합을

$$\sum |A_i|$$

로 나타냅니다.

　　다음에, 1, 2, …, $n$에서 2문자를 취하는 임의의 조합 $\{i, j\}$에 대하여 $A_i$와 $A_j$의 교집합의 원소의 개수 $|A_i \cap A_j|$를 생각하고, 1, 2, …, $n$에서 2문자를 취하는 모든 집합 $\{i, j\}$에 이것들을 더합니다. 그리고 그 합을 기호

$$\sum |A_i \cap A_j|$$

로 나타냅니다. 따라서 이것은 $_nC_2$개의 수의 합이 됩니다.

　　마찬가지로, 1, 2, …, $n$에서 3문자를 취하는 임의의 조합 $\{i, j, k\}$에 대하여 $|A_i \cap A_j \cap A_k|$를 생각하고, 이것들의 총합을 기호

$$\sum |A_i \cap A_j \cap A_k|$$

로 나타냅니다. 따라서 이것은 $_nC_3$개의 수의 합이 됩니다.

　　이하 마찬가지입니다. ……

　　이와 같이 기호의 의미를 정하면 다음 정리가 성립합니다. 이것이 포제원리(의 일반적인 형태)입니다.

---

**포제원리**

　　$U$를 유한한 전체집합이라 하고, $A_1, A_2, \cdots, A_n$을 $U$의 $n$개의 부분집합이라 한다. 이때 $A_1, A_2, \cdots, A_n$이 적어도 하나 속하는 $U$의 원소의 개수, 즉

$$|A_1 \cup A_2 \cup \cdots \cup A_n|$$

에 관하여 다음 식이 성립한다.

$$|A_1 \cup A_2 \cup \cdots \cup A_n|$$
$$= \sum |A_i| - \sum |A_i \cap A_j| + \sum |A_i \cap A_j \cap A_k| -$$
$$\cdots + (-1)^{n-1} |A_1 \cap A_2 \cap \cdots \cap A_n|$$

　　또, $A_1, A_2, \cdots, A_n$의 어느 것에도 속하지 않는 $U$의 원소의 개수, 즉

$$|U| - |A_1 \cup A_2 \cup \cdots \cup A_n|$$

을 $N$이라 하면, $N$은 다음 식으로 주어진다.

$$N = |U| - \sum |A_i|$$
$$+ \sum |A_i \cap A_j| - \sum |A_i \cap A_j \cap A_k| +$$
$$\cdots + (-1)^n |A_1 \cap A_2 \cap \cdots \cap A_n|$$

여기서는 이 정리의 증명은 하지 않겠습니다. 증명은 결코 어려운 것이 아니지만, 다소 복잡하기 때문입니다. 그러나 증명은 하지 않아도, 우리가 지금까지 보아온 바에 따라 여러분은 이 정리가 충분히 신뢰할 만한 것임을 직감적으로 이해하리라 생각합니다.

[주의 : 여기서는 포제원리의 일반적 증명을 하지 않겠다고 했지만, 이 강의가 끝날 때 쯤해서 만일 여유가 있다면 이것을 증명하게 될지도 모릅니다. 이 증명에는 몇 가지 방법이 있으며, 모두가 흥미로운 것들입니다. 그리고, 자신있는 사람은 이 시점에서 위 정리의 증명에 도전해 보는 것도 좋을 것입니다.]

포제원리의 하나의 기본적인 응용례를 다음에 예제로서 들어보겠습니다.

**예제**  5개의 숫자 1, 2, 3, 4, 5의 순열

$$p_1 p_2 p_3 p_4 p_5$$

이고, 모든 $i = 1, 2, 3, 4, 5$에 대하여

$$p_i \neq i$$

인 것 ―― 이와 같은 순열을 1, 2, 3, 4, 5의 **난수**라 하기도 합니다 ―― 은 전부 몇 개일까요? 그 개수를 구하시오.

**풀이**  1, 2, 3, 4, 5의 순열 전체의 집합을 $U$로 합니다. 또, 순열 중에서

$$p_i = i \text{인 순열 전체의 집합을 } A_i$$

로 합니다. 단, $i = 1, 2, 3, 4, 5$입니다. 그러면,

$$p_1 \neq 1, \quad p_2 \neq 2, \quad p_3 \neq 3,$$
$$p_4 \neq 4, \quad p_5 \neq 5$$

인 순열이란 $A_1, A_2, A_3, A_4, A_5$의 어느 것에도 포함되지 않는 $U$의 원소가 됩니다. 따라서 우리는

$$|U| - |A_1 \cup A_2 \cup A_3 \cup A_4 \cup A_5|$$

를 구하면 되는 것입니다.

지금, 이 값을 $N$이라 합니다. 또,

$$k_0 = |U|$$
$$k_1 = \sum |A_i|$$
$$k_2 = \sum |A_i \cap A_j|$$
$$k_3 = \sum |A_i \cap A_j \cap A_k|$$
$$k_4 = \sum |A_i \cap A_j \cap A_k \cap A_l|$$
$$k_5 = |A_1 \cap A_2 \cap A_3 \cap A_4 \cap A_5|$$

로 놓습니다. 그러면 포제원리에 의해서

$$N = k_0 - k_1 + k_2 - k_3 + k_4 - k_5$$

가 됩니다.

다음에는 $k_0, k_1, \cdots, k_5$ 의 값을 구합니다.

먼저, 명백히 $k_0 = 5!$입니다. 다음에, $A_1$은 $p_1 = 1$인 순열

$$1\,p_2\,p_3\,p_4\,p_5$$

전체의 집합이므로 $|A_1| = 4!$입니다. 다른 $|A_2|$, $|A_3|$, $|A_4|$, $|A_5|$에 대해서도 마찬가지로 그 값은 $4!$이 됩니다. 따라서

$$k_1 = {}_5C_1 \times 4!$$

입니다.

다음에는 $A_1 \cap A_2$를 생각합니다. 이것은 $p_1 = 1$, $p_2 = 2$인 순열

$$12\,p_3\,p_4\,p_5$$

전체의 집합이므로, 그 원소의 개수는 $|A_1 \cap A_2| = 3!$입니다. 1, 2, 3, 4, 5에서 2문자를 취한 임의의 조합 $\{i, j\}$에 대하여 같은 결과 $|A_i \cap A_j| = 3!$이 얻어지므로,

$$k_2 = {}_5C_2 \times 3!$$

이 됩니다.

이상과 같은 고찰을 진행시키면, 같은 방법으로

$$k_3 = {}_5C_3 \times 2!$$
$$k_4 = {}_5C_4 \times 1!$$
$$k_5 = 1$$

임을 알 수 있습니다. 따라서

$$N = k_0 - k_1 + k_2 - k_3 + k_4 - k_5$$
$$= 5! - {}_5C_1 \times 4! + {}_5C_2 \times 3!$$
$$- {}_5C_3 \times 2! + {}_5C_4 \times 1! - 1$$

이것을 계산하면 $N = 44$. 이것이 답입니다.

〈답〉  **44개**

---

**문제 35**  빨간 상자, 흰 상자, 파란 상자, 검정 상자, 노란 상자, 초록 상자가 각각 하나씩 있습니다. 또, 빨간 공, 흰 공, 파란 공, 검은 공, 노란 공, 초록 공이 각각 하나씩 있습니다. 6개의 공을 6개의 상자에 각각 하나씩 넣는 방법은 몇 가지일까요? 단, 어느 공이나 같은 빛깔의 상자에는 들어갈 수 없는 것으로 합니다.

# 15.3 이항정리

우리는

$$(a+b)^2 = a^2 + 2ab + b^2$$
$$(a+b)^3 = a^3 + 3a^2b + 3ab^2 + b^3$$

이라는 전개식에는 훨씬 이전부터 친숙해 있습니다. 그런데, 나아가서 이것을 다시 $(a+b)^4$, $(a+b)^5$, $\cdots$, $(a+b)^n$, $\cdots$을 전개하면 어떻게 될까요? 이 절에서는 이 문제를 생각해 보기로 하겠습니다.

## ◆ 이항정리

먼저 $(a+b)^4$을 전개해 봅시다. 그러면

$$
\begin{aligned}
(a+b)^4 &= (a+b)^3(a+b) \\
&= (a^3 + 3a^2b + 3ab^2 + b^3)(a+b) \\
&= a^4 + 3a^3b + 3a^2b^2 + ab^3 \quad \cdots\cdots\cdots\cdots (*) \\
&\quad + a^3b + 3a^2b^2 + 3ab^3 + b^4 \quad \cdots\cdots (**) \\
&= a^4 + 4a^3b + 6a^2b^2 + 4ab^3 + b^4
\end{aligned}
$$

이 됩니다. 위의 계산에서 (**✱**), (**✱✱**)는 각각

$$(a^3+3a^2b+3ab^2+b^3) \times a$$
$$(a^3+3a^2b+3ab^2+b^3) \times b$$

를 나타냅니다.

이 계산에서 알 수 있듯이, $(a+b)^3$의 전개식에서 이웃하는 두 항의 계수의 합이 $(a+b)^4$의 전개식의 경우에

$$a^3b, \qquad a^2b^2, \qquad ab^3$$

의 계수로 되어 있습니다.

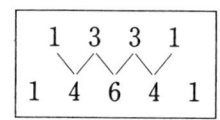

이와 마찬가지로, $(a+b)^5$의 전개식을 만들면, 그 전개식의

$$a^4b, \qquad a^3b^2, \qquad a^2b^3, \qquad ab^4$$

의 계수는 $(a+b)^4$의 전개식에서 이웃하는 두 항의 계수의 합이 됩니다. 즉

$$(a+b)^5=a^5+5a^4b+10a^3b^2+10a^2b^3+5ab^4+b^5$$

입니다.

위에서 관찰한 것을 이용하면, 우리는 계속해서 $(a+b)^6$, $(a+b)^7$, …의 전개식을 만들 수가 있습니다.

이와 같이 하여 $n=0$부터 시작하여──$n=0$의 경우에는 $(a+b)^0$은 1이라는 단일 항으로 이루어집니다.──계속해서 $(a+b)^n$의 전개식에서 항의 계수를 나열해 가면 다음과 같은 삼각형이 됩니다.

```
n = 0                    1
n = 1                  1   1
n = 2                1   2   1
n = 3              1   3   3   1
n = 4            1   4   6   4   1
n = 5          1   5  10  10   5   1
n = 6        1   6  15  20  15   6   1
  …          ...............................
```

이 삼각형을 **파스칼의 삼각형**이라 부릅니다. 이 삼각형은 다음과 같은 특징을 가지고 있습니다.

**1**  어느 단이나 양끝의 숫자는 1이다.

**2**  좌우 대칭이다.

**3**  양끝 이외의 수는 그 상단의 비스듬히 위에 있는 두 수의 합이다.

$n$의 값이 그다지 크지 않을 때는, 우리는 파스칼의 삼각형을 만듦으로서 $(a+b)^n$을 구할 수가 있습니다.

일반적으로 $(a+b)^n$의 전개식은 어떻게 나타낼 수 있을까요? 그것은 조합의 수를 사용해서 나타냅니다.

예를 들어 $(a+b)^5$, 즉

$$(\boxed{a}+b)(a+\boxed{b})(a+\boxed{b})(\boxed{a}+b)(\boxed{a}+b)$$

의 전개식을 생각해 봅시다. 이 전개식에서 $a^3b^2$이라는 항은 5개의 인수 $a+b$에서 2개를 선정하고, 그 2개의 인수에서는 $b$를, 나머지 인수에서는 $a$를 취해서 곱하면 얻어집니다. (위의 ○, □는 그와 같은 선정법의 하나를 나타냅니다.) 5개의 인수 $a+b$에서 2개를 선정하는 방법은 $_5C_2$가지 이므로, $(a+b)^5$의 전개식에서 $a^3b^2$의 계수는 $_5C_2$가 됩니다.

일반적으로

$$(a+b)^n = (a+b)(a+b)\cdots(a+b) \quad (n개)$$

를 전개하면,

$$a^n, \quad a^{n-1}b, \quad a^{n-2}b^2, \quad \cdots, \quad a^{n-r}b^r, \quad \cdots, \quad ab^{n-1}, \quad b^n$$

이라는 $n+1$종류의 항이 생기는데, $a^{n-r}b^r$이라는 항은 $n$개의 인수 $a+b$에서 $r$개를 선정하고, 그 $r$개의 인수에서는 $b$를, 나머지 $n-r$개의 인수에서는 $a$를 취해서 곱했을 때 얻어집니다. 이와 같은 선정 방법은 "$n$개의 원소에서 $r$개를 취하는 조합"의 수 $_nC_r$만큼 있으므로, $(a+b)^n$의 전개식에서 $a^{n-r}b^r$의 계수는 $_nC_r$이 됩니다. 즉, 위에 나열한 $n+1$ 종류의 항의 계수는 각각

$$_nC_0, \quad _nC_1, \quad _nC_2, \quad \cdots, \quad _nC_r, \quad \cdots \quad _nC_{n-1}, \quad _nC_n$$

이 되는 것입니다.

따라서 다음 전개식이 얻어집니다. 이것을 **이항정리**라 부릅니다.

---

**이항정리**

$$(a+b)^n = {}_nC_0\,a^n + {}_nC_1\,a^{n-1}b + {}_nC_2\,a^{n-2}b^2 + \cdots$$
$$+ {}_nC_r\,a^{n-r}b^r + \cdots + {}_nC_{n-1}\,ab^{n-1} + {}_nC_n\,b^n$$

---

이 정리에서의 계수

$${}_nC_0, \quad {}_nC_1, \quad \cdots, \quad {}_nC_r, \quad \cdots, \quad {}_nC_n$$

은 **이항계수**라 불립니다. 또,

$${}_nC_r\,a^{n-r}b^r$$

을 $(a+b)^n$의 전개식에서의 **일반항**이라고 합니다.

전에 우리는 $n \geq 2, 1 \leq r \leq n-1$일 때, 등식

$${}_nC_r = {}_{n-r}C_r + {}_{n-1}C_{r-1}$$

이 성립하는 것을 보았습니다. 이것은 $n$단째의 이항계수의 양단 이외의 것 ${}_nC_r$이 그 상단의 비스듬히 위에 있는 2개의 이항계수 ${}_{n-1}C_{r-1}, {}_{n-1}C_r$의 합과 같다는 것을 나타냅니다.

합의 기호 $\sum$를 사용하면, 이항정리는

$$(a+b)^n = \sum_{r=0}^{n} {}_nC_r\,a^{n-r}b^r$$

로 쓸 수가 있습니다. 이 우변은 $r$이 0, 1, 2, $\cdots$, $n$으로 움직였을 때의 ${}_nC_r\,a^{n-r}b^r$의 총합을 나타냅니다.

기호 ${}_nC_r$ 대신에 앞에서 소개한 $\binom{n}{r}$을 사용하면 위 식은

$$(a+b)^n = \sum_{r=0}^{n} \binom{n}{r} a^{n-r}b^r$$

으로도 쓸 수가 있습니다.

이항정리의 식에서, 특히 $a=1, b=x$라 놓으면

$$(1+x)^n = \sum_{r=0}^{n} {}_nC_r\,x^r$$
$$= 1 + {}_nC_1 x + {}_nC_2 x^2 + \cdots + {}_nC_r x^r + \cdots + x^n$$

이 얻어집니다.

㉝  $(1+x)^6$을 전개하면

$$1+_6C_1x+_6C_2x^2+_6C_3x^3+_6C_4x^4+_6C_5x^5+x^6$$
$$= 1+6x+15x^2+20x^3+15x^4+6x^5+x^6$$

㉝  $(2x-y)^5$을 전개하면

$$(2x)^5+_5C_1(2x)^4(-y)+_5C_2(2x)^3(-y)^2$$
$$+_5C_3(2x)^2(-y)^3+_5C_4(2x)(-y)^4+(-y)^5$$
$$= 32x^5-80x^4y+80x^3y^2-40x^2y^3+10xy^4-y^5$$

문제 36  다음의 전개식을 구하시오.

(1)  $(a+2b)^4$        (2)  $(x-y)^5$

(3)  $(2+x)^6$         (4)  $(2x-3y)^7$

문제 37  다음의 전개식을 구하시오.

(1)  $(a-b)^n$         (2)  $(1-x)^n$

◆  **이항정리의 응용, 이항계수의 성질**

이항정리를 응용하여 다음 문제를 풀 수가 있습니다.

**예제**  다음 식

$$\left(2x^2-\frac{1}{3x}\right)^7$$

을 전개합니다. 이 전개식에서

(1)  $x^8$의 계수는 무엇이 될까요?

(2)  $x^4$의 계수는 무엇이 될까요?

풀이  이항정리를 이용해서 이 식을 전개하면, 일반항은

$$_7C_r(2x^2)^{7-r}\left(-\frac{1}{3x}\right)^r$$
$$= _7C_r\cdot\frac{2^7}{2^r}x^{14-2r}\cdot\left(-\frac{1}{3}\right)^r x^{-r}$$
$$= (-1)^r\, _7C_r\frac{2^7}{6^r}x^{14-3r}$$

이 됩니다. 이 식을 사용합니다.

(1)  이 일반항이 $x^8$의 항이 되는 것은 $14-3r=8$일 때, 즉

$$r = 2$$

일 때입니다. 따라서 $x^8$의 계수는

$$(-1)^2\, {}_7C_2 \frac{2^7}{6^2} = \frac{7 \cdot 6}{2} \cdot \frac{2^7}{6^2} = \frac{224}{3}$$

가 됩니다.

(2)  위의 일반항이 $x^4$의 항이 되기 위해서는 $14 - 3r$ $= 4$, 즉

$$r = \frac{10}{3}$$

이어야 합니다. 그러나 $r$은 0에서 7까지의 정수값만을 취하므로 $r = \frac{10}{3}$은 될 수가 없습니다. 이것은 이 전개식에 $x^4$의 항이 나타나지 않는다는 것을 뜻합니다. 다시 말하면 $x^4$의 계수는 0입니다.

**문제 38** $\left(x - \dfrac{1}{x}\right)^9$을 전개했을 때 $x^3$의 계수, $x^2$의 계수, $x^{-1}$의 계수를 구하시오.

**문제 39** $\left(3x^2 + \dfrac{1}{2x}\right)^6$을 전개했을 때 $x^6$의 계수, $x^4$의 계수, $x^{-3}$의 계수 및 상수항을 구하시오.

**예제**  임의의 양의 정수 $n$에 대하여 다음 등식을 증명하시오.

$$\begin{aligned} {}_nC_0 + {}_nC_1 + {}_nC_2 + \cdots + {}_nC_n &= 2^n \\ {}_nC_0 - {}_nC_1 + {}_nC_2 - {}_nC_3 + \cdots + (-1)^n {}_nC_n &= 0 \end{aligned}$$

**증명** 이항정리의 식

$$(1 + x)^n = {}_nC_0 + {}_nC_1 x + {}_nC_2 x^2 + \cdots + {}_nC_n x^n$$

에서,

$x = 1$로    놓으면    제1의 등식

$x = -1$로    놓으면    제2의 등식

이 얻어집니다.

이 예제의 첫번째 등식은 우리가 이미 704페이지에서 본 바 있습니다. 여러분은 이 등식의 값 $2^n$은 $n$개의 원소를 가진 집합의 모든 부분집합의 개수와 같았다는 것을

상기해 주십시오.

한편, 위 예제의 두 번째 등식을 변형하면

$$_nC_0 + {_nC_2} + {_nC_4} + \cdots = {_nC_1} + {_nC_3} + {_nC_5} + \cdots$$

라는 등식을 얻습니다. 단, 좌변은 $2r \leq n$인 이항계수 $_nC_{2r}$ 의 합, 우변은 $2r+1 \leq n$인 이항계수 $_nC_{2r+1}$의 합을 나타냅니다. 조합론적으로 말하면, 이 등식은 $n$개의 원소에서 짝수개 $(0$개, $2$개, $4$개, $\cdots)$를 취하는 조합의 총수와, 홀수개 $(1$개, $3$개, $5$개, $\cdots)$를 취하는 조합의 총수가 같다는 것을 나타냅니다. 집합의 용어를 사용하면, 공이 아닌 임의의 집합의, 짝수 개의 원소로 이루어지는 부분집합의 개수와, 홀수 개의 원소로 이루어지는 부분집합의 개수와 같다는 것이 됩니다.

그리고,

$$_nC_0 + {_nC_2} + {_nC_4} + \cdots\cdots,$$
$$_nC_1 + {_nC_3} + {_nC_5} + \cdots\cdots$$

의 값은 모두 $2^{n-1}$과 같다는 것에 주목하십시오. 왜냐하면, 위에서 말한 바와 같이 이 두 값은 같고, 또 양자의 합

$$_nC_0 + {_nC_1} + {_nC_2} + {_nC_3} + \cdots + {_nC_n}$$

이 $2^n$과 같기 때문입니다.

**문제 40** 다음 등식을 증명하시오.

(1) $r \cdot {_nC_r} = n \cdot {_{n-1}C_{r-1}}$      단 $n \geq 2, \ n \geq r \geq 1$

(2) $_nC_1 + 2{_nC_2} + 3{_nC_3} + \cdots + n{_nC_n} = n \cdot 2^{n-1}$

**문제 41** $m, n, r$은 자연수이고, $m \geq r, n \geq r$로 합니다. 2개의 등식

$$(1+x)^m = {_mC_0} + {_mC_1}x + {_mC_2}x^2 + \cdots + {_mC_m}x^m,$$
$$(1+x)^n = {_nC_0} + {_nC_1}x + {_nC_2}x^2 + \cdots + {_nC_n}x^n$$

을 변끼리 곱하고, 양변의 $x^r$의 계수를 비교함으로써 다음 등식을 증명하시오.

$$_{m+n}C_r = {_mC_0} \cdot {_nC_r} + {_mC_1} \cdot {_nC_{r-1}} + {_mC_2} \cdot {_nC_{r-2}} + \cdots$$
$$\cdots + {_mC_{r-1}} \cdot {_nC_1} + {_mC_r} \cdot {_nC_0}$$

전개식을 사용하지 않고 "조합론적 증명"을 할 수가 있

을까요?

문제 42  $n$을 고정된 정수라 하고, $n \geqq 2$라 합니다. 이항계수

$$_n C_0, \quad _n C_1, \quad _n C_2, \quad \cdots, \quad _n C_{n-1}, \quad _n C_n$$

은 양끝에 가까워질수록 작고, 중앙에 가까워질수록 크다는 것을 증명하시오.

이 사실에서 우리는 특히 다음 결론을 얻습니다. 이항계수 $_n C_r \, (0 \leqq r \leqq n)$은, $n$이 짝수일 때는 중앙의 항

$$_n C_{\frac{n}{2}}$$

이 최대가 되고, $n$이 홀수일 때는 중앙의 두 항

$$_n C_{\frac{n-1}{2}}, \qquad _n C_{\frac{n+1}{2}}$$

이 최대가 된다. [힌트 : $0 \leqq r \leqq n-1$로 하여, $_n C_r$ 과 $_n C_{r+1}$ 의 비를 생각하시오.]

◆   다항정리

이항정리는 이항식 $a+b$의 $n$제곱의 전개식에 관한 것이었습니다. 그러면 항수를 더 늘려서 3항식 $a+b+c$, 4항식 $a+b+c+d$, …등의 $n$제곱의 전개식을 구하면 어떻게 될까요?

예를 들어

$$(a+b+c)^9$$

의 전개식을 생각해 봅시다. 이것은 $a+b+c$의 9개의 곱

$$(a+b+c)(a+b+c) \cdots (a+b+c)$$

$$\boxed{1} \qquad \boxed{2} \quad \cdots \quad \boxed{9}$$

이며, 이것을 전개하여 얻어지는 항은 9개의 인수 $\boxed{1}$, $\boxed{2}$, …, $\boxed{9}$ 의 각각에서 $a, b, c$ 중 어느 하나를 취해서 곱한 것입니다. 따라서 $(a+b+c)^9$의 전개식에는 $a, b, c$에 관한 9차의 곱

$$a^p b^q c^r :$$

단,  $p \geqq 0, \quad q \geqq 0, \quad r \geqq 0, \quad p+q+r=9$

가 모두 나타납니다. 문제는 이것들의 계수가 무엇이 되

는가 하는 것입니다.

한 예로서 $a^4b^3c^2$의 계수를 생각해 봅시다. $a^4b^3c^2$이라는 항은 인수 $\boxed{1}$, $\boxed{2}$, $\cdots$, $\boxed{9}$의 9개 중 4개에서는 $a$를 선정하고, 나머지 5개의 인수 중 3개에서는 $b$를 선정하고, 끝으로 남은 2개의 인수에서는 $c$를 선정해서 곱했을 때 얻어집니다. 이러한 선정 방법은 모두

$$_9C_4 \times {}_5C_3 \times {}_2C_2 = \frac{9!}{4!5!} \times \frac{5!}{3!2!} \times 1$$
$$= \frac{9!}{4!3!2!}$$

가지 있으므로 $a^4b^3c^2$의 계수는

$$\frac{9!}{4!3!2!} = 1260$$

이 됩니다.

이와 같이 하여, 일반적으로 $(a+b+c)^9$의 전개식에서 $a^pb^qc^r$의 계수는

$$\frac{9!}{p!q!r!}$$

이 되는 것을 알 수 있습니다.

그러므로, $(a+b+c)^9$의 전개식은

$$\frac{9!}{p!q!r!} a^pb^qc^r$$

이라는 꼴인 항 전부의 합이 됩니다. 단, 여기서 $p$, $q$, $r$은

$$p \geqq 0, \quad q \geqq 0, \quad r \geqq 0, \quad p+q+r = 9$$

를 만족하는 모든 정수의 짝을 움직입니다.

일반적으로 다음 정리가 성립합니다. 이 정리를 **다항정리**라고 부릅니다.

---

**다항정리**

$a_1$, $a_2$, $\cdots$, $a_m$을 $m$개의 문자라 하고, $n$을 양의 정수라 합니다. 이때,

$$(a_1 + a_2 + \cdots + a_m)^n$$

의 전개식은

$$\frac{n!}{p_1! p_2! \cdots p_m!} \, a_1^{p_1} a_2^{p_2} \cdots a_m^{p_m}$$

의 꼴인 항 전부의 합이 된다. 단, $p_1, p_2, \cdots, p_m$은

$$p_1 \geqq 0, \quad p_2 \geqq 0, \quad \cdots, \quad p_m \geqq 0$$

$$p_1 + p_2 + \cdots + p_m = n$$

을 만족하는 임의의 정수이다.

여기서는 이 정리의 일반적 증명은 하지 않겠습니다. 그러나 여러분은 이미 위에서 보아온 바에 따라 이 정리가 옳다는 것을 당장 승인하리라 생각합니다.

**예** $(a+b+c)^9$의 전개식에서 $a^5 b^4$의 계수는

$$\frac{9!}{5!4!0!} = 126,$$

$a^3 b^3 c^3$의 계수는

$$\frac{9!}{3!3!3!} = 1680$$

**예** $(a+b+c+d)^6$에서 $a^3 b^2 c$의 계수는

$$\frac{6!}{3!2!1!0!} = 60,$$

$a^3 bcd$의 계수는

$$\frac{6!}{3!1!1!1!} = 120$$

**예제**  $(x-2y+3z)^6$의 전개식에서 $x^2 y^3 z$의 계수를 구하시오.

**풀이**  이 전개식에서 $x^2 y^3 z$의 항은

$$\frac{6!}{2!3!1!} x^2 (-2y)^3 (3z)$$

입니다. 따라서 $x^2 y^3 z$의 계수는

$$\frac{6!}{2!3!1!} \cdot (-2)^3 \cdot 3 = -1440$$

이 됩니다.

**예제**  $(x^2+2x+3)^6$을 전개했을 때 $x^8$의 계수는 무엇이 될까요?

**풀이**　이 식을 전개하면,

$$\frac{6!}{p!\,q!\,r!}\,(x^2)^p(2x)^q\cdot 3^r$$

즉,

$$\left(\frac{6!}{p!\,q!\,r!}\cdot 2^q\cdot 3^r\right)x^{2p+q} \qquad ①$$

의 합이 됩니다. 단, $p,\,q,\,r$은

$$p\geqq 0,\quad q\geqq 0,\quad r\geqq 0,\quad p+q+r=6 \qquad ②$$

을 만족하는 임의의 정수입니다.

①에서 알 수 있듯이, $x^8$의 계수는 ②와 함께

$$2p+q=8 \qquad ③$$

을 만족하는 정수 $p,\,q,\,r$의 짝에서 얻어집니다. 따라서 $x^8$의 계수를 구하려면, ②, ③을 만족하는 정수 $p,\,q,\,r$의 짝을 모두 구하고, 그 각각에 대한 계수를 ①로부터 계산하여, 그것들을 전부 더하면 되는 것입니다.

그런데, ③을 만족하는 음이 아닌 정수 $p,\,q$의 짝은

$$p=0,\qquad q=8$$
$$p=1,\qquad q=6$$
$$p=2,\qquad q=4$$
$$p=3,\qquad q=2$$
$$p=4,\qquad q=0$$

으로 주어지지만, $p=0,\,q=8$ 또는 $p=1,\,q=6$ 일 때는 $p+q+r=6$을 만족하는 $r$의 값이 음이 되므로 제외해야만 합니다. 따라서 결국 ②, ③을 만족하는 정수 $p,\,q,\,r$의 짝은 다음의 세 짝입니다.

$$p=2,\qquad q=4,\qquad r=0$$
$$p=3,\qquad q=2,\qquad r=1$$
$$p=4,\qquad q=0,\qquad r=2$$

이것의 각각에 대하여 ①의 계수를 계산하면

$$\frac{6!}{2!\,4!\,0!}\cdot 2^4\cdot 3^0=240$$

$$\frac{6!}{3!\,2!\,1!}\cdot 2^2\cdot 3^1=720$$

$$\frac{6!}{4!\,0!\,2!}\cdot 2^0\cdot 3^2=135$$

이것들을 더하면

$$240 + 720 + 135 = 1095$$

이것이 구하는 $x^8$의 계수입니다.

---

**문제 43** 다음 식을 전개했을 때, 오른쪽에 쓴 항의 계수를 구하시오.

(1) $(a+b+c)^7$,            $a^2bc^4$

(2) $(a+b+c)^7$,            $b^3c^4$

(3) $(a+b+c+d)^6$,     $ab^2c^3$

(4) $(a+b+c+d)^6$,     $a^2b^2cd$

**문제 44** $(x-2y+5)^6$의 전개식에서 $x^2y^4$, $x^2y$, $xy$의 각 계수를 구하시오.

**문제 45** $(x^2-3x+4)^7$의 전개식에서 $x^2$, $x^5$, $x^{10}$의 각 계수를 구하시오. [계산은 좀 힘들지 모르지만 정답을 맞출 수 있기를 빕니다!]

---

끝으로 다시 앞에 나온 $(a+b+c)^9$의 전개식으로 돌아가서, 한두 가지 추가해 두고자 합니다.

이미 말한 바와 같이 이 전개식은

$$\frac{9!}{p!\,q!\,r!}\,a^p b^q c^r ;$$

     단, $p \geqq 0$, $q \geqq 0$, $r \geqq 0$, $p+q+r=9$

의 총합입니다. 이 전개식에는 $a^9$, $a^7b^2$, $a^2b^7$, $a^4b^3c^2$, $a^3b^4c^2$ …등 많은 종류의 항이 나오는데, 문자 부분이 다른 항 (동류항이 아닌 항)은 모두 몇 종류일까요? 이 답은 간단합니다. 그것은 $a$, $b$, $c$의 세 문자에서 중복을 허용하고 9개를 취하는 중복조합의 수——또는 $p$, $q$, $r$에 관한 방정식

$$p+q+r=9$$

의 음이 아닌 정수근 $(p, q, r)$의 짝의 개수——만큼 있습니다. 즉,

$$_{3+9-1}C_9 = 55 \quad \text{(종류)}$$

입니다. 이것이 $(a+b+c)^9$의 전개식에 나타나는 항의 종류의 수입니다.

그러나 이들 55종류의 항 중에서, 예를 들면 $a^7b^2$, $a^2b^7$, $a^7c^2$, $b^2c^7$ 등의 항은 "같은 형"으로 간주됩니다. ["같은 형"인 항은 $p$, $q$, $r$의 순서가 바뀐 것에 지나지 않으므로, 당연히 같은 계수를 갖습니다.] 이와 같이 "형"에 주목했을 때는 모두 몇 가지 형이 나타날까요? 이것을 구하려면

$$p \geqq q \geqq r \geqq 0$$

이라는 조건하에서 방정식

$$p+q+r=9$$

의 정수근의 짝의 개수를 구하면 됩니다. 그러면 다음 표와 같이 12짝의 근이 얻어집니다.

| $p$ | $q$ | $r$ | 계수 |
|---|---|---|---|
| 9 | 0 | 0 | 1 |
| 8 | 1 | 0 | 9 |
| 7 | 2 | 0 | 36 |
| 7 | 1 | 1 | 72 |
| 6 | 3 | 0 | 84 |
| 6 | 2 | 1 | 252 |

| $p$ | $q$ | $r$ | 계수 |
|---|---|---|---|
| 5 | 4 | 0 | 126 |
| 5 | 3 | 1 | 504 |
| 5 | 2 | 2 | 756 |
| 4 | 4 | 1 | 630 |
| 4 | 3 | 2 | 1260 |
| 3 | 3 | 3 | 1680 |

즉 $(a+b+c)^9$의 전개식에는 12개의 다른 형의 항이 나타납니다. 각 형의 항 중 대표적인 것을 들면

$$a^9, \qquad a^8b, \qquad a^7b^2, \qquad a^7bc,$$
$$a^6b^3, \qquad a^6b^2c, \qquad a^5b^4, \qquad a^5b^3c,$$
$$a^5b^2c^2, \qquad a^4b^4c, \qquad a^4b^3c^2, \qquad a^3b^3c^3$$

입니다. 그리고 각 형의 항의 계수는 위 표의 계수란에 있는 값이 됩니다.

여러분의 연습을 위해 다음 문제를 출제합니다.

**문제 46** $(a+b+c+d)^6$을 전개할 때 몇 종류의 항이 나타날까요? 그 중 다른 형의 항은 몇 개일까요? 각 형의 항 중 대표적인 것을 하나씩 쓰고 그것들의 계수를 구하시오.

수학이란 자연과 인간 자신을 지배하기 위한
중매자이다

코르모골로프

# **16** 확실성을 알아본다
—— 확률

## 16.1 확률과 그 기본 성질

텔레비전의 일기 예보에서 "내일 오후에 비가 올 확률
은 70%입니다"라는 보도를 하게 된 이후부터 확률이라
는 말은 우리의 안방에까지 침투하게 되었습니다.

비록 확률이라는 말을 사용하지 않는다 해도 우리는
일상 생활에서 흔히 일이 일어날 확실성의 정도를 수를
써서 말합니다. 예를 들면, "오늘 그녀한테서 편지가 올
것이 100% 확실하다", "이번의 미국 대통령 선거에서는
십중팔구 ○○씨가 승리할 것이다", "그의 말은 $\frac{1}{3}$ 정도
밖에 믿을 수 없다" ……등과 같이 우리는 아마도 원래
이러한 표현을 좋아하고, 그것을 즐기는 경향을 갖고 있
는지도 모릅니다.

그러나 이런 일상적인 표현에서 확실성을 나타내기 위

해 사용되는 수는 보통 그렇게 명확한 근거를 가진 것은
아닙니다. "오늘 그녀한테서 편지가 올 것이 100% 확실
하다"는 말에는 아마도 당신의 소망이 섞여 있을 것입니
다. "그의 말은 $\frac{1}{3}$정도 밖에 믿을 수 없다"고 할 때는 당
신이 그에게 호의를 갖고 있지 않다는 요소가 작용하고
있을 것입니다. 당연한 이야기지만 확률이라는 단어를
사용할 때는 좀더 확실한 근거가 필요합니다.

그리고 또 한 가지, 예를 들어 "오늘 그녀한테서 편지
가 온다"든가 "이번 미국 대통령 선거에서는 ○○씨가
승리한다"든가 하는 일은 단 한 번에 그치는 일로서 되풀
이 되지 않는 현상입니다. 이런 것은 원래 "확률론"의 대
상이 되지 않습니다. 우리가 보통 확률을 생각할 때는 몇
번이고 되풀이할 수 있고(또는 적어도 같은 상황을 몇 번
이나 반복할 수 있고), 그런 뜻에서 영속성이 있는 현상
으로서 한번의 결과는 우연의 지배를 받을지 모르나, 전
체적으로는 수학적인 법칙성이 관찰될 수 있는 그런 사
항에 대해서입니다.

### ◆  사건과 확률

동일한 상태 아래서 반복이 가능하고 결과가 우연에
의하여 지배되는 실험이나 관찰하는 행위를 **시행**이라 하
고, 시행에 의하여 발생하는 결과를 **사건**(event)이라고
합니다.

예를 들면, "하나의 주사위를 던진다"는 것은 시행입
니다. 그리고 이 시행을 하면 1의 눈, 2의 눈, 3의 눈, 4의
눈, 5의 눈, 6의 눈 중 어느 하나가 나옵니다. 따라서 "1의
눈이 나온다"는 것은 이 시행에 있어서의 하나의 사건입
니다. 마찬가지로 "2의 눈이 나온다", "3의 눈이 나온다",
…, "6의 눈이 나온다"는 것도 역시 각각 하나의 사건입
니다. 또, "짝수의 눈이 나온다"는 것도 하나의 사건이고,
"3 이상의 눈이 나온다"는 것 역시 하나의 사건입니다.

이 "주사위를 던진다"고 하는 시행에 있어서 어떤 눈이 나오는가 하는 것을 미리 예측할 수는 없습니다. 그러나 주사위가 올바르게 만들어져 있다면 1의 눈이 나오는 일, 2의 눈이 나오는 일, …, 6의 눈이 나오는 일은 어느 것이나 같은 정도로 기대할 수 있습니다. 즉, 어떤 눈이 나오는 것도 $\frac{1}{6}$ 정도라고 추측됩니다. 다시 말하면, 주사위를 던지는 시행을 되풀이하면 어느 눈이나 $\frac{1}{6}$ 의 비율로 나타나리라 생각됩니다. 실제로 주사위를 던지는 실험을 $n$ 회 되풀이하고, 그 중에서 $r$ 회가 1의 눈이 나왔다고 하면, 비

$$\frac{r}{n}$$

은 $n$ 이 커질 때 $\frac{1}{6}$ 에 가까워진다는 것을 관측할 수 있을 것입니다.

그리하여 우리는 (올바로 만들어진) 하나의 주사위를 던진다고 하는 시행에서 1의 눈이 나올 확률은 $\frac{1}{6}$ 이라고 정의합니다. 마찬가지로 2의 눈이 나올 확률, 3의 눈이 나올 확률, …, 6의 눈이 나올 확률도 각각 $\frac{1}{6}$ 이라고 정의합니다. 따라서 짝수의 눈이 나올 확률, 즉 2 또는 4 또는 6의 눈이 나올 확률은

$$\frac{1}{6} + \frac{1}{6} + \frac{1}{6} = \frac{1}{2}$$

입니다. 또, 3 이상의 눈, 즉 3, 4, 5, 6 중 어느 하나가 나올 확률은

$$\frac{1}{6} + \frac{1}{6} + \frac{1}{6} + \frac{1}{6} = \frac{2}{3}$$

가 됩니다.

일반적으로 어떤 시행에 있어서, 몇 개의 사건이 일어나는 경우가 같은 정도로 기대될 때, 이것들의 사건은

### 같은 정도로 확실성이 있다

고 합니다. 이것은 고전적 확률론의 중심을 이루는 개념입니다.

주사위를 던지는 시행에 있어서 1의 눈이 나오는 일, 2의 눈이 나오는 일, …, 6의 눈이 나오는 일은 모두 같은 정도로 확실성이 있는 사건입니다. 그리고, 이것들은 시행 결과의 전체를 나타내고 있습니다. 따라서 우리는 이들 사건에 <u>같은 확률</u>을 부여하고, 게다가 그것들의 합이 1이 되도록 합니다. (이런 조치를 취하는 것은 확률의 의미에서 생각해도 매우 건전한 일입니다.) 이것이 각각의 눈이 나오는 확률을 $\frac{1}{6}$이라고 규정하는 연유입니다.

한 개의 100원짜리 동전을 던진다는 시행에서는 "앞이 나온다"는 사건과 "뒤가 나온다"는 사건은 같은 정도로 확실성이 있는 사건입니다. 따라서 한 개의 100원짜리 동전을 던질 때 앞이 나올 확률, 뒤가 나올 확률은 모두

$$\frac{1}{2}$$

로 정의됩니다.

압정을 던지는 시행에서는 바늘이 위를 향하는가, 아래를 향하는가 중 어느 쪽의 결과가 생기지만, 이것들의 사건은 같은 정도로 확실성이 있다고는 판단할 수 없습니다. 실제로 실험을 하여 다음과 같은 기록을 얻었습니다.

| 던진 횟수 $n$ | 바늘이 위를 향한 횟수 $r$ | $\frac{r}{n}$ |
|---|---|---|
| 300 | 174 | 0.580 |
| 400 | 228 | 0.570 |
| 500 | 284 | 0.568 |
| 600 | 345 | 0.575 |
| 700 | 401 | 0.573 |
| 800 | 453 | 0.566 |
| 900 | 512 | 0.569 |
| 1000 | 568 | 0.568 |

위 표의 오른쪽 난에 있는 수치는 압정을 던지는 실험에서 바늘이 위를 향한 횟수 $r$의 전체 횟수 $n$에 대한 비율

$$\frac{r}{n},$$

즉 바늘이 위를 향한 **상대도수** 또는 **상대빈도**를 나타냅니다. 이 표에 의하면 이 상대도수 $\frac{r}{n}$은 $n$이 커질 때 거의 0.57에 가까운 값을 취합니다. 따라서 압정을 던지는 시행에서 바늘이 위를 향하는 사건이 일어날 확률은 약 0.57이라고 생각됩니다.

이와 같이 어떤 시행에서 시행의 횟수 $n$을 크게 할 때, 어떤 사건이 일어날 횟수 $r$의 상대도수

$$\frac{r}{n}$$

이 어떤 일정한 값 $p$에 가까워진다고 생각되면, 그 값 $p$를 그 사건의 **경험적확률** 또는 **통계적확률**이라고 합니다.

주사위를 던지거나 동전을 던지거나 하는 시행에서도 시행 결과 생기는 사건에 대해서, 같은 뜻에서 역시 통계적확률을 생각할 수가 있습니다. 실제로 실험을 수없이 거듭하면, 예를 들어 주사위를 던지는 시행에서 1이 나오는 통계적확률과 동전을 던지는 시행에서 앞이 나오는 통계적확률은 각각 이미 위에서 정의한 확률 $\frac{1}{6}$, $\frac{1}{2}$과 일치하는 것을 볼 수 있을 것입니다. 그러나 여기서 주의해야 할 것은, 이들 확률 $\frac{1}{6}$이나 $\frac{1}{2}$을 알기 위해 실제로는 경험 내지 실험이 필요하지 않다는 점입니다. 즉, 이들 확률은 경험 이전에 인간의 이성에 의해서 자연적으로 또한 공통으로 인식되는 것입니다.(물론 주사위나 동전이 올바로 만들어져 있다는 것이 전제되는 것은 말할나위도 없습니다.) 이런 뜻에서 이런 확률을 **수학적확률**이라고 합니다.

응용통계 등 실제적 여러 문제에서 통계적확률은(만일 그 존재가 관측된다면) 우리에게 매우 귀중한 정보를 줍니다. 그러나, 이 장에서 앞으로 우리가 고찰할 확률은 통계적확률이 아닙니다. 이것은 기본적으로는 모두 수학적확률입니다.

### ◆ 확률의 정의

그럼 이제부터 여러 가지 사건의 확률에 대한 계산으로 나아가는데, 그 전에 다시 한 번 확률의 정의를 정확히 한 다음 출발하기로 하겠습니다. 그리고 확률의 정의를 정확히 설명하기 위해서는 먼저 "전사건"의 개념을 설명할 필요가 있습니다.

지금 어떤 시행에서 일어날 수 있는 결과의 전체가

$$e_1, \quad e_2, \quad \cdots, \quad e_N$$

이라고 합시다. 보다 정확히 말하면, 이들 결과 $e_1, e_2, \cdots, e_N$ 은 서로 구별될 수 있는 것이며, 시행에 따라 어느 하나의 결과만이 일어나고, 또 그 결과를 그 이상 작은 결과로 분할할 수 없는 것으로 합니다. 이때 집합

$$S = \{e_1, \quad e_2, \quad \cdots, \quad e_N\}$$

을 이 시행의 **전사건**이라 하고, 그 원소 $e_1, e_2, \cdots, e_n$을 **근원사건**이라고 합니다.

⟨예⟩ 1개의 주사위를 던질 때, 예를 들어 2의 눈이 나오는 것을 2로 나타낸다고 하면, 이 시행의 전사건 $S$는

$$S = \{1, 2, 3, 4, 5, 6\}$$

로 나타납니다.

그리고 이 시행에서 하나의 사건에는 $S$의 한 부분집합이 대응합니다. 예를 들면 1의 눈이 나오는 사건에는 부분집합 $\{1\}$이 대응하고, 짝수의 눈이 나오는 사건에는 부분집합 $\{2, 4, 6\}$이 대응합니다.

⟨예⟩ 100원짜리 동전의 앞(head)과 뒤(tail)를 각각 H, T라 나타내기로 하면, 한 개의 100원짜리 동전을 던지는 시행의 전사건은

$$S = \{H, T\}$$

로 나타납니다.

그리고 부분집합 $\{H\}$는 앞이 나오는 사건, 부분집합 $\{T\}$는 뒤가 나오는 사건을 나타냅니다.

위의 예에서 본 바와 같이, 어떤 시행에서의 하나의 사

건에는 그 시행의 전사건의 한 부분집합이 대응하고, 반대로 전사건의 각 부분집합은 각각 하나의 사건을 나타냅니다. 이런 뜻에서 사건이란 결국 전사건의 부분집합에 지나지 않습니다. 따라서 앞으로 우리는 사건과 그것을 나타내는 전사건의 부분집합을 구별하지 않겠습니다. 그리고 사건 또는 전사건의 부분집합을 $A$, $B$, …등의 대문자로 나타내기로 합니다.

앞으로 되돌아가서, 어떤 시행의 전사건을

$$S = \{e_1, \quad e_2, \quad \cdots, \quad e_N\}$$

이라 합니다. $S$ 자체를 위에서 말한 뜻에서 하나의 사건이라 생각하면, 이것은 그 시행에 있어서 "반드시 일어난다"고 하는 사건을 나타냅니다. 즉 전사건은 반드시 일어나는 사건입니다. 이와 반대인 "절대로 일어나지 않는다"는 사건은 **공사건**이라 합니다. 공사건은 공집합 $\phi$로 나타냅니다.

여러분은 임의의 사건 $A$에 대하여 $\phi \subset A$, $A \subset S$인 것에 주목하십시오.

전사건 $S$의 단 하나의 원소로 이루어지는 사건

$$\{e_1\}, \quad \{e_2\}, \quad \cdots, \quad \{e_N\}$$

은 각각 이 시행의 **근원사건**이라 합니다. 이 말은 이것들이 이 시행에서 가장 근원이 되는 되는 사건이고, 그 이상 세분할 수 없는 사건이라는 것을 뜻합니다. 일반적인 사건은 제각기 몇 개의 근원사건으로 이루어져 있다고 생각 할 수 있습니다. [주의 : 근원사건 $\{e_i\}$는 종종 표본점 $e_i$와 동일시되지만, 그렇다 해도 실제로 혼란은 생기지 않습니다.]

그럼 여기서 확률의 정의를 내려 보겠습니다.

위와 같이 어떤 시행의 전사건을

$$S = \{e_1, \quad e_2, \quad \cdots, \quad e_N\}$$

으로 하고, 어느 근원사건 $\{e_i\}$가 일어나는 횟수도

**같은 정도로 확실성이 있다**

고 합시다. 이때 각 사건 $A$가 일어날 **확률**(probability) $P(A)$를 다음과 같이 정의합니다.

먼저, 각 근원사건 $\{e_i\}$의 확률 $P(\{e_i\})$를

$$P(\{e_i\}) = \frac{1}{N}$$

로 정의합니다.

또, 일반적으로 사건 $A$가 $k$개의 근원사건 $e_{i1}, e_{i2}, \cdots, e_{ik}$ (단, $1 \leq i_1 < i_2 < \cdots < i_k \leq N$)으로 이루어지는 사건

$$A = \{e_{i1},\ e_{i2},\ \cdots,\ e_{ik}\}$$

이면 사건 $A$의 확률 $P(A)$를

$$P(A) = \frac{k}{N}$$

로 정의합니다.

앞 장에서 도입한 기호를 써서 유한집합 $X$의 원소의 개수를 $|X|$로 나타내기로 하면, 위의 정의는

$$P(A) = \frac{|A|}{|S|}$$

로 정의됩니다.

이상이 **근원사건이 모두 같은 정도로 확실성이 있을 때의 확률**의 정의입니다.

### ◆  두세 가지의 간단한 확률

근원사건이 같은 정도로 확실성이 있는 경우의 확률에 대하여 두세 가지의 간단한 예를 보기로 합시다.

먼저 해답을 쓰기 위한 실제적인 주의를 말하겠습니다.

위에서 말한 바와 같이, 전사건 $S$를 구성하는 모든 근원사건이 똑같이 확실성이 있는 경우에는, 사건 $A$의 확률 $P(A)$는

$$P(A) = \frac{|A|}{|S|}$$

로 정의됩니다. 그러나 실제로 해답을 쓸 때는 전사건이 무엇인가, 근원사건이 무엇인가 하는 것을 반드시 쓸 필요는 없습니다. 이것은 좀 번거롭기도 하고 또 그것들을

명기하지 않아도 그것들이 무엇인가는 보통 전후관계에서 분명히 알 수 있기 때문입니다. 가장 관습적인 표현을 하면, 어떤 시행에서 일어날 수 있는 모든 경우가 똑같이 확실성이 있다면, 사건 $A$의 확률 $P(A)$는

$$P(A) = \frac{\text{사건 } A \text{가 일어나는 경우의 수}}{\text{일어날 수 있는 모든 경우의 수}}$$

에 의해서 구할 수 있습니다. 보통 확률을 구할 때는 이 식을 이용하면 됩니다.

여러분은 다음 세 예제의 풀이가 차츰 이러한 관습적이며 간단한 방향으로 변해 가는 것을 알게 될 것입니다.

**예제** 2개의 동전을 던졌을 때 적어도 1개가 앞면이 나올 확률을 구하시오.

**풀이** 2개의 동전을 $a$, $b$라 하고, 예를 들어 $a$에 앞(H), $b$에 뒤(T)가 나오는 것을 HT로 나타내기로 하면, 이 시행의 전사건 $S$는

$$S = \{\text{HH, HT, TH, TT}\}$$

로 나타낼 수 있습니다. 그리고 4개의 근원사건 HH, HT, TH, TT는 같은 정도로 확실성이 있는 사건입니다. 적어도 1개가 앞면이 나올 사건 $A$는

$$A = \{\text{HH, HT, TH}\}$$

로 나타나므로, 구하는 확률은

$$P(A) = \frac{3}{4}$$

입니다.

잘못된 예이지만, 위 예제의 근원사건을 "앞 2개", "앞 1개 뒤 1개", "뒤 2개"의 세 가지가 있다고 생각하고, 그것들이 같은 정도로 확실성이 있다고 오해하면 답은

$$\frac{2}{3}$$

가 됩니다. 그러나 이것은 잘못입니다! [18세기의 대수학

자 달랑베르가 이런 잘못을 범했다는 유명한 이야기가
있습니다.]

**예제**  2개의 주사위를 던질 때, 눈의 합이 6이 될 확
률을 구하시오.

**풀이**  2개의 주사위를 $a$, $b$라 하고, 예를 들어 $a$에 3의
눈, $b$에 5의 눈이 나오는 것을 $(3, 5)$라 쓰기로 하면, 이
시행의 근원사건은 다음의

$$6 \times 6 = 36$$

개로 이루어집니다 :

$$(1,1), \quad (1,2), \quad (1,3), \quad (1,4), \quad (1,5), \quad (1,6)$$
$$(2,1), \quad (2,2), \quad (2,3), \quad (2,4), \quad (2,5), \quad (2,6)$$
$$\cdots\cdots$$
$$(6,1), \quad (6,2), \quad (6,3), \quad (6,4), \quad (6,5), \quad (6,6)$$

이들 근원사건은 어느 것이나 같은 정도로 확실성이
있으며, 그 중 눈의 합이 6이 되는 사건은 다음 5개의
근원 사건

$$(1, 5), \quad (2, 4), \quad (3, 3), \quad (4, 2), \quad (5, 1)$$

로 이루어집니다. 따라서 구하는 확률은

$$\frac{5}{36}$$

입니다.

[왼쪽에 표본점 $(i, j)$를 좌표평면상의 점 $(i, j)$로서
나타낸 그림을 그렸습니다. 눈의 합이 6이 될 사건은
그림에서 빗금 친 부분에 해당합니다.]

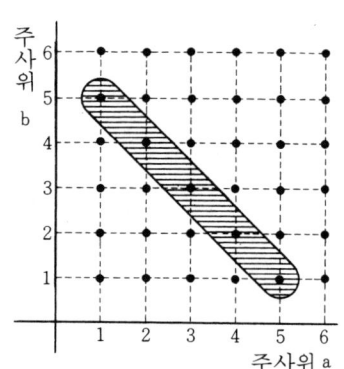

**예제**  주머니 속에 빨간 공이 4개, 흰 공이 6개 들어
있습니다. 이 주머니 속에서 2개의 공을 꺼낼 때, 2개가
모두 빨간 공일 확률을 구하시오.

**풀이**  빨간 공 4개, 흰 공 6개 도합 10개의 공에서 2개
의 빨간 공을 꺼내는 방법은

$$_{10}C_2$$

가지 있습니다. 그리고 그 중에서 빨간 공 4개에서 2개를 꺼내는 방법은

$$_4C_2$$

가지 있습니다. 따라서 구하는 확률은

$$\frac{_4C_2}{_{10}C_2} = \frac{2}{15}$$

가 됩니다.


위의 예제에서는 물론 10개의 공에서 2개를 꺼내는 $_{10}C_2$ 가지의 방법이 모두 "같은 정도로 확실성이 있다"는 것이 전제로 되어 있습니다. 실제로 특별한 의식 없이 즉, 아무런 생각 없이 2개의 공을 꺼낸다면 어느 2개의 공이 나오는 것도 "같은 정도로 확실성이 있다"고 생각하는 것은 아주 자연스러운 일입니다. 이런 것을 강조하기 위해 흔히

"무작위로 꺼낸다"

는 표현이 사용됩니다. 그러나 보통 이런 종류의 문제에서는 이것을 명시적으로 쓰지 않아도 우리는 무작위한 것으로 생각하는 것이 보통입니다.


문제 1  1개의 주사위를 던질 때, 다음 확률을 구하시오.

(1)  2 이하의 눈이 나올 확률

(2)  홀수의 눈이 나올 확률

(3)  6의 약수의 눈이 나올 확률

문제 2  2개의 주사위를 던질 때, 다음 확률을 구하시오.

(1)  같은 눈이 나올 확률

(2)  눈의 합이 7이 될 확률

(3)  눈의 합이 7 이상이 될 확률

문제 3  빨간 공 4개, 흰 공 6개를 넣은 주머니 속에서 2개의 공을 꺼낼 때, 다음의 확률을 구하시오.

(1)  빨간 공, 흰 공이 각각 1개씩 나올 확률

(2)  흰 공이 2개 나올 확률

**문제 4**  8명이 1에서 8까지의 번호를 붙인 패를 하나씩 뽑아, 각각 뽑은 번호의 자리에 일렬로 앉습니다. 이때 다음 확률을 구하시오.

(1)  특정한 2명이 양쪽 끝에 앉을 확률

(2)  특정한 2명이 이웃하여 앉을 확률

(3)  특정한 3명이 이웃하여 앉을 확률

**문제 5**  트럼프의 1의 카드가 2장, 2의 카드가 2장, 3의 카드가 3장 있습니다. 이들 7장의 카드를 손에 들고, 눈을 감고 잘 섞은 다음 차례차례 일렬로 늘어 놓습니다. 이때 다음 확률을 구하시오.

(1)  양쪽 끝의 카드가 1이 될 확률

(2)  양쪽 끝의 카드가 3이 될 확률

(3)  3장의 3의 카드가 중앙에 늘어설 확률

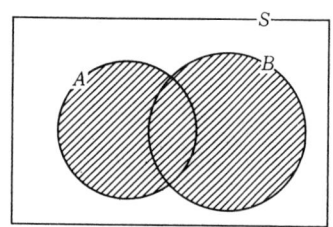

합사건 $A \cup B$

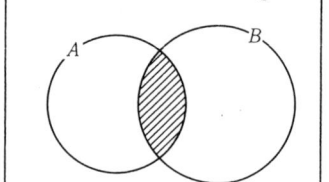

공통사건(곱사건) $A \cap B$

### ◆ 확률의 기본 성질

확률의 계산으로 들어가기 전에 여기서 확률의 기본성질에 대하여 알아보기로 합시다.

먼저 몇 가지 용어를 설명하겠습니다.

지금 어떤 시행의 전사건을 $S$라 합니다. 우리가 여기서 생각하는 것은 $S$의 부분집합으로 나타나는 사건에 대해서입니다.

$A$, $B$를 이와 같은 2개의 사건이라 할 때, "$A$ 또는 $B$가 일어난다"는 사건을 $A$와 $B$의 **합사건**이라 하고,

$$A \cup B$$

로 나타냅니다.

또 "$A$ 와 $B$가 함께 일어난다"는 사건을 $A$와 $B$의 **곱사건**이라 하고,

$$A \cap B$$

로 나타냅니다.

사건을 집합으로 생각하면 합사건은 합집합으로, 곱사건은 교집합으로 나타납니다. 따라서 위의 기술법은 집합론적인 기술법과 정확히 일치합니다.

곱사건을 **공통사건**이라고도 합니다. 관습적으로 공통사건보다 곱사건이라는 말이 많이 쓰이는 것 같습니다.

예를 들면, 1개의 주사위를 던지는 시행에서, $A$를 짝수의 눈이 나오는 사건, $B$를 3 이하의 눈이 나오는 사건으로 합니다. 즉,

$$A = \{2, 4, 6\}, \qquad B = \{1, 2, 3\}$$

이라 합니다. 이때 합사건 $A \cup B$는 "1, 2, 3, 4, 6 중 어느 하나의 눈이 나오는 사건"이 되고, 곱사건 $A \cap B$는 "2의 눈이 나오는 사건"이 됩니다. 즉

$$A \cup B = \{1, 2, 3, 4, 6\}$$
$$A \cap B = \{2\}$$

입니다.

2개의 사건 $A$, $B$가 결코 함께 일어나지 않을 때, 즉

$$A \cap B = \phi$$

일 때 $A$와 $B$는 서로 **배반한다** 또는 $A$와 $B$는 **배반사건**이라고 합니다.

예를 들면, 1개의 주사위를 던지는 시행에서,

"1의 눈이 나오는 사건"과 "6의 눈이 나오는 사건"

은 물론 배반입니다. 또,

"짝수 눈이 나오는 사건"과 "홀수 눈이 나오는 사건"

도 서로 배반입니다.

3개 이상의 사건에 대해서도, 그 중의 어느 2개가 서로 배반일 때는 이 사건들을 **배반사건**이라고 합니다.

그럼, 지금까지 말한 바와 같이 전사건 $S$는 유한집합

$$S = \{e_1, \ e_2, \ \cdots, \ e_N\}$$

이라 하고, 모든 근원사건 $\{e_i\}$는 같은 정도로 확실성이 있다고 하여 확률의 몇 가지 성질을 알아봅시다.

먼저, 임의의 사건 $A$에 대하여 분명히

$$0 \leqq |A| \leqq |S|$$

이므로, 확률

$$P(A) = \frac{|A|}{|S|}$$

는 0과 1사이의 값을 취합니다. 즉,

$$0 \leqq P(A) \leqq 1$$

입니다.

또, 분명히 전사건 $S$에 대하여는

$$P(S) = 1$$

이고, 공사건 $\phi$에 대하여는

$$P(\phi) = 0$$

이 됩니다.

또, 2개의 사건 $A$, $B$가 배반사건일 때는 왼쪽 그림에 나타낸 바와 같이 합사건 $A \cup B$에 대하여

$$|A \cup B| = |A| + |B|$$

가 성립합니다. 따라서 이 양변을 $|S|$로 나누면,

$$\frac{|A \cup B|}{|S|} = \frac{|A|}{|S|} + \frac{|B|}{|S|}$$

즉

$$P(A \cup B) = P(A) + P(B)$$

가 됩니다.

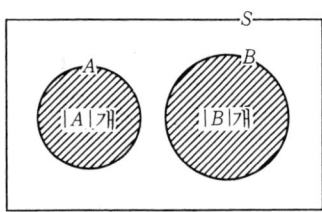

배반사건 $A, B$

위에서 말한 여러 가지 성질을 "확률의 기본 성질"이라 하며, 이것을 정리하면 다음과 같이 됩니다.

---

**확률의 기본 성질**

**1**  임의의 사건 $A$에 대하여

$$0 \leqq P(A) \leqq 1$$

**2**  전사건 $S$의 확률은

$$P(S) = 1$$

**3**  공사건 $\phi$의 확률은

$$P(\phi) = 0$$

**4**  $A$, $B$가 배반사건이면

$$P(A \cup B) = P(A) + P(B)$$

### ◆ 약간의 보충 설명

여기서 확률의 기본 성질에 대하여 약간의 보충 설명을 하겠습니다.

우리는 지금까지 전사건

$$S = \{e_1, \ e_2, \ \cdots, \ e_N\}$$

에서 모든 근원사건이 같은 정도로 확실성이 있고, 따라서 어느 근원사건에나 "같은 확률"이 부여되는 경우만을 생각했습니다.

그러나 경우에 따라서는 모든 근원사건이 "같은 정도로 확실성이 있다"는 것이 반드시 명확히 판단된다고는 할 수 없습니다.

예를 들어 여기에 정상적으로 만들어지지 않은 (뭔가 부정한 "공작"을 한) 주사위가 1개 있고, 이 주사위로는 1과 6의 눈이 나오는 횟수가 다른 눈이 나오는 횟수보다 2배의 비율로 관측된다고 합시다.

만일 여러분이 이 주사위를 써서 어떤 게임이나 놀이를 한다면, 여러분은 이 게임 또는 놀이를 유리하게 이끌기 위해, 비록 주관적인 것일지언정 이 주사위의 각 눈이 나오는 횟수에 미리 어떤 확률을 부여하고, 이 상정된 확률하에서 행동을 하고자 할 것입니다. 이때 여러분은 1과 6의 눈이 나오는 횟수에 대해서는 다른 눈이 나오는 횟수의 2배의 확률을 부여하게 될 것입니다. 즉, 1, 2, 3, 4, 5, 6의 눈이 나오는 횟수에 대하여

$$2, 1, 1, 1, 1, 2$$

의 비율로 확률을 부여하게 될 것입니다. 그리고 또 당연히 모든 눈이 나오는 횟수에 부여된 총합을 1이 되도록 할 것입니다. 그러면 그 비율의 합이

$$2 + 1 + 1 + 1 + 1 + 2 = 8$$

이므로 여러분은 결국 1의 눈 또는 6의 눈이 나올 사건에 대하여 각각 확률

$$\frac{2}{8} = \frac{1}{4}$$

을, 또 2의 눈, 3의 눈, 4의 눈, 5의 눈이 나올 각 사건에 대하여 각각 확률

$$\frac{1}{8}$$

을 부여하게 될 것입니다.

즉, 이 "공작된 주사위"를 던진다는 시행에서는 전사건

$$S = \{1, 2, 3, 4, 5, 6\}$$

의 각 근원사건에 대하여 각각

$$P(\{1\}) = \frac{1}{4}, \qquad P(\{2\}) = \frac{1}{8},$$

$$P(\{3\}) = \frac{1}{8}, \qquad P(\{4\}) = \frac{1}{8},$$

$$P(\{5\}) = \frac{1}{8}, \qquad P(\{6\}) = \frac{1}{4}$$

이라는 확률이 부여되는 것이 됩니다.

따라서 또 이 시행에서는, 예를 들어 "2 이하의 눈이 나온다"고 하는 사건의 확률은

$$P(\{1, 2\}) = \frac{1}{4} + \frac{1}{8} = \frac{3}{8}$$

이 되고, "6의 약수의 눈이 나온다"고 하는 사건의 확률은

$$P(\{1, 2, 3, 6\}) = \frac{1}{4} + \frac{1}{8} + \frac{1}{8} + \frac{1}{4} = \frac{3}{4}$$

이 됩니다.

[일반적으로 같은 확률이 아닌 유한개의 근원사건으로 이루어지는 전사건 $S$에서, 사건 $A$의 확률 $P(A)$는 $A$에 포함되는 모든 근원사건의 확률의 합으로서 정의됩니다.]

이제, 확률의 기본 성질 **1, 2, 3, 4**로 돌아가면, 위에서

생각한 예도 기본 성질 **1, 2, 3, 4**는 전부 만족하고 있습니다. 혹은 오히려 다음과 같이 말하는 편이 좀더 정확할 것입니다. 즉, 위에서 우리는 우리가 현재 놓여 있는 상황 (즉, 1과 6의 눈이 다른 눈의 2배의 비율로 나온다는 상황)하에서 이들 기본 성질 **1, 2, 3, 4**가 모두 만족하도록 각 근원사건에 대하여 제각기 바람직한 확률을 부여(정의)한 것이라는 사실을 파악하는 데는 아마도 큰 어려움이 없을 것입니다.

대체로 우리가 확률을 생각할 때 기본 성질 **1, 2, 3, 4**는 가장 기본적인 요건으로서 그 성립이 요구되어야만 합니다. 그런 뜻에서 이들 기본 성질은 확률이 만족시켜야 할 공리입니다. 이것들은 생각할 수 있는 모든 근원사건이 "같은 정도로 확실성이 있을"때나 "같은 정도로 확실성 없을"때를 불문하고 확률을 정의하기 위한 지도원리가 됩니다.

### ◈ 여사건의 확률

위에서는 확률의 기본 성질 **1, 2, 3, 4**를 설명했습니다. 다음에는 이들 기본 성질에서 유도되는, 간단하고도 유용한 성질을 살펴보기로 합시다.

지금까지와 마찬가지로 전사건을 $S$라 하고, 우리가 생각하는 사건을 $S$의 부분집합에 의해 나타내기로 합시다.

$A$를 하나의 사건이라 할 때 "$A$가 일어나지 않는다"는 사건을 $A$의 **여사건**이라 하고, 기호

$$A'$$

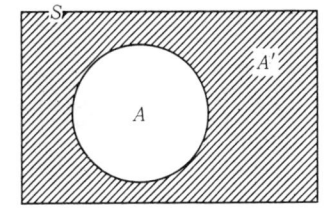

로 나타냅니다. 집합으로서 생각하면 $A'$는 $S$에 대한 $A$의 여집합이 됩니다.

예를 들어 하나의 주사위를 던지는 시행에서 $A$를 "짝수의 눈이 나오는 사건"이라고 하면, 여사건 $A'$는 "홀수의 눈이 나오는 사건"이 됩니다.

여사건 $A'$의 여사건은 물론 원래의 사건 $A$와 일치합

니다.

[일반적으로 사건 $A$의 여사건은 $\overline{A}$라는 기호로 나타내는 것이 보통이지만 여기서는 $A'$로 나타냅니다. 그것은 이 강의에서는 지금까지 집합 $A$의 여집합을 $A'$로 써왔기 때문입니다. 즉, 기호면에서 통일을 기한 것입니다.]

그런데 사건 $A$와 여사건 $A'$는 서로 배반되어 있고, 합사건 $A \cup A'$는 전사건 $S$와 같아집니다. 그러므로 확률의 기본 성질 **4**와 **2**에 따라

$$P(A) + P(A') = P(A \cup A') = P(S) = 1$$

따라서

$$P(A') = 1 - P(A)$$

를 얻습니다.

즉, 다음 정리가 성립합니다.

---

**여사건의 확률**

사건 $A$의 여사건을 $A'$라 하면

$$\boldsymbol{P(A') = 1 - P(A)}$$

---

◆  **확률의 덧셈정리**

확률의 기본 성질 **4**에 의하면, $A$, $B$가 배반사건일 때는

$$P(A \cup B) = P(A) + P(B)$$

가 성립합니다.

이 성질은 명백히 3개 이상의 사건에 대해서도 확장할 수가 있습니다.

즉, 사건 $A$, $B$, $C$가 서로 배반되어 있으면,

$$P(A \cup B \cup C) = P(A) + P(B) + P(C)$$

가 성립합니다. 실제로 $A$, $B$, $C$가 배반사건이면 $A \cup B$와 $C$도 배반사건이므로,

$$\begin{aligned} P(A \cup B \cup C) &= P[(A \cup B) \cup C] \\ &= P(A \cup B) + P(C) \\ &= P(A) + P(B) + P(C) \end{aligned}$$

가 됩니다.

일반적으로 수학적귀납법에 따라 $A_1$, $A_2$, $\cdots$, $A_k$가 서로 배반되는 사건이면,

$$P(A_1 \cup A_2 \cup \cdots \cup A_k)$$
$$= P(A_1) + P(A_2) + \cdots + P(A_k)$$

가 성립하는 것을 알 수 있습니다. 이것을 **확률의 덧셈정리**라고 합니다.

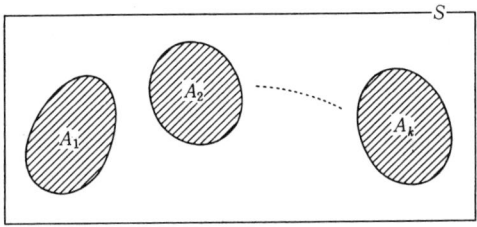

---

### 확률의 덧셈정리

사건 $A_1$, $A_2$, $\cdots$, $A_k$가 서로 배반되어 있으면

$$\boldsymbol{P}(\boldsymbol{A_1} \cup \boldsymbol{A_2} \cup \cdots \cup \boldsymbol{A_k})$$
$$= \boldsymbol{P}(\boldsymbol{A_1}) + \boldsymbol{P}(\boldsymbol{A_2}) + \cdots + \boldsymbol{P}(\boldsymbol{A_k})$$

---

사건 $A$, $B$가 반드시 배반되어 있지 않은 경우, 합사건 $A \cup B$와 확률 $P(A \cup B)$는 어떻게 될까요?

일반적인 경우 이것은 $P(A)$와 $P(B)$의 합에서 곱사건 $A \cap B$의 확률 $P(A \cap B)$를 뺀 것과 같아집니다.

이것을 증명하기 위해 그림과 같이 곱사건 $A \cap B$를 $D$라 하고, 사건 $A$에서 $D$를 제거한 사건을 $A_1$, 사건 $B$에서 $D$를 제거한 사건을 $B_1$이라 합니다. 그러면 $A_1$, $D$, $B_1$은 서로 배반하고 있어

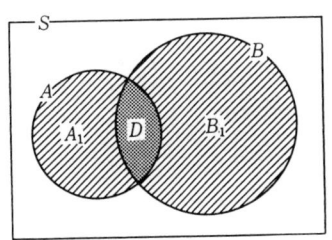

$$A \cup B = A_1 \cup D \cup B_1$$
$$A = A_1 \cup D$$
$$B = B_1 \cup D$$

입니다. 그러므로 확률의 덧셈정리에 의해서

$$P(A \cup B) = P(A_1) + P(D) + P(B_1)$$
$$P(A) = P(A_1) + P(D)$$
$$P(B) = P(B_1) + P(D)$$

가 성립하고, 이들 세 등식을 결합하면
$$P(A \cup B) = P(A) + P(B) - P(D)$$
임을 알 수 있습니다. 즉,
$$P(A \cup B) = P(A) + P(B) - P(A \cap B)$$
입니다.

이 등식은 보통 일반적인 덧셈정리라는 이름으로 불립니다.

---

**일반적인 덧셈정리**

임의의 두 사건 $A$, $B$에 대하여
$$P(A \cup B) = P(A) + P(B) - P(A \cap B)$$

---

### ◆ 확률의 계산

지금까지 배운 것을 이용해서 몇 가지 확률을 계산해 보기로 합시다.

**예제** 3개의 주사위를 던질 때, 적어도 1개가 1의 눈이 나올 확률을 구하시오.

**풀이** 3개의 주사위를 던져서 적어도 1개의 1의 눈이 나온다는 사건은 3개가 모두 그 이상의 눈이 나온다고 하는 사건의 여사건입니다.

3개의 주사위를 던질 때, 눈이 나오는 횟수는 도합 $6^3$ 가지인데 이것들은 모두 같은 정도로 확실성이 있는 사건입니다. 그리고 그 중에서, 3개 모두 2 이상의 눈이 나오는 횟수는 $5^3$ 가지 입니다. 그러므로 3개 모두 2 이상의 눈이 나올 확률은
$$\frac{5^3}{6^3}$$
입니다. 따라서 구하는 확률은
$$1 - \frac{5^3}{6^3} = \frac{91}{216}$$
이 됩니다.

**예제**  흰 공이 5개, 검은 공이 4개 들어 있는 주머니가 있습니다. 이 주머니에서 2개의 공을 꺼낼 때, 같은 빛깔의 공이 나올 확률을 구하시오.

**풀이**  같은 빛깔의 공이 2개 나올 사건은

흰 공이 2개 나올 사건 $A$,

검은 공이 2개 나올 사건 $B$

의 합사건 $A \cup B$입니다.

사건 $A$, $B$는 배반되어 있고, 각 사건이 일어날 확률은

$$P(A) = \frac{{}_5\mathrm{C}_2}{{}_9\mathrm{C}_2} = \frac{5}{18},$$

$$P(B) = \frac{{}_4\mathrm{C}_2}{{}_9\mathrm{C}_2} = \frac{1}{6}$$

입니다. 따라서 구하는 확률 $P(A \cup B)$는

$$P(A \cup B) = P(A) + P(B) = \frac{5}{18} + \frac{1}{6} = \frac{4}{9}$$

가 됩니다.

**다른풀이**  같은 빛깔의 공이 2개 나올 사건은 "흰 공, 검은 공이 각각 1개씩 나올 사건"———이것을 $E$라 합니다———의 여사건이라 생각할 수도 있습니다.

사건 $E$가 일어날 확률은

$$P(E) = \frac{5 \times 4}{{}_9\mathrm{C}_2} = \frac{5}{9}$$

이므로 구하는 확률은

$$1 - P(E) = 1 - \frac{5}{9} = \frac{4}{9}$$

로 주어집니다.

**예제**  1에서 100까지의 번호를 매긴 100장의 카드 중에서 1장의 카드를 뺐을 때, 그 카드의 번호가 2 또는 3의 배수일 확률을 구하시오.

**풀이**  빼낸 카드의 번호가 2의 배수인 사건을 $A$, 3의 배수인 사건을 $B$라 하면, 번호가 2 또는 3의 배수라고

하는 사건은 $A \cup B$로 나타납니다.

한편 $A \cap B$는 빼낸 카드의 번호가 6의 배수라고 하는 사건을 나타냅니다. (이 6은 2와 3의 최소공배수입니다.)

100장의 카드 중에서 1장을 빼내는 방법은 100가지 있는데, 이것들은 어느 것이나 같은 정도로 확실성이 있으며, 그들 중

사건 $A$가 일어나는 방법은 50가지,

사건 $B$가 일어나는 방법은 33가지,

사건 $A \cap B$가 일어나는 방법은 16가지

입니다. 왜냐하면,

$$100 \div 2 = 50,$$
$$100 \div 3 = 33.33\cdots,$$
$$100 \div 6 = 16.66\cdots$$

이기 때문입니다.

그러므로 구하는 확률은

$$P(A \cup B) = P(A) + P(B) - P(A \cap B)$$
$$= \frac{50}{100} + \frac{33}{100} - \frac{16}{100} = \frac{67}{100}$$

이 됩니다.

문제 6  5개의 동전을 던질 때, 적어도 1개가 앞면이 나올 확률을 구하시오.

문제 7  20개의 제비 중에서 당첨되는 제비가 5개 있습니다. 다음 확률을 구하시오.

(1)  이 제비에서 2개를 뽑을 때 2개 다 당첨될 확률

(2)  이 제비에서 2개를 뽑을 때 적어도 1개는 당첨될 확률

(3)  이 제비에서 3개를 뽑을 때 적어도 1개는 당첨될 확률

(4)  이 제비에서 3개를 뽑을 때 3개 중에 당첨될 제비와 당첨되지 않을 제비가 함께 있을 확률

문제 8  3개의 주사위를 던질 때, 다음 확률을 구하시오.

(1)   적어도 하나가 5 이상의 눈(즉, 5 또는 6의 눈이 나올 확률

(2)   5 이상의 눈이 나오거나 또는 2 이하의 눈(즉, 2 또는 1의 눈)이 나올 확률

(3)   5 이상의 눈과 2 이하의 눈이 함께 나올 확률

문제 9   흰 공 3개, 빨간 공 4개, 검은 공 5개가 들어 있는 주머니에서 2개의 공을 꺼낼 때, 다음 확률을 구하시오.

(1)   2개의 공이 같은 빛깔일 확률

(2)   적어도 1개가 검은 공일 확률

문제 10   흰 공, 검은 공이 각각 4개씩 들어 있는 주머니에서 4개의 공을 꺼낼 때, 다음 확률을 구하시오.

(1)   흰 공, 검은 공이 2개씩 나올 확률

(2)   흰 공이 적어도 1개 나올 확률

문제 11   흰 공, 검은 공이 각각 $n$개씩 들어 있는 주머니가 있습니다. 단, $n \geqq 2$로 합니다. 이 주머니에서 2개의 공을 꺼낼 때, 2개의 공이 같은 빛깔일 확률을 $p_n$, 1개가 희고 1개가 검정일 확률을 $q_n$으로 합니다.

(1)   $p_n, q_n$을 구하시오.

(2)   $p_n, q_n$은 어느 쪽이 클까요?

(3)   $\lim\limits_{n \to \infty} p_n, \quad \lim\limits_{n \to \infty} q_n$을 구하시오.

문제 12   조커를 제외한 52장의 한 벌의 카드 중에서 1장의 카드를 뽑을 때, 다음 확률을 구하시오.

(1)   그 1장이 하트 카드이든가, 또는 스페이드의 퀸일 확률

(2)   그 1장이 하트 카드이든가, 또는 퀸의 카드일 확률

문제 13   1에서 100까지의 번호를 매긴 100장의 카드 중에서 1장의 카드를 뽑을 때, 다음 확률을 구하시오.

(1)   그 카드의 번호가 4 또는 6으로 나누어떨어질 확률

(2)   그 카드의 번호가 4나 6으로 나누어떨어지지 않을 확률

(3)   그 카드의 번호가 4로는 나누어떨어지지만 6으로는 나누어떨어지지 않을 확률

문제 14   3명의 여자 $a$, $b$, $c$와 3명의 남자 $A$, $B$, $C$가 있습니

다. 3명의 여자 $a$, $b$, $c$는 각각 3명의 남자 $A$, $B$, $C$의 명패를 하나씩 넣은 주머니를 들고 그 주머니 속에서 각각 1개의 명패를 뽑아서 그 명패의 남자를 그녀의 댄스 파트너로 정합니다. 이때 다음 확률을 구하시오.

(1)  3명의 남자 $A$, $B$, $C$가 각각 한 사람씩 파트너로 선정될 확률

(2)  남자 $A$가 적어도 한 여자의 파트너로 선정될 확률

문제 15  1에서 20까지의 번호가 매겨진 패가 1장씩 주머니 속에 들어 있습니다. 이 주머니 속에서 4장을 꺼냈을 때, 예를 들면

$$\{3, 8, 9, 17\}, \quad \{5, 6, 7, 19\}$$

와 같은 방법으로 꺼낸다면 4장의 번호 안에 연속된 수(이웃하는 정수)가 포함되어 있지만,

$$\{4, 7, 13, 15\}, \quad \{6, 11, 14, 16\}$$

과 같은 방법으로 꺼낸다면 4장의 번호 안에 연속된 수가 포함되지 않습니다. 두 사람 $a$, $b$가 있는데, $a$는 연속된 수가 포함되는 쪽이 잘 일어난다고 주장하고, $b$는 연속된 수를 포함하지 않는 쪽이 잘 일어난다고 주장했습니다. 어느 쪽 주장이 옳을까요? 당신은 어느 쪽 주장에 동조하겠습니까?

[힌트 : 20장의 패에서 4장을 꺼내는 방법은 $_{20}C_4$ 가지이지만, 그 중에서 연속된 수를 포함하지 않는 방법은 $_{17}C_4$ 가지입니다. 왜냐하면,

$$\{i, j, k, l\} \quad (단, i < j < k < l)$$

이 연속된 수를 포함하지 않는 한 방법이라면,

$$\{i, j-1, k-2, l-3\}$$

은 1, 2, 3, …, 17 중에서 4개를 뽑은 하나의 조합이 되기 때문입니다.]

◆  **시행이 계속될 때의 확률**

위 항에서 우리는 몇 가지 확률을 계산해 보았지만, 이

것들은 모두 단 한 번만 시행을 했을 때의 확률에 관한 것이었습니다.

그러나 보통, 확률의 문제는 보다 일반적으로 몇 번의 시행이 계속해서 이루어지는 경우에 대해서 생각하게 됩니다.

이 항에서는 이와 같이 몇 번의 시행을 계속한 경우의 확률에 대해서 몇 개의 간단한 예를 들어보겠습니다.(이런 종류의 문제는 다음 절에서 좀더 상세히 살펴보게 될 것입니다.)

[주의 : 예를 들어 "5개의 동전을 동시에 던진다"는 시행은, 단순히 이 시행에 대해서만 보면 "1개의 동전을 되풀이해서 5번 던진다"는 시행과 본질적으로 같습니다. 마찬가지로 "3개의 주사위를 동시에 던진다"는 시행은 "1개의 주사위를 되풀이해서 3번 던진다"는 시행과 본질적으로 같은 것입니다. 이와 같이 시행의 종류에 따라서는 한 번뿐인 시행이라도 그것을 몇 번의 시행이 계속된 것으로 고쳐서 해석하는 경우가 있습니다.]

맨 처음에 2개의 동전을 던지는 시행을 생각합시다.

동전의 앞, 뒤를 각각 H, T로 나타내고, 예를 들어 1개째의 동전이 앞, 2개째의 동전이 뒤가 나오는 것을 HT로 나타내기로 하면, 여러분이 이미 아는 바와 같이 이 시행의 전사건은

$$\{ \text{HH, HT, TH, TT} \}$$

로 나타냅니다 이 전사건의 4개의 근원사건은 모두 같은 확률을 가지고 있습니다.

그러면 다음에는 2개의 동전을 두 번 던지는 시행을 생각해 봅시다.

이때, 두 번째 시행의 전사건도 위와 마찬가지로

$$\{ \text{HH, HT, TH, TT} \}$$

입니다. 그리고, 예를 들어 첫번째가 HH, 두 번째에 TH

가 일어나는 사건은

$$(HH, TH)$$

라는 쌍에 의해서 나타낼 수가 있습니다. 따라서 간단히 하기 위해 HH, HT, TH, TT를 각각 숫자 1, 2, 3, 4로 나타내기로 하면, 2개의 동전을 두 번 던지는 시행의 전사건은 다음의 $4^2 = 16$개의 근원사건으로 이루어지는 것이 됩니다 :

$$(1, 1), \quad (1, 2), \quad (1, 3), \quad (1, 4),$$
$$(2, 1), \quad (2, 2), \quad (2, 3), \quad (2, 4),$$
$$(3, 1), \quad (3, 2), \quad (3, 3), \quad (3, 4),$$
$$(4, 1), \quad (4, 2), \quad (4, 3), \quad (4, 4)$$

이들 근원사건도 분명히 모두 같은 확률을 가지고 나타난다고 생각됩니다.

　그런데, 우리는 지금 2개의 동전을 던지는 시행에서 2개가 모두 앞이 나오는 사건──즉 HH라는 사건──에 흥미를 가지고 있다고 합시다. 표현을 쉽게 하기 위해 2개가 다 앞이 나오는 사건을 앞으로 "땡"이라 부르기로 합니다.

　2개의 동전을 한번만 던지는 시행에서 "땡"이 나오는 확률은

$$\frac{1}{4}$$

입니다. 왜냐하면 4개의 사건

$$HH = 1, \quad HT = 2, \quad TH = 3, \quad TT = 4$$

는 모두 같은 정도로 확실성이 있기 때문입니다.

　그러면 2개의 동전을 두 번 던질 때 적어도 한번 "땡"이 나올 확률은 ($\frac{1}{4} \times 2 = \frac{1}{2}$의 뜻에서) $\frac{1}{2}$이라고 기대할 수 있을까요?

　그렇게는 되지 않습니다. 왜냐하면, 이 경우의 전사건은 같은 정도로 확실성이 있는 16개의 근원사건

$$(i, j) \quad (i = 1, 2, 3, 4 ; j = 1, 2, 3, 4)$$

로 이루어지지만, 이것들 중에서 "땡"이 생긴 근원사건, 즉 $i$, $j$ 중에서 적어도 한쪽이 $1 = HH$인 근원사건은 다음 그림에서 그늘을 지운 7개밖에 없기 때문입니다.

즉, 2개의 동전을 두 번 던질 때 적어도 한번의 "땡"이

| (1, 1) | (1, 2) | (1, 3) | (1, 4) |
|--------|--------|--------|--------|
| (2, 1) | (2, 2) | (2, 3) | (2, 4) |
| (3, 1) | (3, 2) | (3, 3) | (3, 4) |
| (4, 1) | (4, 2) | (4, 3) | (4, 4) |

나올 확률은

$$\frac{7}{16}$$

입니다.

위의 그림에서 그늘이 없는 부분은 2개의 동전을 두 번 던지는 시행에서 두 번 모두 $1 = HH$ 이외의 결과, 즉 $2 = HT$, $3 = TH$, $4 = TT$라는 결과가 일어나는 경우의 전체를 나타냅니다. 이 경우의 수는 $3^2 = 9$가지입니다. 실제로 위에서 구한 확률 $\frac{7}{16}$은 1을 포함하는 $(i, j)$의 개수를 세어서 얻는 것보다는 여사건의 확률의 식을 이용하여

$$1 - \frac{3^2}{4^2} = \frac{7}{16}$$

로 계산하는 편이 간단합니다.

위에서 구한 확률의 값 $\frac{7}{16}$은 $\frac{1}{2}$보다 작습니다. 따라서, 만일 여러분이 2개의 동전을 두 번 던지는 시행에서 "땡"이 나오는 쪽에 돈을 걸었다면 여러분은 불리해집니다.

만일 2개의 동전을 세 번 던진다면 어떻게 될까요? 이 경우에 "땡"이 나오는 확률은

$$1 - \frac{3^3}{4^3} = \frac{37}{64}$$

입니다. 이 값 $\frac{37}{64}$은 $\frac{1}{2}$보다 상당히 큽니다. 따라서 세 번 던지는 경우에는 "땡"이 나오는 쪽에 돈을 걸어야 합니다.

화제를 바꾸어서, 이번에는 다음과 같은 문제를 생각

해 봅시다.

지금 그릇 속에 흰 공이 3개, 검은 공이 2개 들어 있다고 합시다.

먼저, 첫번째에 이 그릇 속에서 무작위로 1개의 공을 꺼냅니다. 그리고 꺼낸 공을 그릇 속에 도로 넣지 않고, 그 대신 꺼낸 공이 흰 공이면 1개의 검은 공을 그릇 속에 넣고, 꺼낸 공이 검은 공이면 1개의 흰 공을 그릇 속에 넣습니다. 이것으로 첫번째의 조작은 끝납니다.

다음에 그릇 속을 잘 섞은 다음 다시 무작위로 1개의 공을 꺼냅니다. 이 두 번째의 시행에서 흰 공이 나올 확률은 얼마일까요?

이 문제를 다루기 위해, 두 번째 시행을 했을 때의 전사건이 어떻게 되어 있는가를 생각합니다.

먼저, 첫번째 시행에서의 전사건을 $S_1$이라 하면,

$$S_1 = \{\bigcirc, \bigcirc, \bigcirc, \bullet, \bullet\}$$

입니다. 이것은 3개의 $\bigcirc$과 2개의 $\bullet$으로 이루어지는 "5개의 원소를 가지는"집합입니다.

두 번째 시행의 전사건은 첫번째 시행의 결과에 따라 달라집니다. 첫번째 시행에서 $\bigcirc$이 나왔을 때의 두 번째 전사건을 $S_2(\bigcirc)$, 첫번째 시행에서 $\bullet$이 나왔을 때의 두 번째 전사건을 $S_2(\bullet)$로 나타내기로 하면,

$$S_2(\bigcirc) = \{\bigcirc, \bigcirc, \bullet, \bullet, \bullet\},$$
$$S_2(\bullet) = \{\bigcirc, \bigcirc, \bigcirc, \bigcirc, \bullet\}$$

입니다.

따라서 첫번째와 두 번째를 합한 시행의 전사건은 다음의 두 네모 속에 쓴 25개의 근원사건으로 이루어진다고 생각됩니다. [이들 근원사건 (**)의 왼쪽 *는 첫번째 시행 결과, 오른쪽 *는 두 번째 시행 결과를 나타냅니다.] 분명히 이들 25개의 근원사건은 모두 같은 확률을 가지고 있습니다.

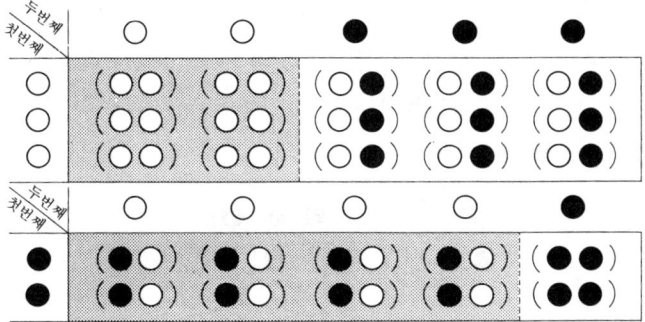

그런데 "두 번째에 흰 공이 나온다"는 사건은 위 그림에서 그늘을 지은 부분에 의해 나타납니다. 이 부분에 포함되어 있는 근원사건의 개수는 14입니다. 따라서 구하는 확률은

$$\frac{14}{25}$$

가 됩니다.

이 값은 첫번째에 흰 공을 얻는 확률 $\frac{3}{5}$보다 좀 작아진 것에 주의하십시오.


위의 예를 좀 변경해서, 이번에는 이런 예를 생각해 봅시다.

역시 처음에는 그릇 속에 흰 공이 3개, 검은 공이 2개 들어있는 것으로 합니다. 첫번째에 그릇 속에서 1개의 공을 꺼냅니다. 그리고 꺼낸 공이 흰 공이면 그것을 그릇 속에 다시 넣지 않고, 대신에 1개의 검은 공을 그릇 속에 넣습니다. 또 꺼낸 공이 검은 공이면 꺼낸 채 그대로 둡니다. 즉, 그 공을 그릇 속에 다시 넣지도 않고, 다른 공을 그릇 속에 대신 넣지도 않는 것입니다.

이때 두 번째에 그릇에서 1개의 공을 꺼내면 그 공이 흰 공이 될 확률은 얼마일까요?

이번 경우도, 첫번째 시행 때의 전사건은

$$S_1 = \{ \bigcirc, \bigcirc, \bigcirc, \bullet, \bullet \}$$

이고, 두 번째 시행의 전사건은 첫번째 시행의 결과에 따

라 달라집니다. 게다가 이번 경우에는 전사건의 <u>크기도</u>
다릅니다. 즉, 첫번째에 ○이 나왔을 때의 두 번째 전사건
을 $S_2(○)$, 첫번째에 ●이 나왔을 때의 두 번째 전사건을
$S_2(●)$라고 하면,

$$S_2(○) = \{○, ○, ●, ●, ●\},$$
$$S_2(●) = \{○, ○, ○, ●\}$$

이 됩니다.

따라서 첫번째와 두 번째를 합한 시행의 전사건은 다
음 표에서 2개의 네모 속에 쓴 23개의 근원사건으로 이루
어집니다.

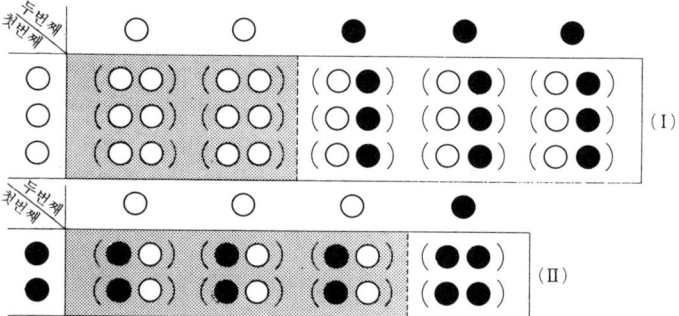

이번 경우에도 이들 23개의 근원사건에 부여된 확률은
전부 같다고 보아도 될까요? 그것은 안됩니다! 이번 경
우에는 근원사건 전부에 같은 확률을 부여할 수 없습니
다. 왜냐하면, 위 표의 (Ⅰ)부분과 (Ⅱ)부분과는 두 번째
시행에서의 전사건의 크기가 다르기 때문입니다.

(Ⅰ) 부분의 15개의 근원사건에만 주목하면, 이것들은
분명히 "같은 정도로 확실성이 있다"고 생각됩니다. 따
라서 이들 근원사건에 부여된 확률은 같아야 하지만, 이
것들의 총합은 첫번째 시행에서 ○이 나오는 확률 $\frac{3}{5}$과 같
지 않으면 안됩니다. 다시 말하면, $\frac{3}{5}$이라는 확률이 (Ⅰ)
부분의 15개 근원사건에 평등하게 분포되는 것입니다.
그러므로, (Ⅰ) 부분의 각 근원사건에 부여된 확률은

$$\frac{3}{5} \times \frac{1}{15} = \frac{1}{25}$$

이 됩니다.

마찬가지로, (Ⅱ) 부분의 8개의 근원사건에도 같은 확률을 부여해야 하지만, 이것들의 총합은 첫번째 시행에서 ●이 나오는 확률 $\frac{2}{5}$ 와 일치해야만 합니다. 그러므로 (Ⅱ) 부분의 각 근원사건에 부여된 확률은

$$\frac{2}{5} \times \frac{1}{8} = \frac{1}{20}$$

이 됩니다.

이것으로 우리가 지금 문제 삼고 있는 전사건의 각 근원사건에 각각 바람직한 확률이 부여되었습니다.

그런데 "두 번째에 ○이 나온다"는 사건은 위 그림에서 그늘을 지은 부분, 즉 (Ⅰ) 부분의 6개의 근원사건과 (Ⅱ)부분의 6개의 근원사건으로 이루어져 있습니다. 따라서 그 확률은

$$\frac{1}{25} \times 6 + \frac{1}{20} \times 6 = \frac{27}{50}$$

이 됩니다. 이것이 우리가 구해야 하는 것입니다.

[문제 16] 위의 본문과 마찬가지로, 처음에 그릇 속에 흰 공이 3개, 검은 공이 2개 들어 있다고 합니다. 지금, 첫번째로 이 그릇에서 하나의 공을 꺼내어 그 빛깔을 본 다음 그 공을 그릇 속에 도로 넣고, 다시 같은 빛깔의 공을 하나 그릇 속에 넣습니다. 이 경우, 두 번째로 그릇에서 공을 하나 꺼내면, 그 공이 흰 공이 될 확률은 얼마일까요?

[문제 17] 문제 16에서 "다시 같은 빛깔의 공을 하나 그릇 속에 넣는다"의 대목을 "다시 반대 빛깔의 공을 하나 그릇 속에 넣는다"로 변경합니다. 이 변경하에서 같은 질문에 답하시오.

[문제 18] 역시 그릇 속에 흰 공이 3개, 검은 공이 2개 들어가 있다고 합시다. 이번에는 첫번째로 그릇에서 공을 하나 꺼냈을 때, 그것이 흰 공이면 꺼낸 그대로 두고, 검은 공이면 그릇 속에 도로 넣는 것으로 합니다. 이 경우, 두 번째로 그

룻에서 공을 하나 꺼낼 때 그것이 흰 공이 될 확률은 얼마
일까요?

## 16.2 조건부확률과 확률의 곱셈정리

앞 장의 끝부분에서는 시행이 계속되었을 때의 확률에
대해서 몇 가지 예를 들어 설명했습니다.

이 절에서는 이러한 "시행의 계속"이라는 경우도 포함
해서, 보다 효과적이고도 보다 일반적인 확률의 계산법
에 대해서 배우기로 합니다. 이것의 기초가 되는 것은 조
건부확률과 확률의 곱셈정리입니다.

### ◆ 조건부확률

지금 어떤 시행의 전사건을 $S$라 합니다. (단, 여기서
시행이라 함은 반드시 "단순시행"일 필요는 없습니다.
일반적으로 그것은 몇 개의 시행을 거듭한 "복합시행"이
라도 상관없습니다.)

$A$, $B$를 이 전사건 $S$의 부분집합에 의해 나타나는 2개
의 사건이라 합니다.

여기서는 다음과 같은 문제를 생각해 봅시다. "사건 $A$
가 일어났을 때 사건 $B$가 일어날 확률"은 무엇인가? 또
는, 무엇이라고 정하는 것이 적당한가?

이 문제를 생각하기 위해 먼저 "사건 $A$가 일어났다"는
전제하에 "사건 $B$가 일어난다"는 것은

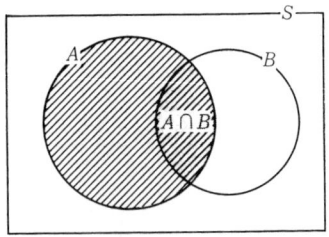

$$\text{"곱사건 } A \cap B \text{가 일어난다"}$$

는 것에 주의합니다.

원래의 전사건의 공간 $S$에서는, 사건 $A$, $A \cap B$가 일어
날 확률은

$$P(A), \qquad P(A \cap B)$$

입니다.

그러나, 만일 사건 $A$가 이미 일어났다고 하면, 이번에는 $A$ 그 자체를 전사건의 공간으로 생각해야 합니다. 따라서 $A$ 자체에 확률 1이 부여되지 않으면 안됩니다. 그리고 사건 $A$와 사건 $A \cap B$에는 원래의 전사건 $S$에서 생각했을 때의 확률 $P(A)$, $P(A \cap B)$와 같은 비율의 확률이 부여되어야 하므로, "사건 $A$가 일어났을"때의 $A$, $A \cap B$의 확률은 각각

$$1, \qquad \frac{P(A \cap B)}{P(A)}$$

로 해야만 합니다.

일반적으로

### 사건 $A$가 일어났을 때의 사건 $B$가 일어날 확률

을 기호

$$P_A(B)$$

로 나타내고, 이것을 **조건부확률**이라고 합니다.

위에서 설명한 바에 따르면 조건부확률 $P_A(B)$는

$$P_A(B) = \frac{P(A \cap B)}{P(A)}$$

로 정의할 수 있습니다.

마찬가지로 사건 $B$가 일어났을 때의 사건 $A$가 일어날 확률 $P_B(A)$는

$$P_B(A) = \frac{P(A \cap B)}{P(B)}$$

가 됩니다.

예를 들면, 3개의 사건 $A, B, C$에 대하여 "사건 $A$와 사건 $B$가 함께 일어났을 때 사건 $C$가 일어날 확률"은 기호 $P_{A \cap B}(C)$로 나타내고,

$$P_{A \cap B}(C) = \frac{P(A \cap B \cap C)}{(A \cap B)}$$

로 정의할 수 있습니다.

### ◆ 확률의 곱셈정리

조건부확률을 정의하는 식을 고쳐 쓰면 다음 등식이

얻어집니다 :
$$P(A \cap B) = P(A) \cdot P_A(B)$$
즉, "사건 $A$, $B$가 함께 일어날 확률"은
"$A$가 일어날 확률" × "$A$가 일어났을 때의
$B$가 일어날 확률"
과 같습니다. 이것을 **확률의 곱셈정리**라고 합니다.

---

**확률의 곱셈정리**

두 사건 $A$, $B$에 대하여
$$P(A \cap B) = P(A) \cdot P_A(B)$$

---

이 정리도 좀더 일반적인 것으로 만들 수가 있습니다. 예를 들어 사건 $A$, $B$에 다시 사건 $C$가 더해진 경우에는 위의 정리를 반복 사용함으로써
$$P(A \cap B \cap C) = P(A \cap B) \cdot P_{A \cap B}(C)$$
$$= P(A) \cdot P_A(B) \cdot P_{A \cap B}(C)$$
가 됩니다.

일반적으로 다음이 성립합니다.

---

**확률의 곱셈정리**

$k$개의 사건 $A_1$, $A_2$, $\cdots$, $A_k$가 있다고 하고, $A_1$이 일어날 확률을 $p_1$ ; $A_1$이 일어났을 때 $A_2$가 일어날 확률은 $p_2$ ; $A_1$, $A_2$가 함께 일어났을 때 $A_3$가 일어날 확률을 $p_3$ ; $\cdots$ ; $A_1$, $A_2$, $\cdots$, $A_{k-1}$이 모두 일어났을 때 $A_k$가 일어날 확률을 $p_k$로 합니다. 이때
$A_1$, $A_2$, $\cdots$, $A_k$가 모두 일어날 확률
은 $p_1 p_2 \cdots p_k$와 같다. 즉,
$$P(A_1 \cap A_2 \cap \cdots \cap A_k) = p_1 p_2 \cdots p_k$$

---

### ◆ 몇 가지 예

다음에 조건부확률의 예 및 곱셈정리의 응용례를 몇 개 들겠습니다.

**(예)** 한 반이 45명인 어떤 고등학교에서 A반의 안경을 낀 학생의 수를 조사한 바, 다음과 같은 표를 얻었습니다.

| | 안경을<br>끼고 있다 | 안경을<br>끼지 않았다 | 계 |
|---|---|---|---|
| 여자 | 3 | 16 | 19 |
| 남자 | 8 | 18 | 26 |
| 계 | 11 | 34 | 45 |

이 반에서 제비뽑기로 1명의 대표를 뽑을 때, 뽑힌 학생이 안경을 끼고 있을 확률은

$$\frac{11}{45}$$

입니다. 만일 뽑힌 학생이 여자였다면, 그 학생이 안경을 끼고 있을 확률은

$$\frac{3}{19}$$

이 됩니다. 한편 반대로, 뽑힌 학생이 안경을 끼고 있었다면, 그 학생이 여자일 확률은

$$\frac{3}{11}$$

입니다.

**(예)** 2개의 주사위 a, b를 동시에 던지는 시행에서 $A$, $B$를 각각

$\quad A$ : 적어도 한쪽에 3의 눈이 나올 사건

$\quad B$ : 눈의 합이 7 이상일 사건

으로 합니다.

이 시행에서 주사위 a에 $i$의 눈, 주사위 b에 $j$의 눈이 나오는 것을 $(i, j)$로 나타낸다면, 전사건은 같은 정도로 확실성이 있는 36개의 근원사건

$\quad (i, j) \qquad (i = 1, 2, \cdots, 6 ; j = 1, 2, \cdots, 6)$

으로 이루어지며, 사건 $A$, 사건 $B$는 각각 오른쪽 그림의 직선 둘레에 의해서 나타납니다. 따라서, 또 사건 $A \cap B$는 그림의 빗금 친 부분으로 나타납니다.

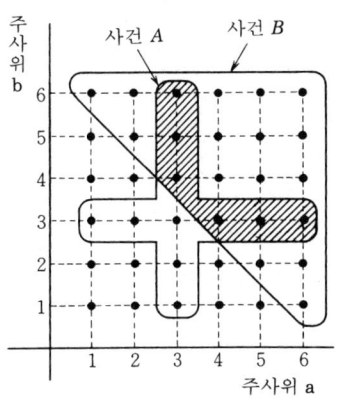

그러므로 사건 $A$, $B$ 및 $A \cap B$에 포함되는 근원사건의 개수를 셈으로써

$$P(A) = \frac{11}{36}, \qquad P(B) = \frac{21}{36},$$
$$P(A \cap B) = \frac{6}{36}$$

임을 알 수 있습니다.

따라서 이 시행에서 사건 $A$가 일어났을 때 사건 $B$가 일어날 확률은

$$P_A(B) = \frac{P(A \cap B)}{P(A)} = \frac{6}{36} \div \frac{11}{36} = \frac{6}{11}$$

입니다. 또, 사건 $B$가 일어났을 때 사건 $A$가 일어날 확률은 $P_B(A) = \frac{P(A \cap B)}{P(B)} = \frac{6}{36} \div \frac{21}{36} = \frac{2}{7}$ 입니다.

⑩ 주머니 속에 흰 공이 3개, 검은 공이 2개 들어 있습니다. 이 주머니에서 1개의 공을 꺼냈다가 도로 주머니에 넣은 다음, 다시 1개의 공을 꺼냅니다. 이때 두 번 다 흰 공이 나올 확률은 얼마일까요?

이 문제를 생각하기 위해, 첫번째에 흰 공, 두 번째에 검은 공이 나오는 것을 (○●)으로 쓰기로 하면, 이 시행의 전사건 $S$는 다음 25개의, 같은 정도로 확실성이 있는 근원사건으로 이루어집니다.

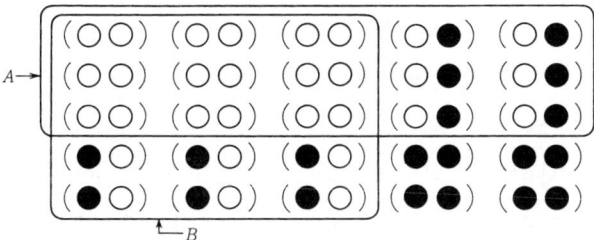

지금, 첫번째가 흰 공이라는 사건을 $A$, 두 번째가 흰 공이라는 사건을 $B$라 합시다. 이들 사건은 각각 위 그림의 직선 둘레에 의해서 나타나며,

$$P(A) = \frac{|A|}{|S|} = \frac{15}{25} = \frac{3}{5},$$

$$P_A(B) = \frac{|A \cap B|}{|A|} = \frac{9}{15} = \frac{3}{5}$$

이 됩니다. 따라서 첫번째도 두 번째도 흰 공이 나올
사건 $A \cap B$의 확률은, 곱셈정리에 의해서

$$P(A \cap B) = P(A) \cdot P_A(B) = \frac{3}{5} \times \frac{3}{5} = \frac{9}{25}$$

가 됩니다.

여러분은 이 예의 $P(A)$나 $P_A(B)$의 값이 단지 5개
의 공을 넣은 주머니

$$\{\bigcirc, \bigcirc, \bigcirc, \bullet, \bullet\}$$

에서 1개를 꺼낼 때, 바로 그것이 흰 공일 확률 $\frac{3}{5}$이
라는 것에 주의하십시오. 이 값을 알기 위해서는 실
제로 위 그림과 같은 "복합적"전사건을 만들 필요는
없습니다.

따라서 우리는 이 문제의 해답을 다음과 같이 간
단히 쓸 수가 있습니다 :

첫번째에 흰 공이 나올 확률은 $\frac{3}{5}$,

두 번째에 흰 공이 나올 확률도 $\frac{3}{5}$.

따라서 첫번째도 두 번째도 흰 공이 나올 확률은

$$\frac{3}{5} \times \frac{3}{5} = \frac{9}{25}$$

실제 해답은 이것으로 충분합니다.

**(예)** 역시 주머니 속에 흰 공이 3개, 검은 공이 2개 들어
있는 것으로 하고, 이번에는 두 번 계속해서 이 주머
니에서 공을 꺼냅니다. 첫번째로 꺼낸 공을 주머니
속에 도로 넣지 않습니다. 이때 두 번 다 흰 공이 나
올 확률을 구해 봅시다.

이 경우 두 번째 시행에서의 전사건은 첫번째에
흰 공이 나왔을 때는

$$\{\bigcirc, \bigcirc, \bullet, \bullet\}$$

첫번째에 검은 공이 나왔을 때는

$$\{\bigcirc, \bigcirc, \bigcirc, \bullet\}$$

이 됩니다. 따라서 첫번째와 두 번째를 합한 복합시
행의 전사건 $S$는 다음 그림과 같은 20개의 근원사건
으로 이루어집니다.

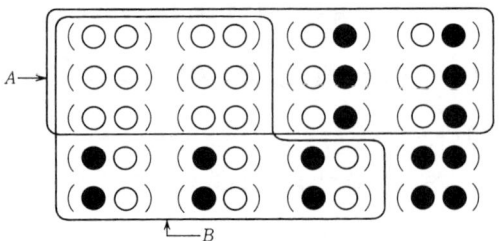

위 그림의 20개의 근원사건은 어느 것이나 같은
정도로 확실성이 있으며, 그리고 첫번째에 흰 공이
나올 사건 $A$, 두 번째에 흰 공이 나올 사건 $B$는 각각
위의 테두리에 의해서 나타납니다. 이로부터

$$P(A) = \frac{|A|}{|S|} = \frac{12}{20} = \frac{3}{5},$$

$$P_A(B) = \frac{|A \cap B|}{|A|} = \frac{6}{12} = \frac{1}{2}.$$

따라서 두 번 다 흰 공이 나오는 사건 $A \cap B$의 확률
은 곱셈정리에 의해서

$$P(A \cap B) = P(A) \cdot P_A(B) = \frac{3}{5} \times \frac{1}{2} = \frac{3}{10}$$

이 됩니다.

여기서도 여러분은 $P(A) = \frac{3}{5}$은 단지 주머니 {○,
○, ○, ●, ●}에서 1개를 꺼낼 때 그것이 흰 공일 확
률과 같고, $P_A(B) = \frac{1}{2}$은 단지 주머니 {○, ○, ●, ●}
에서 1개를 꺼낼 때 그것이 흰 공일 확률과 같다는
것에 주의하십시오. 이 경우에도 실제로 위와 같은
복합적 전사건을 만들 필요는 없습니다.

따라서 우리는 보통 이 문제의 해답을 다음과 같
이 간단히 씁니다 :

첫번째 흰 공이 나올 확률 $\frac{3}{5}$,

첫번째 흰 공이 나왔을 때,

두 번째 흰 공이 나올 확률은 $\frac{2}{4}$

따라서 두 번 다 흰 공이 나올 확률은

$$\frac{3}{5} \times \frac{2}{4} = \frac{3}{10}$$

[주의 : 이 예의 확률은 앞에서 본 바와 같이

$$\frac{{}_3C_2}{{}_5C_2}$$

로 구할 수도 있습니다.]

예 주머니가 2개 있는데, H로 표시된 주머니에는 흰 공이 3개, 검은 공이 2개, T로 표시된 주머니에는 흰 공이 2개, 검은 공이 1개 들어 있습니다. 지금 동전을 1개 던져서 앞(H)이 나오면 H로 표시된 주머니에서 공을 하나 꺼내고, 뒤(T)가 나오면 T로 표시된 주머니에서 공을 하나 꺼냅니다. 이때 흰 공이 나오는 확률은 얼마일까요?

이 문제를 생각하기 위해서는, 예를 들어 동전을 던져서 앞이 나오고, 그리고 주머니 H에서 흰 공이 나오는 사건을 (H○)으로 쓰기로 한다면, 이 시행의 전사건은 다음 8개의 근원사건에 의해서 나타납니다.

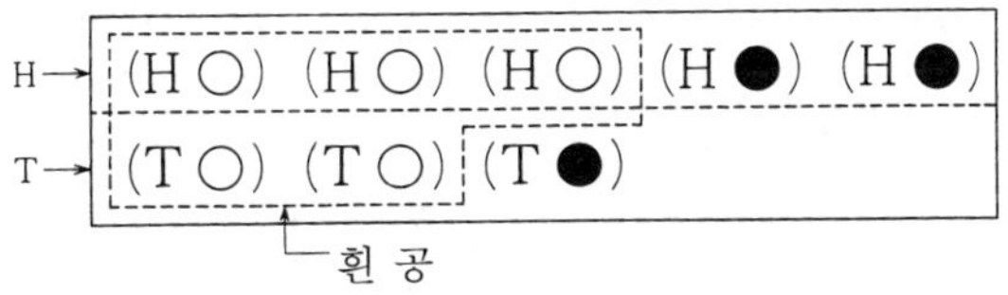

단, 이 문제의 경우, 전사건의 모든 근원사건에 같은 확률을 부여할 수는 없습니다! 왜냐하면, H와 T가 나올 확률은 각각 $\frac{1}{2}$이고, 따라서 위 그림의 상단의 5개 근원사건의 확률의 합과 하단의 3개 근원사건의 확률의 합은 각각 $\frac{1}{2}$과 같아야 하기 때문입니다. 그러므로 상단의 각 근원사건, 하단의 각 근원사건에는 각각 확률

$$\frac{1}{10}, \qquad \frac{1}{6}$$

이 부여되게 됩니다.

그런데, 이 시행에서 흰 공이 나오는 사건을 생각해 봅시다. 그것은 위 그림에서 꺾은 점선으로 둘러싼 부분에 의해서 나타납니다. 그것은 확률 $\frac{1}{10}$인 근원사건 3개와 확률 $\frac{1}{6}$인 근원사건 2개로 이루어져 있습니다. 그러므로 이 시행의 결과 흰 공이 나올 확률은

$$\frac{1}{10}+\frac{1}{10}+\frac{1}{10}+\frac{1}{6}+\frac{1}{6}=\frac{19}{30}$$

입니다.

그러나 이 문제에 있어서도 앞의 두 예와 마찬가지로 실제로는 전사건까지 들먹일 필요는 없습니다. 여러분은 다음과 같이 풀이하면 됩니다.

동전을 던져서 앞이 나올 확률은 $\frac{1}{2}$, 이때 주머니 H에서 흰 공이 나올 확률은 $\frac{3}{5}$. 따라서 "앞이고 또한 흰공"이 일어날 확률은

$$\frac{1}{2}\times\frac{3}{5}=\frac{3}{10}$$

또 동전을 던져서 뒤가 나올 확률은 $\frac{1}{2}$, 이때 주머니 T에서 흰 공이 나올 확률은 $\frac{2}{3}$. 따라서 "뒤이고 또한 흰공"이 일어날 확률은

$$\frac{1}{2}\times\frac{2}{3}=\frac{1}{3}$$

그리고 "흰 공이 나온다"는 사건은 "앞이고 또한 흰공", "뒤이고 또한 흰 공"이라는 두 배반사건의 합사건입니다. 그러므로 그 확률은

$$\frac{3}{10}+\frac{1}{3}=\frac{19}{30}$$

다음에는 고전적으로 유명한 "제비뽑기 문제"를 예제로 들어 보겠습니다. 이 예제의 해답은 곱셈정리나 덧셈정리의 전형적인 응용례라 할 수 있을 것입니다.

**예제 (제비뽑기 문제)** $n$개의 제비 중에 $r$개의 당첨제비가 들어 있습니다. 단, $n \geq 2$로 합니다. 지금 a, b 두 사람이 a, b의 차례로 제비를 하나씩 뽑습니다. (a가 뽑은 제비는 도로 넣지 않습니다.) 이때 a가 당첨될 확률과 b가 당첨될 확률은 어느 쪽이 클까요?

**풀이** a가 당첨될 사건을 $A$, b가 당첨될 사건을 $B$라 합니다.

먼저, 사건 $A$의 확률이

$$P(A) = \frac{r}{n}$$

임은 분명합니다.

다음에는 사건 $B$인데, 이것은 "a가 당첨되고 b가 당첨된다"는 사건 $A \cap B$와, "a는 당첨되지 않고 b가 당첨된다"는 사건 $A' \cap B$의 합사건 입니다.

첫번째에 a가 당첨된 경우에는, 두 번째에 b가 뽑을 때 남은 제비 $n-1$개 중에 당첨제비는 $r-1$개 있습니다. 따라서

$$P_A(B) = \frac{r-1}{n-1}$$

입니다. 그러므로

$$P(A \cap B) = P(A) \cdot P_A(B) = \frac{r}{n} \cdot \frac{r-1}{n-1}$$

이 됩니다.

또, 첫번째에 a가 당첨되지 않는 사건 $A'$의 확률은

$$P(A') = \frac{n-r}{n}$$

이고, 이것이 일어났을 때 나머지 $n-1$개의 제비 중에 당첨제비는 $r$개 있습니다. 그러므로 이때 b가 당첨될 확률은

$$P_{A'}(B) = \frac{r}{n-1}$$

입니다. 그러므로

$$P(A' \cap B) = P(A') \cdot P_{A'}(B) = \frac{n-r}{n} \cdot \frac{r}{n-1}$$

이 됩니다.

그리고 앞에서 말한 바와 같이

$$B = (A \cap B) \cup (A' \cap B)$$

이고, 사건 $A \cap B$와 $A' \cap B$는 서로 배반입니다. 따라서

$$P(B) = P(A \cap B) + P(A' \cap B)$$
$$= \frac{r}{n} \cdot \frac{r-1}{n-1} + \frac{n-r}{n} \cdot \frac{r}{n-1}$$

이 우변을 계산하면

$$\frac{r\{(r-1) + (n-r)\}}{n(n-1)} = \frac{r(n-1)}{n(n-1)} = \frac{r}{n}$$

그러므로

$$P(B) = \frac{r}{n}$$

즉, b가 당첨될 확률도 $\frac{r}{n}$입니다.


위 예제의 해답에 따르면, $n$개 중에서 $r$개의 당첨제비가 있는 제비뽑기에서 첫번째로 뽑는 사람과 두 번째로 뽑는 사람이 당첨될 확률은 모두 $\frac{r}{n}$입니다. 다시 말하면, 첫번째로 뽑는 사람과 두 번째로 뽑는 사람 사이에는 유리하거나 불리한 차이가 없습니다.

그러면 세 번째로 뽑는 사람, 네 번째로 뽑는 사람, … 에 대해서는 당첨될 확률이 어떻게 될까요?

위와 마찬가지로 첫번째, 두 번째로 뽑는 사람을 각각 a, b라 하고, 세 번째로 뽑는 사람을 c라 하면, c가 당첨될 경우에는

　"a, b가 당첨되고 c도 당첨된다"

　"a는 당첨되고, b는 당첨되지 않고, c는 당첨된다"

　"a는 당첨되지 않고, b는 당첨되고, c도 당첨된다"

　"a, b는 당첨되지 않고, c는 당첨된다"

고 하는 서로 배반적인 네 가지 경우가 있습니다. 따라서 c가 당첨될 확률은, 다음 네 개 항의 합에 의해서 주어집니다 :

$$\frac{r}{n} \cdot \frac{r-1}{n-1} \cdot \frac{r-2}{n-2} + \frac{r}{n} \cdot \frac{n-r}{n-1} \cdot \frac{r-1}{n-2}$$

$$+ \frac{n-r}{n} \cdot \frac{r}{n-1} \cdot \frac{r-1}{n-2}$$

$$+ \frac{n-r}{n} \cdot \frac{n-r-1}{n-1} \cdot \frac{r}{n-2}.$$

여러분은 이 합의 네 개의 항이 각각 뜻하는 바를 깊이 생각해 보십시오. 그리고 다음에는 이 식을 계산하여 간단히 만드십시오. 그러면 역시 값

$$\frac{r}{n}$$

을 얻습니다. 즉, 세 번째로 뽑는 사람이 당첨될 확률도 역시 $\frac{r}{n}$입니다.

여기까지 오면 여러분은 네 번째로 뽑는 사람이 당첨될 확률도 역시 $\frac{r}{n}$임을 추측할 수 있을 것입니다. 그러나 동시에, 그것을 구하기 위한 식의 계산이 상당히 복잡해지리라는 것도 짐작할 것입니다.

참고 삼아 덧붙이고 싶은 것이 있는데, 실제로는 이런 복잡한 계산을 할 필요가 없습니다. 이 문제는, 조건부확률이나 확률의 곱셈정리를 이용해서 계산하기보다 더 간단하고도 교묘한 방법이 있습니다. 이 방법에 따르면, 이 제비뽑기 문제에서 몇 번째로 제비를 뽑거나 제비의 당첨률은 같다는 것, 즉 첫번째, 두 번째, 세 번째, …, $n$번째로 뽑는 사람이 당첨될 확률은 어느 것이나 $\frac{r}{n}$과 같다는 것을 쉽사리 결론짓게 됩니다.

그것은 다음과 같습니다.

지금, $n$개의 제비를 모두 첫번째, 두 번째, …, $n$번째의 사람이 전부 뽑기를 끝냈다고 생각합니다. (첫번째나 두 번째 등 앞쪽에만 그치지 않고 $n$개의 제비를 전부 뽑아서 끝난 상태를 상상합시다!) 이와 같이 $n$개의 제비를 전부 뽑은 것으로 하고, 당첨된 사람에게는 ○표, 그렇지 못한 사람에게는 ×표를 붙이기로 하면, $r$개의 ○과 $n-r$개의 ×표를 일렬로 늘어놓은 순열이 생길 것입니다. 그

런 순열은 도합

$$\frac{n!}{r!(n-r)!}$$

개 있습니다. 그리고 $n$개의 제비를 뽑은 결과 이들 순열 중 어떤 것이 생기는가는, 어느 것이나 "똑같이 확실성이 있다"고 기대할 수 있습니다!

그리하여 $i$를 1, 2, …, $n$ 중의 한 특정한 번호로 하고, $i$번째로 뽑는 사람이 당첨될 확률을 생각해 봅니다. 그러기 위해서, 위에서 말한 순열 중 $i$번째에 ○표가 있는 순열의 개수를 생각합니다. 이와 같은 순열은, $i$번째에 먼저 하나의 ○표로 놓고, 남은 $n-1$개의 장소에 $r-1$개의 ○와 $n-r$개의 ×를 늘어놓음으로써 얻어집니다. 따라서 이와 같은 순열의 개수는

$$\frac{(n-1)!}{(r-1)!(n-r)!}$$

입니다. 따라서 $r$개의 ○와 $n-r$개의 ×를 무작위로 일렬로 늘어놓았을 때 $i$번째의 ○표가 나타나는 확률은

$$\frac{(n-1)!}{(r-1)!(n-r)!} \div \frac{n!}{r!(n-r)!}$$

$$= \frac{(n-1)!}{(r-1)!(n-r)!} \times \frac{r!(n-r)!}{n!}$$

$$= \frac{r}{n}$$

이 됩니다. 이것이 바로 $i$번째로 제비를 뽑은 사람이 당첨될 확률인 것입니다.

**문제 19** 주사위를 세 번 던질 때, 1, 2, 3의 눈이 이 차례대로 나올 확률을 구하시오.

**문제 20** 2개의 동전을 던질 때, 적어도 1개가 앞이 나올 사건을 $A$, 2개 다 앞이 나올 사건을 $B$라 합니다. 조건부 확률 $P_A(B)$의 값을 구하시오.

**문제 21** 2개의 주사위를 던질 때, 눈의 합이 짝수인 사건을

$A$, 적어도 한쪽 눈이 6인 사건을 $B$라 합니다. 다음 값을 구하시오.

(1)   $P(A)$            (2)   $P(B)$

(3)   $P_A(B)$          (4)   $P_B(A)$

문제 22   조커를 제외한 한 벌의 카드 52장에서 2장의 카드를 계속해서 뽑을 때, 하트 카드와 스페이드 카드가 각각 1장씩 나올 확률을 구하시오.

문제 23   조건부확률 및 확률의 곱셈정리를 이용해서, 앞 절의 문제 16, 17, 18을 푸시오.

문제 24   제비가 100개씩 들어 있는 6개의 상자가 있는데, 제1, 제2, …, 제6의 상자에는 당첨제비가 각각 10개, 20개, …, 60개 들어 있습니다. 지금, 1개의 주사위를 던져서 1의 눈, 2의 눈, …, 6의 눈이 나옴에 따라 제1의 상자, 제2의 상자, …, 제6의 상자에서 제비를 1개 뽑을 때, 당첨제비를 뽑을 확률을 구하시오.

문제 25   주머니 I에는 흰 공 3개와 검은 공 2개, 주머니 II에는 흰 공 3개와 검은 공 4개가 들어 있습니다. 단, 두 주머니는 외관이 같아서 구별할 수가 없습니다. 지금, 이 2개의 주머니에서 무작위로 한 주머니를 고르고, 고른 주머니 속에서 공을 하나 꺼냅니다. 이때, 다음의 확률을 구하시오.

(1)   흰 공이 나올 확률

(2)   흰 공이 나왔을 때, 그것이 주머니 I의 공일 확률

(3)   흰 공이 나왔을 때, 그것이 주머니 II의 공일 확률

[힌트 : 주머니 I을 고르는 사건을 $A$, 주머니 II를 고르는 사건을 $B$, 흰 공이 나올 사건을 $C$라 하면 (2), (3)은 각각 $P_C(A)$, $P_C(B)$입니다.]

문제 26   흰 공, 검은 공이 각각 4개씩 들어 있는 주머니가 있습니다. 이것에서 다음 각각의 방법으로 합계 4개의 공을 꺼낼 때, 흰 공, 검은 공이 2개씩 나올 확률을 구하시오.

  방법 1   1개씩 네 번 공을 꺼낸다. 단, 꺼낸 공은 그 때마다 주머니에 도로 넣고 다음 번의 시행을 한다.

방법 2  2개씩 두 번 공을 꺼낸다. 단, 첫번째에 꺼낸 공은 주머니에 도로 넣고 두 번째 시행을 한다.

방법 3  한 번에 4개의 공을 꺼낸다. [주:이것은 이미 문제 10에 나와 있습니다.]

문제 27  $A, B$는 어떤 시행에서의 두 사건으로,

$$P(A) = \frac{1}{2}, \qquad P(B) = \frac{2}{5}, \qquad P_A(B) = \frac{3}{10}$$

임을 알고 있습니다. 이때 다음 값을 구하시오. 단, $A'$는 $A$의 여사건을 나타냅니다.

(1)  $P(A \cap B)$     (2)  $P(A \cup B)$

(3)  $P(A' \cap B)$     (4)  $P_B(A)$

문제 28  한 벌의 카드 52장에서 2장의 카드를 계속해서 뽑을 때, 2장째의 카드가 하트일 확률을 구하시오.

◆  **독립사건과 종속사건**

조커를 제외한 한 벌의 카드 52장이 있습니다.

이 카드에서 1장을 뽑을 때, 그 카드가 하트일 사건을 $A$, 에이스일 사건을 $B$, 하트의 그림패(킹, 퀸, 잭) 또는 다이아몬드의 에이스가 나오는 사건을 $C$라 합니다.

에이스는 52장 중 4장 있으므로, 에이스가 나오는 사건 $B$의 확률 $P(B)$는

$$P(B) = \frac{4}{52} = \frac{1}{13}$$

입니다. 또, 하트 13장 중에서 에이스는 1장 있으므로, 하트가 나오는 사건이 "일어났을"때의 사건 $B$의 확률 $P_A(B)$는

$$P_A(B) = \frac{1}{13}$$

입니다. 이것은 원래의 확률 $P(B)$와 같습니다. 즉, 등식
$$P_A(B) = P(B)$$
가 성립합니다.

말로 하면, 사건 $B$의 확률은 사건 $A$가 "일어난" 상태

에서 생각해도 원래의 확률과 다름이 없습니다. 다시 말
하면, 사건 $A$가 일어나는 일은 사건 $B$의 확률에 <u>영향을
미치지 않습니다.</u>

한편, 하트의 그림패 또는 다이아몬드의 에이스가 나
오는 사건 $C$의 확률 $P(C)$는

$$P(C) = \frac{4}{52} = \frac{1}{13}$$

이지만, 하트가 나왔다(즉, 사건 $A$가 일어났다)는 상태
에서는, 사건 $C$가 일어날 확률 $P_A(C)$는 분명히

$$P_A(C) = \frac{3}{13}$$

이 됩니다. 이것은 원래의 확률 $P(C)$와 다릅니다. 즉,

$$P_A(C) \neq P(C)$$

로 되어 있습니다. 말로 하면, 사건 $A$가 일어나는 일은
사건 $C$의 확률에 <u>영향을 미칩니다.</u>

일반적으로 $P(A) \neq 0$, $P(B) \neq 0$이고, 사건 $B$의 확률이
사건 $A$가 일어나는 것에 영향을 받지 않을 때, 즉

$$P_A(B) = P(B)$$

일 때 $B$는 $A$에서 **독립**이다(또는 독립해 있다)고 합니다.

이와 반대로 사건 $B$의 확률이 사건 $A$가 일어나는 것에
영향을 받을 때, 즉

$$P_A(B) \neq P(B)$$

일 때 $B$는 $A$에 **종속**이다(또는 종속해 있다)고 합니다.

위에 든 카드의 예에서는 "에이스가 나오는 사건"은
"하트가 나오는 사건"에서 독립이지만, 한편 "하트의 그
림패 또는 다이아몬드의 에이스가 나오는 사건"은 "하트
가 나오는 사건"에 종속해 있습니다.

또다시 일반론으로 돌아가서, 사건 $B$가 사건 $A$로부터
독립해 있다, 즉 등식

$$P_A(B) = P(B)$$

가 성립하는 것이라 합니다. 이 좌변의 $P_A(B)$에 조건부확률을 정의하는 식

$$P_A(B) = \frac{P(A \cap B)}{P(A)}$$

를 대입하고, 양변에 $P(A)$를 곱하면 등식

$$P(A \cap B) = P(A) \cdot P(B)$$

가 얻어집니다. 반대로 이 등식이 성립할 때는, 양변을 $P(A)$로 나누면 $P_A(B) = P(B)$가 얻어지므로 $B$는 $A$로부터 독립입니다.

또, 위의 등식 $P(A \cap B) = P(A) \cdot P(B)$로부터는, 양변을 $P(B)$로 나눔으로써

$$P_B(A) = P(A)$$

도 얻어집니다. 따라서 이때 사건 $A$는 사건 $B$로부터 독립입니다.

즉, $B$가 $A$로부터 독립이면 $A$는 $B$로부터 독립이 되는 것입니다. 그러므로 우리는, 이 경우 <u>$A$와 $B$는 독립</u>이라 하고, 또 $A$와 $B$를 **독립사건**이라고 합니다.

다시 한 번 되풀이하면, $P(A) \neq 0$, $P(B) \neq 0$인 2개의 사건 $A, B$에서 세 개의 등식

$$\boldsymbol{P_A(B) = P(B)},$$
$$\boldsymbol{P_B(A) = P(A)},$$
$$\boldsymbol{P(A \cap B) = P(A) \cdot P(B)}$$

는 모두 동치입니다. (즉, 이들 중 하나가 성립하면 모두 성립합니다.) 그리고 이들 등식의 하나(즉, 모두)가 성립할 때, 사건 $A$와 사건 $B$는 독립이라고 합니다.

사건 $A, B$가 독립이 아닐 때는 양자는 **종속** 또는 **종속사건**이라고 합니다.

㉠ 1개의 주사위를 던져서 짝수의 눈이 나오는 사건을 $A$, 4 이상의 눈이 나오는 사건을 $B$라 하면,

$$P(A) = \frac{3}{6} = \frac{1}{2}, \qquad P(B) = \frac{3}{6} = \frac{1}{2},$$

$$P(A \cap B) = \frac{2}{6} = \frac{1}{3}$$

그러므로

$$P(A \cap B) \neq P(A) \cdot P(B)$$

따라서 사건 $A$, $B$는 종속입니다.

(예) $A$는 위의 예와 같은 사건이라 하고, 5 이상의 눈이 나오는 사건을 $C$로 합니다. 이때

$$P(A) = \frac{3}{6} = \frac{1}{2}, \qquad P(C) = \frac{2}{6} = \frac{1}{3},$$

$$P(A \cap C) = \frac{1}{6}$$

따라서

$$P(A \cap C) = P(A) \cdot P(C)$$

그러므로 사건 $A$, $C$는 독립입니다.

문제 29  위의 두 예에서 $P_A(B) \neq P(B)$, $P_A(C) = P(C)$를 확인하시오.

문제 30  다음의 여러 짝에서, 사건 $A$와 사건 $B$는 독립인가 종속인가를 판정하시오.

(1)  한 벌의 카드 52장에서 1장을 뽑을 때, 그 카드가 하트인 사건 $A$와 그림패인 사건 $B$

(2)  하나의 주사위를 던질 때, 홀수의 눈이 나오는 사건 $A$와 5 또는 6의 눈이 나오는 사건 $B$

(3)  1개의 동전을 두 번 던질 때, 첫번째에 앞이 나오는 사건 $A$와 두 번째에 뒤가 나오는 사건 $B$

(4)  한 벌의 카드 52장에서 2장의 카드를 계속해서 뽑을 때, 첫장째가 하트인 사건 $A$와 두 장째가 스페이드인 사건 $B$

문제 31  어떤 시행에서 2개의 사건 $A$, $B$가 독립이면 $A'$와 $B$도 독립임을 증명하시오. 단, $A'$는 $A$의 여사건입니다.

## ◆ 독립시행의 확률

예를 들면, 처음에 1개의 동전을 던지고 이어서 1개의

주사위를 던지는 시행을 생각해 봅시다. 이 두 시행의 결과──동전의 앞뒤가 나오는 것과 주사위의 눈이 나오는 것──는 완전히 "독립"이며, 서로 아무런 영향도 미치지 않습니다.

이 두 실행을 합성한 시행의 전사건은 12개의 같은 정도로 확실성이 있는 근원사건

$$(앞, 1), \quad (앞, 2), \quad \cdots, \quad (앞, 6)$$
$$(뒤, 1), \quad (뒤, 2), \quad \cdots, \quad (뒤, 6)$$

으로 이루어집니다.

그리고 예를 들어 $A$를 앞이 나오는 사건, $B$를 1 또는 6의 눈이 나오는 사건이라 하면,

$$A = \{(앞, 1), \quad (앞, 2), \quad \cdots, \quad (앞, 6)\}$$
$$B = \{(앞, 1), \quad (뒤, 1), \quad (앞, 6), \quad (뒤, 6)\}$$

이 되고, 따라서

$$P(A) = \frac{6}{12} = \frac{1}{2}, \qquad P(B) = \frac{4}{12} = \frac{1}{3},$$
$$P(A \cap B) = \frac{2}{12} = \frac{1}{6}$$

이 됩니다.(아래 그림을 보십시오.) 그러므로

$$P(A \cap B) = P(A) \cdot P(B)$$

가 성립합니다. 즉, 사건 $A$와 사건 $B$가 독립입니다.

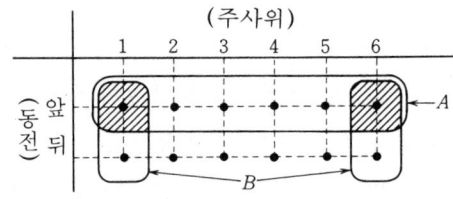

실제로는 위에서 사건 $A$가 일어날 확률 $P(A) = \frac{1}{2}$은 단순히 1개의 동전을 던질 때 앞이 나오는 확률로서(주사위를 던지는 시행과는 관계 없이) 구하여지고, 사건 $B$가 일어날 확률 $P(B) = \frac{1}{3}$ 은 단순히 1개의 주사위를 던질 때 1 또는 6의 눈이 나오는 확률로서(동전을 던지는 시행과는 관계 없이) 구해집니다.

일반적으로 두 시행 $T_1$, $T_2$에서 각각의 결과가 일어나는 것이 서로간에 조금도 영향을 미치지 않을 때, 이들 시행 $T_1$, $T_2$는 **독립**이다라고 합니다.

시행 $T_1$, $T_2$가 독립일 때, $T_1$의 결과로서 일어나는 하나의 사건 $A$와 $T_2$의 결과로서 일어나는 하나의 사건 $B$는 항상 서로 독립인 사건입니다. 따라서 "$T_1$에서 $A$가 일어나고, $T_2$에서 $B$가 일어난다"는 사건의 확률은 곱

$$P(A) \cdot P(B)$$

가 됩니다.

3개 이상의 독립된 시행의 결과에 대해서도 같은 것이 성립합니다.

ⓔ 동전을 던져서 앞이 나오고, 주사위를 던져서 1의 눈이 나오고, 한 벌의 카드 52장에서 1장을 뽑을 때, 에이스가 나오는 사건의 확률은

$$\frac{1}{2} \times \frac{1}{6} \times \frac{4}{52} = \frac{1}{156}$$

입니다.

◆ **중복시행의 확률**

주사위를 되풀이해서 던질 때와 같이 똑같은 시행을 여러 번 거듭하는 것을 **중복시행**이라고 합니다. 중복시행에서 각 회의 시행은 물론 독립입니다.

예를 들면, 지금 주사위를 5회 거듭해서 던졌다고 합시다. 이때 2회만 1의 눈이 나오는 확률을 구해 봅시다.

5회 주사위를 던져서 2회만 1의 눈이 나오는 경우는 다음 표와 같이

$$_5C_2 = 10 \,(\text{가지})$$

있습니다. (이 표에서 〇은 1의 눈이 나오는 것, ×는 1 이외의 눈이 나오는 것을 나타냅니다.)

| 사건 \ 회 | 1 | 2 | 3 | 4 | 5 |
|---|---|---|---|---|---|
| $A_1$ | ○ | ○ | × | × | × |
| $A_2$ | ○ | × | ○ | × | × |
| $A_3$ | ○ | × | × | ○ | × |
| $A_4$ | ○ | × | × | × | ○ |
| $A_5$ | × | ○ | ○ | × | × |

| 사건 \ 회 | 1 | 2 | 3 | 4 | 5 |
|---|---|---|---|---|---|
| $A_6$ | × | ○ | × | ○ | × |
| $A_7$ | × | ○ | × | × | ○ |
| $A_8$ | × | × | ○ | ○ | × |
| $A_9$ | × | × | ○ | × | ○ |
| $A_{10}$ | × | × | × | ○ | ○ |

이들 사건 $A_1$, $A_2$, $\cdots$, $A_{10}$ 은 서로 배반되어 있습니다. 따라서 이들 사건의 확률을 각각 구해서 전부를 더하면 구하는 확률을 얻습니다.

그런데, 주사위를 1회 던질 때 1의 눈이 나올 확률과 1 이외의 눈이 나올 확률은 각각 $\dfrac{1}{6}$, $\dfrac{5}{6}$ 입니다. 그리고, 5회의 시행은 독립이므로, 예를 들어 사건 $A_1$이 일어날 확률은

$$\frac{1}{6}\times\frac{1}{6}\times\frac{5}{6}\times\frac{5}{6}\times\frac{5}{6}=\left(\frac{1}{6}\right)^2\left(\frac{5}{6}\right)^3$$

이 됩니다. 다른 사건 $A_2$, $A_3$, $\cdots$, $A_{10}$ 이 일어날 확률도 역시 $\dfrac{1}{6}$ 을 2회, $\dfrac{5}{6}$ 를 3회 곱한 곱

$$\left(\frac{1}{6}\right)^2\left(\frac{5}{6}\right)^3$$

과 같다는 것은 쉽게 알 수 있습니다.

그러므로 주사위를 5회 던져서 2회 1의 눈이 나올 확률은

$$_5\mathrm{C}_2\left(\frac{1}{6}\right)^2\left(\frac{5}{6}\right)^3=\frac{625}{3888}$$

입니다.

주사위를 5회 던질 때 1의 눈이 나올 횟수 $r$은 0, 1, 2, 3, 4, 5 중 어느 것입니다. 1의 눈이 $r$회 나올 확률을 $p_r(r=0, 1, 2, 3, 4, 5)$로 나타내기로 하면, 위에서 본 바와 같이

$$p_2=\frac{625}{3888}$$

인데, 이것과 같은 방식으로 해서 다른 $p_r$의 값도 각각 다음과 같이 구할 수가 있습니다.

$$p_0 = {}_5C_0 \left(\frac{5}{6}\right)^5 = \frac{3125}{7776}$$

$$p_1 = {}_5C_1 \left(\frac{1}{6}\right)\left(\frac{5}{6}\right)^4 = \frac{3125}{7776}$$

$$p_3 = {}_5C_3 \left(\frac{1}{6}\right)^3\left(\frac{5}{6}\right)^2 = \frac{125}{3888}$$

$$p_4 = {}_5C_4 \left(\frac{1}{6}\right)^4\left(\frac{5}{6}\right) = \frac{25}{7776}$$

$$p_5 = {}_5C_5 \left(\frac{1}{6}\right)^5 = \frac{1}{7776}$$

여러분은 이들 $p_r (r = 0, 1, 2, 3, 4, 5)$의 값의 총합이 1과 같은 것에 주의하십시오.(실제로 그 검산을 여러분이 직접 해 보십시오.) 어째서 총합이 1과 같을까요? 그 이유는 새삼스레 말할 필요도 없을 것입니다. (여러분이 직접 이 질문에 답해 주기를 바랍니다.)

일반적으로 중복시행의 확률에 관하여는 다음의 정리가 성립합니다.

---

**중복시행의 확률**

어떤 시행에서 사건 $A$가 일어날 확률을 $p$라 하고, 그 여사건의 확률을 $q = 1 - p$라 한다. 이 시행을 $n$회 거듭할 때, 사건 $A$가 정확히 $r$회 일어날 확률은

$${}_nC_r p^r q^{n-r}$$

이다.

---

**예제**  그릇 속에 2개의 흰 공과 4개의 검은 공이 들어 있습니다. 이 그릇에서 1개의 공을 꺼내어 그 빛깔을 확인한 다음 그릇 속에 도로 넣습니다. 이 조작을 6회 거듭할 때, 다음 확률을 구하시오.

(1)  흰 공이 2회, 검은 공이 4회 나올 확률

(2)  흰 공이 2회 이상 나올 확률

**풀이**  (1)  1회의 조작으로 흰 공, 검은 공이 나올 확률은 각각

$$\frac{2}{6} = \frac{1}{3}, \qquad \frac{4}{6} = \frac{2}{3}$$

입니다. 따라서 구하는 확률은

$$_6\mathrm{C}_2 \left(\frac{1}{3}\right)^2 \left(\frac{2}{3}\right)^4 = \frac{80}{243}$$

(2) 흰 공이 2회 이상 나올 사건의 여사건은 흰 공이 한 번도 나오지 않든가, 또는 흰 공이 1회만 나오는 사건입니다. 그리고 이 여사건의 확률은

$$_6\mathrm{C}_0 \left(\frac{2}{3}\right)^6 + {}_6\mathrm{C}_1 \left(\frac{1}{3}\right)\left(\frac{2}{3}\right)^5 = \frac{256}{729}$$

따라서 흰 공이 2회 이상 나오는 사건의 확률은

$$1 - \frac{256}{729} = \frac{473}{729}$$

**예제**  바둑의 명인전에서 젊은 신예 $W$가 명인 $X$에 도전합니다. 승부는 7판 4승제입니다. 1회마다의 승부에서 기사 $W$가 명인에게 이기는 확률을 $p$라 하고, 기사 $W$가 명인 타이틀을 획득할 확률을 구하시오.

**풀이**  기사 $W$가 우승하기 위해서는

       4승 0패,   4승 1패,   4승 2패,   4승 3패

의 네 가지 경우가 있습니다. 이들 사건을 각각 $A$, $B$, $C$, $D$라 합시다. 이것들은 배반사건이므로, 문제에서 요구하는 확률을 구하기 위해서는 사건 $A$, $B$, $C$, $D$의 각 확률을 구하고, 그것들의 합을 취하면 됩니다.

  사건 $A$의 확률  사건 $A$는 처음의 4전에서 $W$가 전부 이긴다는 사건이므로, 그 확률은

$$P(A) = p^4$$

입니다.

  사건 $B$의 확률  사건 $B$는 처음의 4전에서 $W$가 3승 1패이고, 5전째는 $W$가 이기는 사건입니다. 따라서 그 확률은

$$P(B) = {}_4\mathrm{C}_3 p^3 (1-p) \times p = 4p^4(1-p)$$

가 됩니다.

　　사건 $C$의 확률　사건 $C$는 5전째까지 $W$가 3승 2패이고, 6전째에 $W$가 이기는 사건입니다. 따라서 그 확률은

$$P(C) = {}_5C_3 p^3 (1-p)^2 \times p = 10p^4(1-p)^2$$

입니다.

　　사건 $D$의 확률　사건 $D$는 6전째까지 두 기사가 3승 3패이고, 마지막 7전째에 $W$가 이기는 사건입니다. 따라서 그 확률은

$$P(D) = {}_6C_3 p^3 (1-p)^3 \times p = 20p^4(1-p)^3$$

입니다.

　　그러므로 구하는 확률은

$$P(A) + P(B) + P(C) + P(D)$$
$$= p^4 + 4p^4(1-p) + 10p^4(1-p)^2 + 20p^4(1-p)^3$$
$$= p^4 \{1 + 4(1-p) + 10(1-p)^2 + 20(1-p)^3\}$$

이 됩니다.

**문제 32**　위 예제의 확률 값은 $p = 0.5$일 때 얼마가 될까요? 또, $p = 0.3$일 때는 얼마가 될까요? 후자의 값은 소수 제3자리까지 구하시오.

**문제 33**　동전을 10회 던질 때, 다음 확률을 구하시오.

(1)　앞이 6회, 뒤가 4회 나올 확률

(2)　앞과 뒤가 같은 횟수 나올 확률

(3)　앞이 나올 횟수가 3 이하일 확률

**문제 34**　하나의 주사위를 5회 던질 때, 다음의 확률을 구하시오.

(1)　3의 배수인 눈이 2회 나올 확률

(2)　3의 배수인 눈이 2회 이상 나올 확률

**문제 35**　수직선상을 움직이는 점 $P$가 있는데, 처음에 $P$는 원점 $O$의 위치에 있습니다. 지금, 동전을 던져서 앞이 나오면 점 $P$를 $+1$만큼 이동시키고, 뒤가 나오면 점 $P$를 $-1$만큼 이동시킵니다. 동전을 8회 던질 때, 점 $P$가 다음 좌표점

에 올 확률을 구하시오.

　(1)　$O(0)$　　　　(2)　$A(2)$　　　　(3)　$B(4)$

　문제 36　동전을 $n$회 던질 때, 짝수 회에 앞이 나올 확률 및 홀수 회에 앞이 나올 확률을 구하시오.

◆　**확률과 수열**

　이 장도 상당히 길어졌지만, 이쯤에서 일단 끝내려고 생각합니다. 끝으로, 주로 수열과 관계가 있는, 약간 어려운 확률의 문제를 다루기로 하겠습니다.(이 항은 생략해도 무방합니다.)

　**예제**　주사위를 $n$회 던져서 짝수 회에 1의 눈이 나올 확률을 구하시오.

　풀이　구하는 확률을 $p_n$이라 합니다. 우리는 다음과 같이 해서 수열 $\{p_n\}$에 관한 점화식을 만들 수가 있습니다.

　주사위를 $n+1$회 던져서 짝수 회에 1의 눈이 나오는 사건은 다음의 두 배반사건 $A$, $B$의 합사건입니다.

　$A$ :　$n$회까지 짝수 회에 1의 눈이 나오고,
　　　　$n+1$회째에 1 이외의 눈이 나온다.

　$B$ :　$n$회까지 홀수 회에 1의 눈이 나오고,
　　　　$n+1$회째에 1의 눈이 나온다.

따라서 $p_{n+1}$은 이들 두 사건 $A$, $B$의 확률의 합과 같아집니다.

　그런데

　　$n$회까지 짝수 회에 1의 눈이 나올 확률은 $p_n$

　　$n+1$회째에 1 이외의 눈이 나올 확률은 $\dfrac{5}{6}$

이므로, 사건 $A$의 확률은

$$P(A) = \frac{5}{6} p_n$$

입니다. 또,

　　$n$회까지 홀수 회에 1의 눈이 나올 확률은 $1 - p_n$,

$n+1$회째에 1의 눈이 나올 확률은 $\dfrac{1}{6}$
이므로, 사건 $B$의 확률은

$$P(B) = \frac{1}{6}(1 - p_n)$$

입니다.

그러므로

$$p_{n+1} = P(A) + P(B)$$
$$= \frac{5}{6}p_n + \frac{1}{6}(1 - p_n)$$

이라는 등식을 얻습니다. 이것을 정리하면

$$p_{n+1} = \frac{1}{6} + \frac{2}{3}p_n$$

이 됩니다. 이것으로 수열 $\{p_n\}$에 관한 점화식을 얻었습니다.

이제부터는 거의 수열의 문제입니다. 우리는 이 형태의 점화식에 의해 정해지는 수열의 일반항을 구하는 방법을 이미 알고 있습니다. 즉, 먼저 방정식

$$x = \frac{1}{6} + \frac{2}{3}x$$

의 근 $\alpha$를 구하면, $\alpha = \dfrac{1}{2}$.

위 점화식의 양변에서 $\dfrac{1}{2}$을 빼면

$$p_{n+1} - \frac{1}{2} = \frac{2}{3}\left(p_n - \frac{1}{2}\right)$$

그러므로 수열 $\left\{p_n - \dfrac{1}{2}\right\}$은 공비 $\dfrac{2}{3}$인 등비수열입니다.

그리고 $p_1$은 주사위를 1회 던져서 1의 눈이 나오지 않는 확률이므로

$$p_1 = \frac{5}{6}$$

따라서

$$p_1 - \frac{1}{2} = \frac{5}{6} - \frac{1}{2} = \frac{1}{3}$$

그러므로 수열 $\left\{p_n - \dfrac{1}{2}\right\}$의 첫항은 $\dfrac{1}{3}$입니다. 따라서

$$p_n - \frac{1}{2} = \frac{1}{3}\left(\frac{2}{3}\right)^{n-1}$$

이것을 변형하면

$$p_n = \frac{1}{2}\left\{1 + \left(\frac{2}{3}\right)^n\right\}$$

이것이 구하는 확률입니다.

**예제**   정삼각형 $ABC$의 세 꼭지점을 움직이는 점 $P$ 가 있습니다. 지금 아래 그림과 같이 동전을 던져서 앞이 나오면 점 $P$는 시계 바늘과 반대 방향으로 다음 꼭 지점으로 나아가고, 뒤가 나오면 점 $P$는 시계 바늘의 방향으로 다음 꼭지점으로 나아갑니다. (이를테면, 점 $P$가 꼭지점 $A$에 있을 때 동전을 던져서 앞이 나오면 $P$ 는 꼭지점 $B$로 나아가고, 뒤가 나오면 꼭지점 $C$로 나 아갑니다.) 처음에 점 $P$가 꼭지점 $A$에 있는 것으로 하 고 동전을 $n$회 던진 다음 역시 점 $P$가 꼭지점 $A$에 있을 확률 $p_n$을 구하시오.

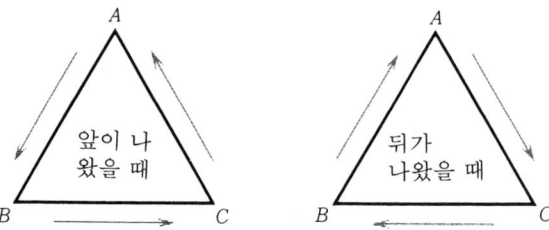

**풀이**   앞의 예제와 마찬가지로, 수열 $\{p_n\}$에 관한 점화 식을 만듭니다.

서술을 명쾌히 하기 위하여 동전을 $n$회 던진 다음 점 $P$가 꼭지점 $B$에 올 확률을 $q_n$, 꼭지점 $C$에 올 확률을 $r_n$이라 합니다.

$n+1$회의 시행 뒤에 점 $P$가 꼭지점 $A$에 오는 사건 은, "$n$회의 시행 뒤에 점 $P$가 꼭지점 $B$에 있고, $n+1$회 째의 시행에서 뒤가 나온다"는 사건과, "$n$회 시행 뒤에 점 $P$가 꼭지점 $C$에 있고, $n+1$회째의 시행에서 앞이 나온다"는 사건의 합사건입니다. 그리고 이들 두 배반

사건에서 전자가 일어날 확률은 $\frac{1}{2}q_n$, 후자가 일어날 확률은 $\frac{1}{2}r_n$이므로,

$$p_{n+1} = \frac{1}{2}q_n + \frac{1}{2}r_n$$

이 됩니다.

여기서 $q_n + r_n = 1 - p_n$임에 주의하십시오. (왜냐하면, $n$회째의 시행 뒤에 점 $P$가 꼭지점 $B$ 또는 꼭지점 $C$에 온다는 사건은 점 $P$가 꼭지점 $A$에 온다는 사건의 여사건이기 때문입니다.) 그러면 위 식에 의해서 수열 $\{p_n\}$에 관한 점화식

$$p_{n+1} = \frac{1}{2}(1 - p_n)$$

이 얻어집니다.

나머지 계산은 정석대로입니다. 즉, 위 점화식의 양변에서 $\frac{1}{3}$을 빼면

$$p_{n+1} - \frac{1}{3} = -\frac{1}{2}\left(p_n - \frac{1}{3}\right)$$

이 되어 명백히 $p_1 = 0$이므로, 수열 $\left\{p_n - \frac{1}{3}\right\}$은 초항 $-\frac{1}{3}$, 공비 $-\frac{1}{2}$인 등비수열이 됩니다. 따라서

$$p_n - \frac{1}{3} = -\frac{1}{3}\left(-\frac{1}{2}\right)^{n-1}$$

그러므로

$$p_n = \frac{1}{3}\left\{1 - \left(-\frac{1}{2}\right)^{n-1}\right\}$$

이것으로 $p_n$이 구해졌습니다.

---

$\boxed{\text{문제 37}}$  위의 예제에서 동전을 $n$회 던진 다음 점 $P$가 꼭지점 $B$에 올 확률을 구하시오. 또 점 $P$가 꼭지점 $C$에 올 확률을 구하시오.

**예제**  단지 속에 흰 공과 검은 공이 들어 있습니다. 이 단지에서 공을 하나 꺼내어 그 빛깔을 확인한 다음 공을 단지 속에 도로 넣는데, 그것이 흰 공이면 흰 공

을 1개 더, 검은 공이면 검은 공을 1개 더 넣습니다. 이 것을 1회의 조작으로 봅니다. 처음에 단지 속에 흰 공 이 2개, 검은 공이 1개 들어 있었다 하고, 다음 물음에 답하시오.

(1)   1회째에 공을 꺼낼 때, 그것이 흰 공일 확률은 얼 마일까요?

(2)   1회째의 조작이 끝난 다음 2회째에 공을 꺼낼 때, 그것이 흰 공일 확률은 얼마일까요?

(3)   $n$회째의 조작이 끝난 다음 $n+1$회째에 공을 꺼 낼 때, 그것이 흰 공일 확률은 얼마일까요?

**풀이**  (1)   이 답은 물론

$$\frac{2}{3}$$

입니다.

(2)   1회의 조작이 끝난 뒤 단지 속에는 4개의 공이 있 게 되는데, 다음의 두 상태가 각각 오른쪽에 있는 확률 에 따라 나타납니다.

흰 공 3개, 검은 공 1개 …… 확률 $\frac{2}{3}$

흰 공 2개, 검은 공 2개 …… 확률 $\frac{1}{3}$

따라서, 2회째 꺼내는 공이 흰 공일 확률은

$$\left(\frac{2}{3} \times \frac{3}{4}\right) + \left(\frac{1}{3} \times \frac{2}{4}\right)$$

입니다. 이것을 계산하면 역시

$$\frac{2}{3}$$

가 됩니다.

(3)   $n$회의 조작 뒤에는 단지 속에 $n+3$개의 공이 있 게 됩니다, 문제에서 요구된 확률을 구하기 위해서는, 먼저 $r, s$를 $r+s=n$을 만족하는 음이 아닌 한 쌍의 정 수라 할 때, 증가한 $n$개의 공 중에서 $r$개가 흰 공이고 $s$개가 검은 공이라는 사건의 확률을 구해 둡니다.

인상을 뚜렷이 하기 위해, 간단한 구체적인 예로서 $n$

$=5$, $r=3$, $s=2$의 경우를 생각해 봅시다.

5회 조작을 한 다음 흰 공이 3개, 검은 공이 2개 증가했다는 것은, 5회의 조작에서 흰 공이 3회, 검은 공이 2회 나왔다는 것을 뜻합니다. 그리고, 예를 들면

| 1회째 | 2회째 | 3회째 | 4회째 | 5회째 |
|---|---|---|---|---|
| ↓ | ↓ | ↓ | ↓ | ↓ |
| ○ | ○ | ○ | ● | ● |
| (흰 공…2 검은공…1) | (흰 공…3 검은공…1) | (흰 공…4 검은공…1) | (흰 공…5 검은공…1) | (흰 공…5 검은공…2) |

와 같이 공이 나올 확률은 확률의 곱셈정리에 의해서

$$\frac{2}{3} \times \frac{3}{4} \times \frac{4}{5} \times \frac{1}{6} \times \frac{2}{7} \qquad ①$$

입니다. (위에서 괄호 안에 쓴 것은 2회의 조작을 할 때의 그릇 속의 상태를 나타냅니다.) 같은 방식으로 하여, 예를 들면

| 1회째 | 2회째 | 3회째 | 4회째 | 5회째 |
|---|---|---|---|---|
| ↓ | ↓ | ↓ | ↓ | ↓ |
| ○ | ● | ○ | ● | ○ |
| (흰 공…2 검은공…1) | (흰 공…3 검은공…1) | (흰 공…3 검은공…2) | (흰 공…4 검은공…2) | (흰 공…4 검은공…3) |

과 같이 공이 나올 확률은

$$\frac{2}{3} \times \frac{1}{4} \times \frac{3}{5} \times \frac{2}{6} \times \frac{4}{7} \qquad ②$$

가 되지만, 사실 이것은 ①과 같습니다. 실제로 ①과 ②의 분모에는 같은 인수가 같은 순서로 나타나 있고, 분자에도 다만 순서가 다를 뿐 역시 같은 인수가 나타나 있기 때문입니다.

5회의 조작에서 흰 공이 3개, 검은 공이 2개 나오는 방식(공이 나오는 순서)은 도합

$$\frac{5!}{3!2!}$$

가지입니다. 그리고 그것들 각각이 모두 ①과 같은 확률을 가지고 있습니다. 그러므로 결국 5회 조작을 한 다음 흰 공이 3개, 검은 공이 2개 증가하는 확률은

$$\frac{2 \cdot 3 \cdot 4 \cdot 1 \cdot 2}{3 \cdot 4 \cdot 5 \cdot 6 \cdot 7} \times \frac{5!}{3!2!}$$

으로 주어지는 것입니다.

위와 같이 생각하면, 일반적으로 $n$회의 조작 뒤에 흰 공이 $r$개, 검은 공이 $s$개(단, $r+s=n$, $r\geqq0$, $s\geqq0$) 증가하는 확률은

$$\dfrac{\overbrace{2\cdot3\cdot4\cdots(r+1)}^{r\,개}\times\overbrace{1\cdot2\cdot3\cdots s}^{s\,개}}{\underbrace{3\cdot4\cdot5\cdots(n+2)}_{n\,개}}$$

에

$$\dfrac{n!}{r!s!}$$

을 곱한 것임을 알 수 있습니다. 좀더 간결하게 표현하면

$$\dfrac{2\cdot(r+1)!s!}{(n+2)!}\times\dfrac{n!}{r!s!}$$

입니다. 이것을 간단히 하면

$$\dfrac{2(r+1)}{(n+1)(n+2)} \qquad\qquad ③$$

이 됩니다.

여기서 $n$회의 조작 뒤에 흰 공이 $r$개($0\leqq r\leqq n$) 증가해 있다는 사건을 $A_r$이라 합시다. 사건 $A_r$이 일어나는 확률은 위에서 구한 바와 같이 식 ③으로 주어집니다. 그리고 $n+1$회째의 조작에서 흰 공이 나온다는 사건은,

사건 $A_0$가 일어나고, $n+1$회째에 흰 공이 나온다,

사건 $A_1$이 일어나고, $n+1$회째에 흰 공이 나온다,

사건 $A_2$가 일어나고, $n+1$회째에 흰 공이 나온다,

......

사건 $A_n$이 일어나고, $n+1$회째에 흰 공이 나온다,

라는 $n+1$개의 배반사건의 합사건입니다. 따라서 위에서 말한 $n+1$개의 사건의 확률을 각각 구하고 합을 만들면 구하는 확률이 얻어집니다.

사건 $A_r$이 일어났을 때, 단지 속에 있는 $n+3$개의 공 중에는 $r+2$개의 흰 공이 있습니다. 따라서 "사건 $A_r$이 일어나고, 또한 $n+1$회째에 흰 공이 나온다"는 사건의 확률은

$$\frac{2(r+1)}{(n+1)(n+2)} \times \frac{r+2}{n+3} \qquad ④$$

입니다.

마지막으로, 우리가 최종적으로 구해야 하는 확률은 ④를 $r=0,\ 1,\ 2,\ \cdots,\ n$에 관해서 더한 것입니다. 합의 기호 $\sum$를 써서, $r$과 관계 없는 부분을 $\sum$ 밖으로 묶어 내면, 그것은

$$\frac{2}{(n+1)(n+2)(n+3)} \cdot \sum_{r=0}^{n} (r+1)(r+2)$$

로 나타납니다.

여기서 합 $\sum\limits_{r=0}^{n} (r+1)(r+2)$는, $r+1$을 $r$로 고쳐 쓰면, 합

$$\sum_{r=1}^{n+1} r(r+1)$$

과 같다는 것을 알 수 있습니다. 이 합의 결과는 우리가 이미 알고 있는 바입니다. 즉, 그것은

$$\frac{1}{3}(n+1)(n+2)(n+3)$$

입니다. [673페이지의 예제(1)을 보십시오.]

그러므로 구하는 확률은

$$\frac{2}{(n+1)(n+2)(n+3)} \times \frac{1}{3}(n+1)(n+2)(n+3)$$

과 같으며, 그 답은 $\frac{2}{3}$입니다.

이것으로 결론에 도달했습니다. 즉, $n$회의 조작 뒤에 $n+1$회째의 흰 공이 나올 확률은 $n$의 값에 관계 없이 일정하며, 항상

$$\frac{2}{3}$$

입니다. 이것이 결론입니다!

위의 예제는 **폴리아의 단지**라고 불리는, 확률론에서 유명한 하나의 모형의, 어떤 특별한 경우의 더욱 특별한 경우입니다.

그리고 참고 삼아 덧붙이면, 위의 예제에서는 처음에 단지 속에 흰 공이 2개, 검은 공이 1개 들어 있는 것으로 하였습니다. 좀더 일반적으로, 처음에 단지 속에 흰 공이 $a$개, 검은 공이 $b$개 들어 있었다고 하면 어떻게 될까요? 이 때도 우리는 위와 똑같은 결론을 얻습니다. 즉, 위의 예제에서 말한 것과 같은 조작을 $n$회 거듭하고, $n+1$회째에 단지에서 1개의 공을 꺼내면, 그 공이 흰 공일 확률은 $n$의 값에 관계 없이 항상

$$\frac{a}{a+b}$$

가 되는 것입니다. [이 일반적인 경우의 증명도 기본적으로는 위 예제의 풀이에 말한 것과 똑같은 방법으로 진행되지만, 계산이 복잡해지고, 식의 변형에 기술이 필요합니다. 투지가 넘치는 사람은 이것의 증명을 시도해 보십시오.]

[**보충**]  또 하나 참고 사항을 덧붙이겠습니다. 위에서는 꺼낸 공을 단지에 도로 넣을 때 <u>같은 빛깔의 공을 1개</u> 더 넣었습니다. 그러나 반대로, 꺼낸 공을 단지에 도로 넣을 때 <u>반대 빛깔의 공을 1개</u> 더 넣는 것으로 하면 어떻게 될까요? 이것도 흥미있는 문제입니다. 이 경우에는 "처음의 조건"으로서 흰 공 $a$개, 검은 공 $b$개에서 출발하면 $n$회 조작 후 $n+1$회째에 흰 공이 나오는 확률은 $n$에 따라 달라집니다. 그러나 이번 경우는 그 확률이 $n \to \infty$일 때 $\frac{1}{2}$에 수렴하는 것이 알려져 있습니다.

[**문제 38**]  단지 속에 흰 공과 검은 공이 들어 있습니다. 위의 예제와 마찬가지로, 이 단지에서 공을 1개 꺼내고, 그 공을 단지에 도로 넣을 때 같은 빛깔의 공을 1개 더 단지 속에 넣

습니다. 처음에 단지 속에 흰 공, 검은 공이 각각 1개씩 들어 있었다 하고, $n$회의 조작 후에 단지 속에 흰 공이 0개, 1개, 2개, $\cdots$, $n$개 증가해 있는 확률을 각각 구하시오.

수학은 젊은이의 학문이다. 그렇지 않으면 존
재할 수도 없을 것이다. 수학 공부란 젊을 때
의 모든 유연함과 인내심을 필요로 하는 머리
의 체조이다.

N. 위너

# 17 함수의 변화를 파악한다
—— 함수의 극한과 미분법

## 17.1 함수의 극한

이 장에서부터 이른바 "미분·적분법"으로 들어갑니다.
이 미분·적분법에 관한 내용은 4개의 장 가량 계속되며,
이 책의 "주요 부분"을 구성하게 됩니다.

미분·적분법에 들어가는 데는 여러 가지 단계로의 접
근법이 있습니다. 어느 단계로 들어가는 것이 적당한가?
라는 물음에 대한 답은 학습자의 지금까지의 학습 정도,
수학적 배경, 장래의 목표 등에 따라 달라집니다. 만일
미분·적분법을 가장 완전한 기반 위에서 엄격한 논리적
체계로서 구성하고자 원한다면 그 사람은 먼저 실수의
개념을 정확히 정의하는 것부터 시작해야 합니다.(그것
은 더 거슬러 올라가면 자연수나 정수의 공리에까지 그
사람을 이끌어 갈 것입니다.) 그러나 이러한 접근은 지나

치게 전문적입니다. 일반적으로는 그 정도로 기초부터 시작할 필요는 없습니다. 특히 초기 과정에 있어서는 지나친 논리나 추상적인 논의에 현혹되는 것은 바람직하지 않습니다. 그보다는 오히려 어느 정도까지의 사항을 직관적으로 받아들여서 이야기를 활기있게 전개해 나가는 편이 건전하며 또한 자연스러우리라 생각됩니다.

나는 이와 같은 방침에 따라 이제부터 이야기를 진행시키겠습니다. 구체적으로 말하면 미분·적분법의 "극한" 개념부터 들어가겠습니다. 그것도 (정밀하기는 하나 이해하기 어려운 수학적 정의로부터가 아니라) 직관적이며 단순한 정의로부터 들어갑니다. 그리고 직관적으로 자명한 극한의 몇 가지 기본 성질은 그대로 승인합니다. 또한 나는 연속함수에 관한 몇 가지 명제도 증명 없이 승인합니다. (이것들은 어느 것이나 여러분이 그것을 받아들이는 데 있어 아무런 심리적인 저항을 느끼지 않을 것으로 생각되는 것들입니다.) 그러나 이러한 기본사항을 승인한 뒤에는 가능한 한 논리에 충실하게 설명을 진행시키겠습니다. 나는 직관적인 인식과 논리적 엄밀성 사이에서 알맞게 균형을 유지하면서 이들 장을 써내려 가고자 생각합니다.

### ◆ 함수에 관한 여러 개념

우리는 지금까지 일차함수나 이차함수를 비롯하여 간단한 분수함수나 무리함수, 나아가서 지수함수, 로그함수, 삼각함수 등 각종 함수에 대해서 배워 왔습니다.

"미분법"이라는 것은 한 마디로 말해서 이러한 여러 가지 함수가 "변화"하는 모양을 상세히 살피는 것을 목적으로 하는 학문입니다.

따라서 먼저 이 항에서는, 이제부터 하는 학습의 토대를 다지기 위해 함수에 관한 기본적인 여러 개념을 다시 한 번 복습해 보기로 하겠습니다.(물론 새로운 용어나 기호의 설명도 있습니다.)

### 함수, 정의역·치역

$S$를 실수의 어떤 집합이라 합니다. 이때 "$S$로 정의되는 **함수**"란 $S$에 속하는 각각의 수 $x$에 각각 하나씩 수를 대응시키는 규칙을 말합니다.

함수는 보통 $f$, $g$와 같은 문자로 나타냅니다. 대문자 $F$, $G$ 등을 사용하는 일도 있습니다. 위에서 말한 바와 같이 함수란 어떤 집합 $S$에 속하는 각각의 수 $x$에 각각 하나의 수를 "대응시키는 규칙"입니다. 혹은 "대응 그 자체"를 말한다고 해도 될 것입니다.

함수 $f$가 $S$로 정의된 함수일 때, $S$를 $f$의 **정의역**이라고 합니다. 그리고, $f$에 의해서 $S$의 요소 $x$에 대응하게 되는 수를 $f(x)$로 나타냅니다. 이것을 $x$에서의 함수 $f$의 **값**이라고 합니다.

예를 들어 $f$가 각 실수 $x$에 $x^2$을 대응시키는 함수라면, $f(x) = x^2$입니다. 또, $f$가 음이 아닌 모든 실수 $x$에 $\sqrt{x}$를 대응시키는 함수라면 $f(x) = \sqrt{x}$입니다.

$f$가 $S$를 정의역으로 하는 함수이고, $x$가 $S$의 원소를 일반적으로 나타내는 문자일 때, "함수 $f$"를 "함수 $f(x)$"로도 씁니다.

위와 같이 $x$를, 정의역의 원소를 일반적으로 나타내는 문자로 하고, $x$에서의 $f$의 값 $f(x)$를 $y$로 나타내면,

$$y = f(x)$$

입니다. 이때 $x$를 **독립변수**, $y$를 **종속변수**라고 합니다. 관습적으로는 이때 종속변수 $y$를 독립변수 $x$의 함수라고도 합니다. 따라서 "함수 $y = f(x)$", "$x$의 함수 $y = f(x)$"와 같은 표현도 사용합니다.

위의 "함수 $f$", "함수 $f(x)$", "함수 $y = f(x)$", "$x$의 함수 $y = f(x)$"와 같은 표현은 고전적이며 수학의 모든 장소에서 사용되므로 여러분은 어느 표현에나 익숙해져

야만 합니다.

함수 $y = f(x)$에서 독립변수 $x$가 정의역 전체를 움직일 때, 종속변수 $y$가 움직이는 값의 범위를 이 함수의 **치역**이라고 합니다.

특별한 경우로서 함수 $f$의 치역이 단 하나의 수 $c$만으로 이루어지는 경우도 있습니다. 이것은 $f$가, 정의역에 속하는 모든 $x$를 항상 $c$와 대응시키고 있는 경우입니다. 이때 $f(x) = c$로 쓰고, $f$는 값 $c$를 취하는 **상수함수**라고 합니다. 약간 헷갈리는 표현이지만, 이것을 단지 $f$는 상수 $c$라고도 합니다.

그리고 위에서는 독립변수를 $x$, 종속변수를 $y$로 썼지만, 이것도 관습에 의한 것입니다. 언제나 이와 같은 특정한 문자를 써야만 한다는 이유는 없습니다. 예를 들면 $y = f(x)$ 대신에 $q = f(p)$, $v = f(u)$ 등으로 써도 그것은 실질적으로 완전히 같은 함수 "$f$"를 나타냅니다.

### 구 간

우리가 평소에 생각하는 함수의 정의역은 어떤 "구간", 또는 몇 개의 구간의 합집합으로 되어 있는 것이 보통입니다. "구간"이란 다음과 같은 집합입니다.

지금 $a$, $b$를 $a < b$인 두 개의 실수라 합니다. 이때 부등식

$$a < x < b$$
$$a \leqq x \leqq b$$
$$a \leqq x < b$$
$$a < x \leqq b$$

의 어느 하나를 만족하는 실수 $x$ 전체의 집합을 **구간**이라고 합니다. 보통 이들 구간을 위로부터 차례로 각각 기호

$$(a, b), \quad [a, b], \quad [a, b), \quad (a, b]$$

로 나타냅니다. 특히 $(a, b)$는 **개구간**이라 하고, $[a, b]$는 **폐구간**이라 합니다. 집합의 기호를 사용해서 쓰면,

$$(a, b) = \{x \mid a < x < b\}$$
$$[a, b] = \{x \mid a \leqq x \leqq b\}$$

입니다. 구간 $[a, b)$나 $(a, b]$는 **반폐구간** 또는 **반개구간**
이라 합니다.

또, 부등식

$$a < x, \qquad a \leqq x, \qquad x < b, \qquad x \leqq b$$

를 만족하는 실수 $x$ 전체의 집합도 역시 구간이라 불리
며, 각각 기호

$$(a, \infty), \qquad [a, \infty), \qquad (-\infty, b), \qquad (-\infty, b]$$

로 나타냅니다.

또, 실수 전체의 집합도 하나의 구간이라 생각하고, 이
것을

$$(-\infty, \infty)$$

로 나타냅니다.

앞에서도 말한 바와 같이 우리가 흔히 생각하는 함수
의 정의역은 어떤 하나의 구간이든가, 또는 몇 개의 구간
의 합집합으로 되어 있습니다.

예를 들면 일차함수 $y = -2x+3$, 이차함수 $y = x^2 - 5$
의 정의역은 실수 전체의 집합 $(-\infty, \infty)$입니다.

또, 분수함수

$$y = \frac{1}{x-1}$$

의 정의역은 $(-\infty, \infty)$에서 한 점 $x = 1$을 제외한 것으
로, 이것은 두 개의 구간 $(-\infty, 1)$, $(1, \infty)$의 합집합

$$(-\infty, 1) \cup (1, \infty)$$

으로 되어 있습니다.

무리함수 $y = \sqrt{x+2}$ 의 정의역은 구간 $[-2, \infty)$ 입니다.

또, 예를 들면 삼각함수 $y = \sin x$, $y = \cos x$ 의 정의역은 $(-\infty, \infty)$, 지수함수 $y = a^x$ 의 정의역도 $(-\infty, \infty)$, 로그함수 $y = \log_a x$ 의 정의역은 $(0, \infty)$ 등이 됩니다.

그리고 여러분이 이미 알고 있는 바와 같이, 함수 $y = f(x)$ 가 $x$ 의 식으로 주어져 있을 때는 특히 인위적인 제한을 가하지 않는 한 그 정의역은 식 $f(x)$ 가 의미를 가지는 실수 $x$ 전체의 집합으로 하는 것이 보통입니다. 정의역을 제한해서 생각할 때는 예를 들면 "구간 $[0, 2\pi]$ 로 정의된 함수 $y = \sin x$"와 같이 씁니다.

### 단조함수

$I$ 를 하나의 구간으로 하고, $y = f(x)$ 는 구간 $I$ 를 정의역으로 하는 함수, 또는 좀더 일반적으로 정의역이 구간 $I$ 를 포함하고 있는 함수로 합니다. 이때 $I$ 에 속하는 임의의 두 수 $x_1, x_2$ 에 대하여

$$x_1 < x_2 \implies f(x_1) < f(x_2)$$

가 성립한다면, $f(x)$ 는 구간 $I$ 에서 단조롭게 증가한다, 또는 $I$ 에서의 **단조증가함수**라고 합니다. "단조"라는 말을 빼고 단순히 $f(x)$ 는 $I$ 에서 **증가한다**. 또는 $I$ 에서의 **증가함수**라고도 합니다.

마찬가지로, $I$ 에 속하는 임의의 두 수 $x_1, x_2$ 에 대하여

$$x_1 < x_2 \implies f(x_1) > f(x_2)$$

가 성립하면, $f(x)$ 는 $I$ 에서 **(단조롭게) 감소한다**, 또는 $I$ 에서의 **(단조) 감소함수**라고 합니다.

단조증가함수와 단조감소함수를 합해서 **단조함수**라 부릅니다.

예를 들어 일차함수 $y = ax + b$ 는 $a > 0$ 이면 구간 $(-\infty, \infty)$ 에서 단조롭게 증가하고, $a < 0$ 이면 구간 $(-\infty, \infty)$ 에서 단조롭게 감소합니다.

이차함수 $y=x^2$은 구간 $(-\infty, 0]$에서는 감소하고, 구간 $[0, \infty)$에서는 증가합니다.

분수함수

$$y = \frac{1}{x}$$

은 정의역이 $(-\infty, 0)$, $(0, \infty)$의 두 개의 구간으로 이루어지는데 각 구간에서 감소합니다. 그러나 정의역 전체 ──그것은 하나의 구간이 아닙니다──에서 감소한다고는 할 수 없습니다.

다음은 $y=x^2$, $y=\dfrac{1}{x}$의 증가·감소상태의 그래프입니다.

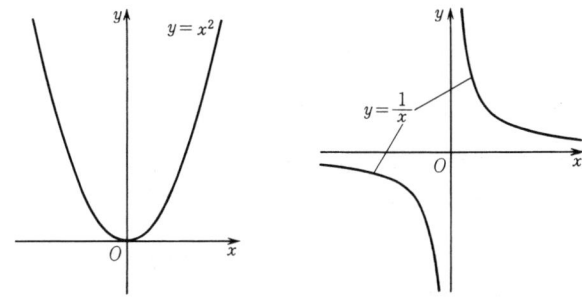

지수함수 $y=a^x$은 $a>1$이면 정의역 $(-\infty, \infty)$ 전체에서 증가합니다. 한편, $0<a<1$이면 $(-\infty, \infty)$에서 감소합니다.

로그함수 $y=\log_a x$는 $a>1$이면 정의역 $(0, \infty)$에서 증가합니다. 한편, $0<a<1$이면 $(0, \infty)$에서 감소합니다.

위에 예시한 바와 같은 함수의 증감은 우리가 이미 알고 있는 바입니다. 우리는 다음 장에서 좀더 일반적인 함수의 증감을 "도함수"를 써서 살펴보는 방법을 배우게 될 것입니다.

참고 삼아 덧붙이면, 수학에서는 종종 위에서 말한 단조성보다 "약한 뜻"의 단조성도 생각되고 있습니다. 즉, 구간 $I$에 속하는 임의의 두 수 $x_1$, $x_2$에 대하여

$$x_1 < x_2 \implies f(x_1) \le f(x_2)$$

가 성립할 때, $f(x)$는 $I$에서 **약한 뜻에서 증가한다**고 하고,

$$x_1 < x_2 \implies f(x_1) \geqq f(x_2)$$

가 성립할 때, $f(x)$는 $I$에서 **약한 뜻에서 감소한다**고 합니다.

이에 대하여 위에서 말한 뜻에서의 증가·감소는 **강한 뜻에서의 증가, 강한 뜻에서의 감소**라고 합니다.

물론 이 책에서는 아마도 약한 뜻의 증가나 감소는 그다지 자주 등장하지는 않을 것입니다. 그러므로 여러분은 앞으로 이 책에서 단지 증가·감소라고 할 때는 항상 "강한 뜻"의 것을 가리킨다고 해석해도 무방합니다.

### ◆ 자유낙하하는 물체의 속도

그럼 지금부터 극한의 개념으로 들어갑니다. 먼저, 이 개념이 왜 생겼는가 하는 것을 두 개의 고전적 및 기본적인 예에 의해서 설명하겠습니다.

첫번째 예로서, 자유낙하하는 물체를 생각합니다.

물리학에서 알려진 바와 같이, 자유낙하하는 물체는 낙하하기 시작해서 $t$초 동안에 $4.9t^2 (\mathrm{m})$ 낙하합니다. 즉, 낙하거리를 $s(\mathrm{m})$라고 하면, $s$는 $t$의 함수로서

$$s = 4.9t^2$$

으로 나타납니다.

이 함수를 $s = f(t)$라 합니다. 그러면, 예를 들어 이 함수의 $t=4$에서의 값으로부터 $t=2$에서의 값을 뺀 차이

$$f(4) - f(2) = 4.9 \times 4^2 - 4.9 \times 2^2 \quad (\mathrm{m})$$

은 물체가 2초 후부터 4초 후까지에 낙하한 거리를 나타냅니다. 따라서

$$\frac{f(4) - f(2)}{4 - 2} = \frac{4.9 \times (4^2 - 2^2)}{4 - 2} = 29.4 \quad (\mathrm{m/s})$$

는 2초 후부터 4초 후까지의 물체의 "평균속도"를 나타내는 것이 됩니다.

또 일반적으로, $t \neq 2$라 할 때

$$\begin{aligned}
\frac{f(t)-f(2)}{t-2} &= \frac{4.9 \times t^2 - 4.9 \times 2^2}{t-2} \\
&= \frac{4.9 \times (t^2 - 2^2)}{t-2} \\
&= 4.9 \times (t+2) \quad (\mathrm{m/s})
\end{aligned}$$

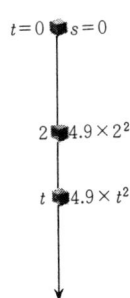

는 2초 후부터 $t$초 후까지의 (또는 $t$초 후부터 2초 후까지의) 물체의 평균속도를 나타냅니다. 이 식의 $t$에 2에 가까운 값 $t=2.2$, $t=2.1$, $t=2.05$, $t=2.01$, …을 대입하면,

2초 후부터 2.2초 후까지의 평균속도는

$$4.9 \times (2.2+2) = 20.58,$$

2초 후부터 2.1초 후까지의 평균속도는

$$4.9 \times (2.1+2) = 20.09,$$

2초 후부터 2.05초 후까지의 평균속도는

$$4.9 \times (2.05+2) = 19.845,$$

2초 후부터 2.01초 후까지의 평균속도는

$$4.9 \times (2.01+2) = 19.649,$$

……

가 됩니다.

이와 같이 하여 이 평균속도

$$4.9 \times (t+2)$$

는 $t$의 값을 무한히 2에 가까이 하면 무한히

$$4.9 \times (2+2) = 19.6$$

에 가까워집니다.

위에서는 $t$를 2보다 큰 쪽에서 2에 가까워지게 했지만, $t$를 2보다 작은 쪽에서 2에 가까이 해도 결과는 물론 같습니다.

이 값 19.6(m/s)은 자유낙하하는 물체의 2초 후라는 순간에서의 "순간속도"를 나타내는 것으로 생각됩니다.

그리하여 실제로 우리는 자유낙하하는 물체의 낙하하기 시작해서 2초 후의 "순간속도" 또는 단순히 속도를

$$19.6 \quad (m/s)$$

로 정의합니다. 이 정의가 얼마나 자연스러운 것인지는 여러분도 서슴없이 동의할 것입니다.

일반적으로 $t_0$을 하나의 고정된 시각으로 하고, $t$를 $t_0$과 같지 않은 시각이라 하면, 시각 $t_0$과 시각 $t$사이의 평균속도는

$$\frac{f(t)-f(t_0)}{t-t_0} = \frac{4.9(t^2-t_0^2)}{t-t_0} = 4.9(t+t_0)$$

으로 주어집니다. 그리고 $t$를 $t_0$에 가까이 했을 때, 이 평균속도는

$$4.9(t_0+t_0) = 9.8\,t_0$$

에 가까워집니다.

우리는 이 값 $9.8\,t_0\,(m/s)$를 자유낙하하는 물체의 "시각 $t_0$에서의 속도"로 정의합니다.

### ◆ 곡선의 접선

두 번째 예로서 곡선의 접선에 대하여 생각해 보기로 합니다.

우리는 이미 원이나 포물선의 접선을 알고 있습니다. 그리고 이들 곡선의 접선은 다음 그림과 같이 곡선과 단 한 점만을 공유한다는 것도 알고 있습니다.

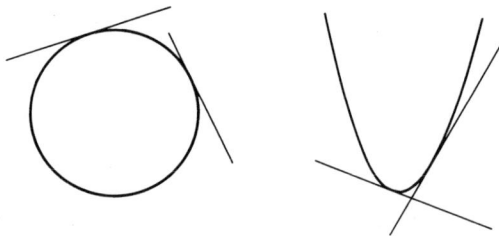

그러면 일반적으로 곡선의 접선을 그 곡선과 단 한 점만을 공유하는 직선이라고 정의할 수가 있을까요? 그것은 불가합니다.

왜냐하면 예를 들어 다음 페이지 왼쪽 그림 및 가운데 그림에 그려진 직선은 우리가 "접선"이라는 개념에 대하

여 품고 있는 관념에서 보아 당연히 곡선의 접선이라고 해야 할 것입니다. 그러나 이들 직선은 곡선과 1개보다 많은 점을 공유하고 있습니다.

한편, 아래의 오른쪽 그림과 같은 포물선의 축에 평행인 직선은 포물선과 단 한 점만 공유하고 있지만, 이것을 물론 접선이라 부를 수는 없습니다.

그리하여 곡선의 "접선"이란 무엇인가 하는 문제를 새삼스레 깊이 생각해 볼 필요가 생깁니다.

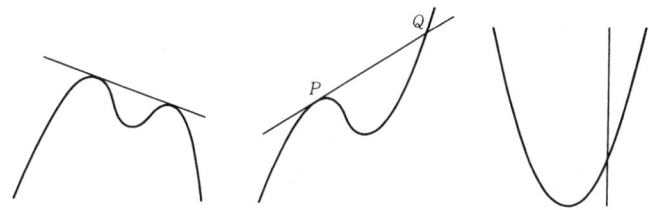

곡선상의 한 점 $P$에 접하는 접선의 정의를 생각할 때 먼저 주의해야 할 점은 이 개념이 점 $P$의 "가까이"에만 관계가 있다는 일입니다. 예를 들면 위의 가운데 그림에서 점 $P$에 접하는 접선은 "먼" 곳에서는 곡선과 다시 점 $Q$에서 만납니다. 그러나 그러한 "먼" 쪽은 접선의 정의와 관계가 없습니다.

그리하여 다음과 같은 정의를 생각할 수가 있습니다.

다음 페이지 왼쪽 그림과 같이 곡선 $C$와 그 위의 한 점 $P$가 주어졌다고 합시다. 곡선 $C$상에 점 $P$ 가까이에 $P$와 다른 점 $Q$를 잡고, 두 점 $P$, $Q$를 연결하는 직선 $PQ$를 생각합니다. 명확히 하기 위해 이 직선 $PQ$의 기울기를 $m(P, Q)$로 나타냅시다. 점 $Q$를 곡선을 따라 점 $P$에 가까이 할 때, (보통의 곡선인 경우에는) $m(P, Q)$는 어떤 일정한 값에 가까워질 것으로 생각됩니다. 실제로 만일 $Q$를 $P$에 무한히 가까이 했을 때 $m(P, Q)$의 "극한값"이 존재한다면 점 $P$를 지나고 그 극한값을 기울기로 가지는 직선을 곡선 $C$의 점 $P$에 접하는 **접선**이라고 정의합니다. 예를 들어 이 그림에서는 직선 $PT$가 점 $P$에 접하는 접선입

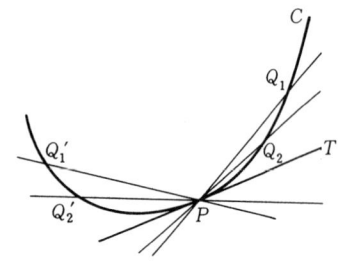

니다. (좀 더 직접적인 표현을 쓰면 점 $Q$를 점 $P$에 가까이 했을 때의 "직선 $PQ$의 극한"이 "접선 $PT$"라고 할 수 있을 것입니다.)

여러분은 이 정의도 역시 매우 자연스러운 것임을 쉽사리 납득하리라 생각합니다.

점 $Q$는 점 $P$의 "양쪽"에서 $P$에 가까이 갈 수 있다는 것에 주의하십시오. 예를 들면 왼쪽 그림에서 기울기 $m(P, Q_1)$ 보다 기울기 $m(P, Q_2)$ 쪽이, 또 $m(P, Q_1')$ 보다 $m(P, Q_2')$ 쪽이 점 $P$에 접하는 접선 $PT$의 기울기에 가까워져 있습니다.

다시 한 번 정의를 되풀이해 봅시다.

"점 $P$를 곡선 $C$상의 한 점이라 한다. 곡선 $C$상에, 점 $P$ 가까이에 $P$와 다른 점 $Q$를 잡고, 두 점 $P, Q$를 연결하는 직선을 생각한다. 이 직선의 기울기 $m(P, Q)$가, 점 $Q$를 곡선 $C$를 따라 점 $P$에 가까이 했을 때 어떤 극한값에 가까워진다면, 점 $P$에 지나고 그 극한값을 기울기로 가지는 직선을 점 $P$에 접하는 곡선 $C$의 접선이라고 정의한다.

나는 위에서 "가까워진다면"이라고 했습니다. 여러분은 이 "…진다면"을 잊지 마십시오. 나는 이것을 강조하는 바입니다. 왜냐하면 점 $Q$를 점 $P$에 가까이 할 때 기울기 $m(P, Q)$의 극한값이 존재하지 않을 때도 있기 때문입니다. 이 때는 점 $P$에 접하는 곡선 $C$의 접선은 정의할 수가 없습니다.

위에서 설명한 바를 특히 곡선 $C$가 함수 $y = f(x)$의 그래프인 경우에 적용해 봅시다.

이 경우 $C$상의 정점 $P$의 $x$좌표를 $a$라 하고, $P$와 다른 $C$상의 동점 $Q$의 $x$좌표를 $x$라 하면, $P, Q$의 $y$좌표는 각각 $f(a)$, $f(x)$입니다. 따라서 두 점 $P, Q$를 지나는 직선 $PQ$의 기울기 $m(P, Q)$는

$$\frac{f(x)-f(a)}{x-a}$$

로 주어집니다. ($x \neq a$이므로 이와 같은 "몫"을 만들 수가 있습니다.)

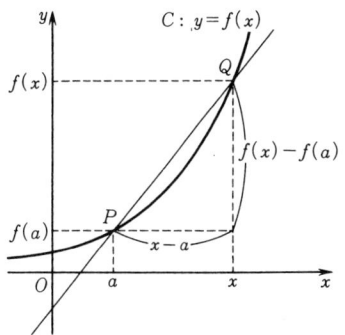

이 기울기 $m(P, Q)$는 물론 $x$에 따라 결정되므로 $x$의 함수입니다. 단, 여기서 $x$는 $a$라는 값을 취하지 않습니다.

점 $Q$를 곡선 $C$를 따라 점 $P$에 가까이 할 때의 $m(P, Q)$의 극한값은 이 함수

$$\frac{f(x)-f(a)}{x-a}$$

의, $x(\neq a)$를 $a$에 가까이 했을 때의 극한값과 같습니다. 만일 그 극한값이 "존재한다면", 그것이 점 $P(a, f(a))$에 접하는 곡선 $y=f(x)$의 접선의 기울기가 되는 것입니다.

구체적인 간단한 예로서 포물선 $y=x^2$상의 점 $P(1, 1)$에서의 접선을 구해 봅시다.

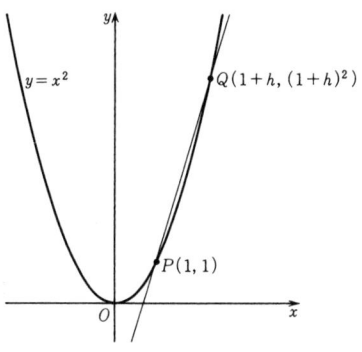

지금 $f(x)=x^2$이라 하고, 이 포물선상의 점 $P$ 가까이에 $P$와 다른 점 $Q$를 잡습니다. 점 $Q$의 $x$좌표는 $x$로 써도 되지만, $h$를 0이 아닌 양 또는 음의 작은 수로해서 $1+h$로도 쓸 수가 있습니다. 이때 $Q$의 $y$좌표는

$$f(1+h) = (1+h)^2 = 1+2h+h^2$$

입니다. 따라서, 직선 $PQ$의 기울기 $m(P, Q)$는

$$\frac{f(1+h)-f(1)}{(1+h)-1} = \frac{(1+2h+h^2)-1}{h}$$

이 됩니다.

이 우변을 간단히 하기는 쉽습니다. 즉, 이것은

$$\frac{2h+h^2}{h} = 2+h$$

가 됩니다.

여기서 점 $Q(1+h, (1+h)^2)$을 포물선을 따라 점 $P(1, 1)$에 가까이 합니다. 이 일은 $h$를 0에 가까이 하는 것을 뜻합니다. 이때 $2+h$는 2에 가까워집니다. 따라서 점 $P(1, 1)$에 접하는 포물선 $y=x^2$의 접선의 기울기는 2입니다.

여러분은 이 조작에서 처음에 $h \neq 0$으로 하여 직선 $PQ$의 기울기를 구한 일, 다음에 $h$를 0에 가까이 한 일을 분명히 기억해 두십시오.

만일 여러분이 이 접선의 방정식을 원한다면 그것도 곧 얻을 수 있습니다. 즉, 그 방정식은

$$y - 1 = 2(x - 1)$$

또는

$$y = 2x - 1$$

입니다.

연습을 위해 이번에는 포물선 $y = x^2$상의 $x$좌표가 $-2$인 점을 $P$라 하고, $P$에서의 접선의 기울기를 구해 봅시다.

앞에서와 같이 $f(x) = x^2$으로 놓고, 점 $P$ 가까이에 있는 포물선상의 점 $Q$의 $x$좌표를 $-2 + h$로 합니다. (되풀이하지만, $h$는 0이 아닌 양 또는 음의 작은 수입니다.) 이때 $P, Q$의 $y$좌표는 각각

$$f(-2) = (-2)^2 = 4,$$
$$f(-2 + h) = (-2 + h)^2 = 4 - 4h + h^2$$

이 되고, 따라서 두 점 $P(-2, 4)$, $Q(-2 + h, 4 - 4h + h^2)$을 연결하는 직선의 기울기는

$$\frac{f(-2 + h) - f(-2)}{(-2 + h) - (-2)} = \frac{(4 - 4h + h^2) - 4}{h}$$
$$= \frac{-4h + h^2}{h} = -4 + h$$

가 됩니다.

$h$를 0에 가까이 하면 이것은 $-4$에 가까워집니다.

따라서 점$(-2, 4)$에 접하는 포물선 $y = x^2$의 접선의 기울기는 $-4$입니다.

### ◆ 함수의 극한

우리는 앞에서 이미 사실상 함수의 극한의 개념에—— 나아가서는 "미분계수"의 개념에까지—— 상당히 깊이

접하였습니다. 그러나 용어나 기호 등의 체계적 설명을
정확히 하기 위해, 이제 다시 극한의 일반론부터 재출발
하기로 합니다.

지금, $f$를 하나의 함수, $a$를 하나의 상수라 하고, $a$에
충분히 가까운 $x$에 대해서는 $x=a$인 경우를 제외하고
항상 $f(x)$가 정의되어 있는 것으로 합니다. $x=a$에서는
$f$가 정의되어 있건 정의되어 있지 않건 상관없습니다.
보다 형식적으로 정밀화해서 말하면, 이 가정은 다음과
같이 됩니다 : 적당한 양수 $r$을 취하면 구간 $(a-r, a+$
$r)$이 $f$의 정의역에 포함되어 있다. 단, $a$ 자체는 $f$의 정
의역에 포함되어 있지 않아도 된다. ——이것이 가정입
니다.

이와 같이 가정된 상황하에서, $f$의 정의역내의 $x$가
$a$와 다른 값을 취하면서 무한히 $a$에 가까워질 때, $f(x)$
가 무한히 일정한 값 $\alpha$(알파)에 가까워지면 $\alpha$를, $x$가 $a$에
가까워질 때의 함수 $f(x)$의 **극한값** 또는 **극한**이라 부르
고,

$$\lim_{x \to a} f(x) = \alpha$$

또는

$$x \to a \quad \text{일 때} \quad f(x) \to \alpha$$

로 씁니다. 또 이 경우, $x \to a$일 때 $f(x)$는 $\alpha$에 **수렴한다**
고 합니다.

$\lim\limits_{x \to a} f(x)$ 를 생각할 때는 위에서 말한 바와 같이 $x$를
"$x \neq a$"라는 조건하에서 $a$에 무한히 가까이 하는 것입니
다. 이것이 긴요한 대목입니다.

몇 가지 예를 들어 보겠습니다.

㉾ (1)  $f(x) = x^2 - x + 3$이라고 하면,

$$\lim_{x \to 2} f(x) = 5$$

입니다. 이 극한값은 $f(2)$와 일치합니다.

(2)  $f(x) = \sqrt{x}$ 라고 하면,

$$\lim_{x \to 4} f(x) = 2$$

입니다. 이 극한값도 $f(4)$와 일치합니다.

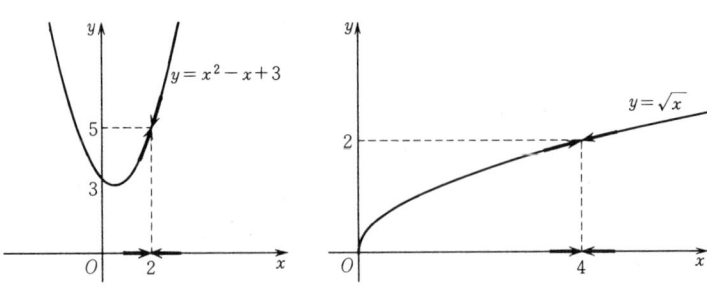

**(예)** 분수함수

$$f(x) = \frac{x^2-1}{x-1}$$

을 생각합시다. 이것은 $x=1$에서는 정의를 내릴 수 없습니다. 그러나 $x \neq 1$일 때는

$$f(x) = \frac{(x-1)(x+1)}{x-1} = x+1$$

이 되어, $f(x)$는 함수 $x+1$과 일치합니다. 따라서 $x$ 가 무한히 1에 가까워질 때 $f(x)$는 무한히 2에 가까워집니다. 그러므로

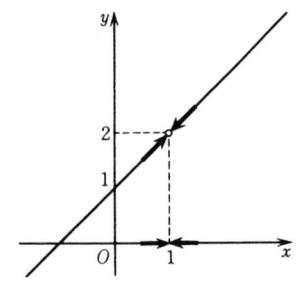

$$\lim_{x \to 1} f(x) = \lim_{x \to 1} \frac{x^2-1}{x-1} = 2$$

가 됩니다. 왼쪽에 함수 $f(x)$의 그래프를 보였습니다.

### ◆ 극한값의 계산

함수의 극한값의 계산에 관해서는 먼저 명백히 상수함수 $f(x)=c$에 대하여

$$\lim_{x \to a} c = c$$

가 성립하고, 함수 $f(x)=x$에 대하여

$$\lim_{x \to a} x = a$$

가 성립합니다.

또 수열의 극한값 때와 마찬가지로 극한값과 사칙에 대하여 다음 법칙이 성립합니다.

$$\lim_{x \to a} f(x) = \alpha, \ \lim_{x \to a} g(x) = \beta \ \text{이면,}$$

**1** $\lim_{x \to a} kf(x) = k\alpha$       단, $k$는 상수

**2** $\lim_{x \to a} \{f(x) + g(x)\} = \alpha + \beta$

**3** $\lim_{x \to a} \{f(x) - g(x)\} = \alpha - \beta$

**4** $\lim_{x \to a} f(x)g(x) = \alpha\beta$

**5** $\lim_{x \to a} \dfrac{f(x)}{g(x)} = \dfrac{\alpha}{\beta}$       단,   $\beta \neq 0$

$\lim_{x \to a} c = c$, $\lim_{x \to a} x = a$와 위의 법칙 **1, 2, 3, 4**로부터 예를 들면

$$\lim_{x \to 3} (2x^2 - 5x + 4) = 2\left(\lim_{x \to 3} x\right)^2 - 5 \lim_{x \to 3} x - 4$$
$$= 2 \cdot 3^2 - 5 \cdot 3 + 4 = 7$$

이 됩니다.

일반적으로 $f(x)$가 $x$의 정식이면 다음 식이 성립합니다 :

$$\lim_{x \to a} f(x) = f(a)$$

또, $f(x)$, $g(x)$가 다항식이고, $g(a) \neq 0$이면 위의 사실과 법칙 **5**로부터 다음 식도 성립합니다 :

$$\lim_{x \to a} \frac{f(x)}{g(x)} = \frac{f(a)}{g(a)}$$

무리함수의 극한 등은 위의 사칙의 법칙에는 언급되지 않았습니다. 그러나 예를 들어 $\lim_{x \to a} f(x) = \alpha, \alpha \geq 0$이면,

$$\lim_{x \to a} \sqrt{f(x)} = \sqrt{\alpha}$$

가 성립하는 것도 명백합니다. (다음에서는 이들 직관적으로 명백한 "법칙"도 자유로이 사용하겠습니다.)

**예제**  다음 극한값을 구하시오.

(1) $\lim_{x \to -2} \dfrac{x^2 - 5x - 14}{x^2 + x - 2}$      (2) $\lim_{x \to 0} \dfrac{1 - \sqrt{1 - x}}{x}$

**풀이** (1) $\lim\limits_{x \to -2} \dfrac{x^2 - 5x - 14}{x^2 + x - 2} = \lim\limits_{x \to -2} \dfrac{(x+2)(x-7)}{(x+2)(x-1)}$

$$= \lim\limits_{x \to -2} \dfrac{x-7}{x-1}$$

$$= \dfrac{-2-7}{-2-1} = 3$$

(2) $\lim\limits_{x \to 0} \dfrac{1 - \sqrt{1-x}}{x} = \lim\limits_{x \to 0} \dfrac{(1 - \sqrt{1-x})(1 + \sqrt{1-x})}{x(1 + \sqrt{1-x})}$

$$= \lim\limits_{x \to 0} \dfrac{x}{x(1 + \sqrt{1-x})}$$

$$= \lim\limits_{x \to 0} \dfrac{1}{1 + \sqrt{1-x}} = \dfrac{1}{2}$$

**문제 1** $f(x) = 2x - 3$, $g(x) = x^2 - 3$이라 할 때, 다음 극한값을 구하시오.

(1) $\lim\limits_{x \to 3} f(x)$        (2) $\lim\limits_{x \to 3} g(x)$

(3) $\lim\limits_{x \to 3} \dfrac{1}{3} f(x)$        (4) $\lim\limits_{x \to 3} \{-5g(x)\}$

(5) $\lim\limits_{x \to 3} \{f(x) + g(x)\}$        (6) $\lim\limits_{x \to 3} \{f(x) - g(x)\}$

(7) $\lim\limits_{x \to 3} f(x) g(x)$        (8) $\lim\limits_{x \to 3} \dfrac{f(x)}{g(x)}$

**문제 2** 다음 극한값을 구하시오.

(1) $\lim\limits_{x \to -2} (-4 + 3x)$        (2) $\lim\limits_{x \to 1} (x^2 - 4x + 5)$

(3) $\lim\limits_{x \to 2} (x^3 - 3x^2 + x + 2)$        (4) $\lim\limits_{x \to 2} \dfrac{1}{x^2 + x - 2}$

(5) $\lim\limits_{y \to -1} \dfrac{y^2 + y - 3}{2 - y}$        (6) $\lim\limits_{t \to -3} \dfrac{t^4 + t^2 + 6}{t^2 + t}$

(7) $\lim\limits_{x \to 0} \sqrt{9 - x}$        (8) $\lim\limits_{x \to -4} \dfrac{10}{\sqrt{2x^2 + 2x + 1}}$

**문제 3** 다음 극한값을 구하시오.

(1) $\lim\limits_{x \to 1} \dfrac{2x^2 - 5x + 3}{x^2 + x - 2}$        (2) $\lim\limits_{t \to 0} \dfrac{t + 4t^2}{2t + t^2}$

(3) $\lim\limits_{x \to -3} \dfrac{x^2 - 9}{x + 3}$        (4) $\lim\limits_{x \to -6} \dfrac{x + 6}{x^2 + 3x - 18}$

(5) $\lim\limits_{x \to 2} \dfrac{x^3 - 8}{x - 2}$        (6) $\lim\limits_{h \to 0} \dfrac{1}{h}\left(2 - \dfrac{4}{h+2}\right)$

(7) $\lim\limits_{x \to 4} \dfrac{x - 4}{\sqrt{x + 5} - 3}$        (8) $\lim\limits_{h \to 0} \dfrac{\sqrt{9 + h} - 3}{h}$

**예제**    다음 등식

$$\lim_{x \to 2} \frac{x^2 + ax + b}{x - 2} = 7$$

이 성립하도록 상수 $a, b$의 값을 정하시오.

**풀이**   $f(x) = x^2 + ax + b$, $g(x) = x - 2$라 놓으면, 문제는

$$\lim_{x \to 2} \frac{f(x)}{g(x)} = 7$$

이고, $\lim\limits_{x \to 2} g(x) = 0$이므로

$$\lim_{x \to 2} f(x) = \lim_{x \to 2} \frac{f(x)}{g(x)} \, g(x) = 7 \cdot 0 = 0$$

이어야 합니다. 그러므로

$$\begin{aligned} \lim_{x \to 2} f(x) &= \lim_{x \to 2} (x^2 + ax + b) \\ &= 4 + 2a + b = 0 \end{aligned}$$

따라서

$$b = -2a - 4$$

입니다. 따라서

$$\begin{aligned} \lim_{x \to 2} \frac{f(x)}{g(x)} &= \lim_{x \to 2} \frac{x^2 + ax - 2a - 4}{x - 2} \\ &= \lim_{x \to 2} \frac{(x - 2)(x + a + 2)}{x - 2} \\ &= \lim_{x \to 2} (x + a + 2) \\ &= 4 + a = 7. \end{aligned}$$

그러므로   $a = 3$

따라서     $b = -2a - 4 = -10$    〈답〉   $a = 3, b = -10$

**예제**   $f(x) = \dfrac{\sqrt{x + a} - 4}{x}$ 가 $x \to 0$일 때 수렴하도록 상수 $a$의 값을 정하시오. 또, 이때 $\lim\limits_{x \to 0} f(x)$의 값을 구하시오.

**풀이**   $x \to 0$일 때 $f(x)$가 극한값 $a$에 수렴한다고 하면,

$$\lim_{x \to 0} (\sqrt{x + a} - 4) = \lim_{x \to 0} x f(x) = 0 \cdot \alpha = 0$$

이어야 합니다. 따라서
$$\sqrt{a}-4=0, \text{ 그러므로 } a=16$$
입니다. 또, 이때
$$\begin{aligned}
\lim_{x\to 0} f(x) &= \lim_{x\to 0} \frac{\sqrt{x+16}-4}{x} \\
&= \lim_{x\to 0} \frac{x}{x(\sqrt{x+16}+4)} \\
&= \lim_{x\to 0} \frac{1}{\sqrt{x+16}+4} = \frac{1}{8}
\end{aligned}$$

이 됩니다.

보기 **문제 4** 다음 등식이 성립하도록 상수 $a$, $b$의 값을 정하시오.

(1) $\displaystyle \lim_{x\to 1} \frac{x^2+ax+b}{x-1} = 5$

(2) $\displaystyle \lim_{x\to 3} \frac{x^2+ax+6}{x^2-(3+b)x+3b} = \frac{2}{5}$

(3) $\displaystyle \lim_{x\to 2} \frac{x^2-x-2}{x^3+ax+b} = \frac{1}{3}$

(4) $\displaystyle \lim_{x\to 1} \frac{a\sqrt{x+1}-b}{x-1} = \sqrt{2}$

위에서 극한값과 사칙에 관한 법칙 등을 설명했는데, 극한값과 대소 관계에 대해서도 역시 수열의 경우와 마찬가지로 다음 법칙이 성립합니다.

---

**1**   $x \to a$일 때, 함수 $f(x)$, $g(x)$의 극한값
$$\lim_{x\to a} f(x)=\alpha, \quad \lim_{x\to a} g(x)=\beta$$
가 존재하고, 또 $a$의 충분히 가까이에서 부등식
$$f(x) \leqq g(x)$$
가 성립한다고 하자. 이때
$$\alpha \leqq \beta$$
이다.

**2**   $a$의 충분히 가까이에서 부등식
$$f(x) \leqq g(x) \leqq h(x)$$
가 성립하고, 또한
$$\lim_{x\to a} f(x) = \lim_{x\to a} h(x) = \alpha$$

이면, $x \to a$일 때 $g(x)$도 수렴하며
$$\lim_{x \to a} g(x) = \alpha$$
이다.

위의 법칙 **2**는 종종 "협공의 원리"라는 이름으로 인용됩니다. 여러분은 나중에 삼각함수의 극한에서 이 원리의 하나의 중요한 응용례를 보게 될 것입니다.

◆ $\lim_{x \to a} f(x) = +\infty, \lim_{x \to a} f(x) = -\infty$**가 되는 경우**
예를 들어 함수
$$f(x) = \frac{1}{x^2}$$
을 생각하면, 이 함수는 $x = 0$ 이외의 곳에서는 정의가 내려져 있고, $x$가 0에 가까워질 때 무한히 커집니다.

일반적으로 함수 $f(x)$가 $a$ 가까이에서는(최소로 $a$를 제외하고) 정의되어 있고, $x$가 $a$에 가까워질 때 $f(x)$가 무한히 커지면 "$x \to a$일 때 $f(x)$는 **양의 무한대로 발산한다**"고 하고,
$$\lim_{x \to a} f(x) = +\infty$$
또는
$$x \to a일 때 \quad f(x) \to +\infty$$
라고 씁니다. 예를 들면,
$$\lim_{x \to 0} \frac{1}{x^2} = +\infty$$
입니다.

마찬가지로, $x$가 $a$에 가까워질 때 $f(x)$가 음이고 그 절대값이 무한히 커지면, "$x \to a$일 때 $f(x)$는 **음의 무한대로 발산한다**"고 하고,
$$\lim_{x \to a} f(x) = -\infty$$
또는
$$x \to a일 때 \quad f(x) \to -\infty$$
라고 씁니다.

이러한 경우에도 넓은 뜻으로는 $+\infty$나 $-\infty$를 극한이라 부르는 일, 이것들과의 구별을 명확히 하기 위해 수렴하는 경우의 극한을 유한의 극한이라 부르는 일 등은 역시 수열 때와 마찬가지입니다.

### ◆　한쪽으로부터의 극한

함수의 극한에서는 종종 "한쪽으로부터의 극한"도 생각되고 있습니다.

예를 들면, 실수 $x$에 대하여 $x$를 넘지 않는 최대의 정수를 $[x]$로 나타내기로 하고, 함수

$$f(x)=[x]$$

를 생각해 봅시다. (이 기호 $[\ \ ]$는 **가우스 기호**라고 합니다.)

정의에 따라

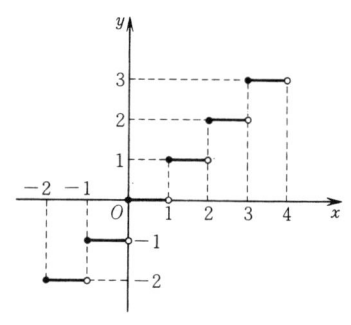

$$0 \leqq x < 1 \quad \text{이면} \quad f(x)=[x]=0$$
$$1 \leqq x < 2 \quad \text{이면} \quad f(x)=[x]=1$$
$$2 \leqq x < 3 \quad \text{이면} \quad f(x)=[x]=2$$
$$\cdots\cdots$$
$$-1 \leqq x < 0 \quad \text{이면} \quad f(x)=[x]=-1$$
$$-2 \leqq x < -1 \quad \text{이면} \quad f(x)=[x]=-2$$
$$\cdots\cdots\cdots$$

이므로 이 함수의 그래프는 왼쪽과 같이 됩니다.

이 함수 $f(x)=[x]$에 대해서, 예를 들면 $x \to 2$일 때의 $f(x)$의 극한값은 존재하지 않습니다. 그러나 $x$가 2에 오른쪽으로부터 가까이 갈 때(큰 쪽에서 가까이 갈 때)는 $f(x)$는 2에 가까워지고, $x$가 2에 왼쪽으로부터 가까이 갈 때(작은 쪽에서 가까이 갈 때)는 $f(x)$는 1에 가까워집니다.

일반적으로 함수 $f(x)$와 상수 $a$에 대하여, $x$가 $a$보다 큰 값을 취하고 $a$에 무한히 가까워질 때 $f(x)$가 무한히 일정한 값 $\alpha$에 가까워지면 $\alpha$를, $x \to a$일 때의 $f(x)$의 **우측 극한값**, 또는 $x \to a+0$일 때의 $f(x)$의 극한값이라 하

고,

$$\lim_{x \to a+0} f(x) = \alpha$$

또는 "$x \to a+0$일 때 $f(x) \to \alpha$"로 씁니다.

**좌측 극한값**의 정의도 마찬가지입니다. 만일 그것이 존재하여 $\beta$이면,

$$\lim_{x \to a-0} f(x) = \beta$$

또는 "$x \to a-0$일 때 $f(x) \to \beta$"로 씁니다.

예를 들어 위에서 말한 가우스 기호로 나타낸 함수 $[x]$에 대해서는

$$\lim_{x \to 2+0} [x] = 2, \qquad \lim_{x \to 2-0} [x] = 1$$

이 됩니다.

한쪽으로부터의 극한이 $+\infty$나 $-\infty$가 되는 경우(이 경우에는 "극한값"이라고 하지 않지만)에도 마찬가지로, 예를 들면

$$\lim_{x \to a+0} f(x) = -\infty, \qquad \lim_{x \to a-0} f(x) = +\infty$$

등과 같이 씁니다.

그리고 특히 $a=0$인 경우에는 보통

$$x \to a+0, \quad x \to a-0$$

으로 쓰는 대신에 단지

$$x \to +0, \quad x \to -0$$

으로 씁니다.

[주의] 물론, 한쪽으로부터의 극한에 대해서는

$$\lim_{x \to a+0} f(x), \qquad \lim_{x \to a-0} f(x)$$

대신에 각각

$$\lim_{x > a, x \to a} f(x), \qquad \lim_{x < a, x \to a} f(x)$$

와 같이 쓸 수도 있습니다. 이쪽이 의미에 혼동을 주지 않을 것입니다. 그러나 기호 "$x \to a+0$", "$x \to a-0$"은 짧은 점이 편리합니다.

(예) 우리는 탄젠트 함수 $y = \tan x$의 그래프가 오른쪽 그림과 같다는 것을 이미 알고 있습니다. 이 그래프에

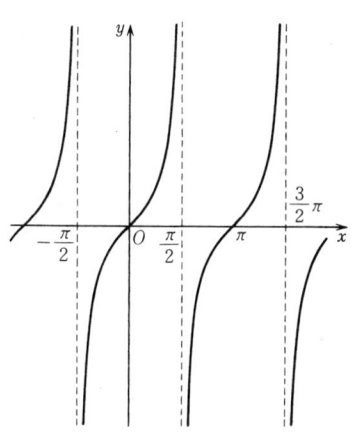

서도 명백하듯이, 예를 들면

$$\lim_{x \to \frac{\pi}{2}-0} \tan x = +\infty, \qquad \lim_{x \to \frac{\pi}{2}+0} \tan x = -\infty$$

가 됩니다.

**예** 함수

$$f(x) = \frac{|x|}{x}$$

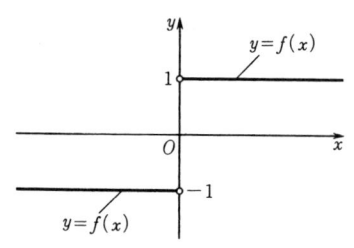

를 생각합니다. 이 함수는 $x=0$에서는 정의되지 않지만, 그 이외에서는 정의되어 있어,

$$x > 0 \quad \text{이면} \quad f(x) = \frac{|x|}{x} = \frac{x}{x} = 1$$

$$x < 0 \quad \text{이면} \quad f(x) = \frac{|x|}{x} = \frac{-x}{x} = -1$$

이 됩니다. 따라서

$$\lim_{x \to +0} f(x) = 1, \qquad \lim_{x \to -0} f(x) = -1$$

입니다.(왼쪽에 함수 $f(x)$의 그래프가 있습니다.)

일반적으로 함수 $f(x)$가 $a$의 양쪽에서(최소로 $a$를 제외하고) 정의되어 있을 때, $\lim_{x \to a} f(x) = \alpha$라는 것은 우측 및 좌측으로부터의 극한 $\lim_{x \to a+0} f(x)$, $\lim_{x \to a-0} f(x)$가 모두 존재하여 $\alpha$와 같다는 것을 뜻합니다. $\lim_{x \to a} f(x) = +\infty$ 등의 경우도 마찬가지입니다.

따라서 $\lim_{x \to a+0} f(x)$, $\lim_{x \to a-0} f(x)$가 모두 존재해도 양자가 다르면 $\lim_{x \to a} f(x)$는 존재하지 않습니다. 예를 들면, 함수 $[x]$에 대하여

$$\lim_{x \to 2} [x]$$

는 존재하지 않습니다. 또, 탄젠트 함수 $\tan x$에 대하여

$$\lim_{x \to \frac{\pi}{2}} \tan x$$

는 존재하지 않습니다.

**문제 5** 다음 극한을 구하시오.

(1) $\displaystyle\lim_{x \to +0} \frac{1}{x}$          (2) $\displaystyle\lim_{x \to -0} \frac{1}{x}$

(3) $\displaystyle\lim_{x\to 1+0}\frac{|x^2-1|}{x-1}$    (4) $\displaystyle\lim_{x\to 1-0}\frac{|x^2-1|}{x-1}$

## ◆ 극한 $\displaystyle\lim_{x\to+\infty} f(x),\ \lim_{x\to-\infty} f(x)$

지금까지는 $a$를 상수라 하고, $x\to a$일 때의 $f(x)$의 극한에 대해서 생각했습니다.

함수에 대해서는 또, 그 정의역에 관한 적당한 가정 아래, $x\to+\infty$일 때($x$가 무한히 커질 때), 또는 $x\to-\infty$일 때($x$가 음이고 절대값이 무한히 커질 때)의 극한을 생각할 수가 있습니다.

예를 들면, 함수 $f(x)$가 충분히 큰 실수 $x$에 대해서는 항상 정의되어 있다——보다 정확히 말하면, 적당한 실수 $a$를 취하면 구간 $[a, \infty)$가 $f(x)$의 정의역에 포함되어 있다고 가정합니다. 이 경우 $x$가 무한히 커짐에 따라 $f(x)$가 무한히 $\alpha$에 가까워지면 그것을

$$\lim_{x\to+\infty} f(x)=\alpha$$

로 나타냅니다. ("$x\to+\infty$"는 단지 "$x\to\infty$"로도 씁니다.)

$\displaystyle\lim_{x\to-\infty} f(x)=+\infty$ 등의 의미도 마찬가지입니다.

몇 가지 예를 들어 보겠습니다.

**(예)** 함수 $x, x^2, x^3, x^4, \cdots$에 대해서는 명백히

$$\lim_{x\to+\infty} x=+\infty, \qquad \lim_{x\to-\infty} x=-\infty$$

$$\lim_{x\to+\infty} x^2=+\infty, \qquad \lim_{x\to-\infty} x^2=+\infty$$

$$\lim_{x\to+\infty} x^3=+\infty, \qquad \lim_{x\to-\infty} x^3=-\infty$$

$$\lim_{x\to+\infty} x^4=+\infty, \qquad \lim_{x\to-\infty} x^4=+\infty$$

$$\cdots\cdots$$

가 됩니다.

**(예)** 함수 $\dfrac{1}{x}, \dfrac{1}{x^2}, \dfrac{1}{x^3}, \cdots$에 대해서는

$$\lim_{x\to\pm\infty}\frac{1}{x}=\lim_{x\to\pm\infty}\frac{1}{x^2}=\lim_{x\to\pm\infty}\frac{1}{x^3}=\cdots=0$$

입니다. [lim 아래의 $x \to \pm\infty$는 $x \to +\infty$인 경우와 $x \to -\infty$인 경우를 동시에 나타냅니다.]

**예**  $f(x) = 2x^3 - 3x^2 + 5$에 대하여

$$\lim_{x \to +\infty} f(x), \qquad \lim_{x \to -\infty} f(x)$$

를 구하시오.

**풀이**  $f(x)$를 변형하면

$$f(x) = x^3 \Big(2 - \frac{3}{x} + \frac{5}{x^3}\Big)$$

이고, $x \to \pm\infty$일 때

$$2 - \frac{3}{x} + \frac{5}{x^3} \to 2$$

따라서

$$\lim_{x \to +\infty} f(x) = +\infty, \qquad \lim_{x \to -\infty} f(x) = -\infty$$

**예**  다음 극한을 구하시오.

(1)  $\displaystyle\lim_{x \to +\infty} \frac{x^2 - 2x}{-3x + 4}$    (2)  $\displaystyle\lim_{x \to +\infty} \frac{3x^2 + 1}{x^2 - x + 1}$

(3)  $\displaystyle\lim_{x \to +\infty} \frac{-2x}{x^2 + 1}$    (4)  $\displaystyle\lim_{x \to +\infty} (\sqrt{x^2 + 4x} - x)$

**풀이**  (1)  $\dfrac{x^2 - 2x}{-3x + 4} = \dfrac{x^2\Big(1 - \dfrac{2}{x}\Big)}{-x\Big(3 - \dfrac{4}{x}\Big)} = (-x) \cdot \dfrac{1 - \dfrac{2}{x}}{3 - \dfrac{4}{x}}$

이고, $x \to +\infty$일 때 번분수식의 인수는 $\to \dfrac{1}{3}$. 따라서

$$\lim_{x \to +\infty} \frac{x^2 - 2x}{-3x + 4} = -\infty$$

(2)  $\displaystyle\lim_{x \to +\infty} \frac{3x^2 + 1}{x^2 - x + 1} = \lim_{x \to +\infty} \frac{3 + \dfrac{1}{x^2}}{1 - \dfrac{1}{x} + \dfrac{1}{x^2}} = 3$

(3)  $\displaystyle\lim_{x \to +\infty} \frac{-2x}{x^2 + 1} = \lim_{x \to +\infty} \frac{\dfrac{-2}{x}}{1 + \dfrac{1}{x^2}} = 0$

(4)  $\displaystyle\lim_{x \to +\infty} (\sqrt{x^2 + 4x} - x) = \lim_{x \to +\infty} \frac{4x}{\sqrt{x^2 + 4x} + x}$

$$= \lim_{x \to +\infty} \frac{4}{\sqrt{1+\dfrac{4}{x}}+1} = \frac{4}{2} = 2$$

**문제 6** 다음 극한을 구하시오.

(1) $\lim\limits_{x \to +\infty} (5-x^2)$　　(2) $\lim\limits_{x \to -\infty} (5-x^2)$

(3) $\lim\limits_{x \to +\infty} (-x^3+2x)$　　(4) $\lim\limits_{x \to -\infty} (-x^3+2x)$

(5) $\lim\limits_{x \to +\infty} (x^4-6x^3)$　　(6) $\lim\limits_{x \to -\infty} (x^4-6x^3)$

(7) $\lim\limits_{x \to +\infty} \dfrac{1}{x(x+1)}$　　(8) $\lim\limits_{x \to -\infty} \dfrac{-2x^2+1}{6x^2+5x}$

(9) $\lim\limits_{t \to +\infty} \dfrac{2t+3t^5}{10-t^2}$　　(10) $\lim\limits_{t \to -\infty} \dfrac{2t+3t^5}{10-t^2}$

(11) $\lim\limits_{x \to +\infty} \dfrac{x^{10}+2^{10}}{x^{10}-3^{10}}$　　(12) $\lim\limits_{x \to -\infty} \dfrac{x^{11}+2^{11}}{x^{10}-3^{10}}$

**문제 7** $n$을 양의 정수라 하고, $f(x)$를 $x$의 $n$차의 다항식이라 합니다. 또, $f(x)$의 최고차의 계수 ($x^n$의 계수)는 양이라 합니다. 이때, 극한

$$\lim_{x \to +\infty} f(x), \qquad \lim_{x \to -\infty} f(x)$$

를 구하시오.

**문제 8** 다음 극한을 구하시오.

(1) $\lim\limits_{x \to +\infty} (\sqrt{x+1}-\sqrt{x-1})$

(2) $\lim\limits_{x \to +\infty} \dfrac{x}{\sqrt{x^2+1}}$　　(3) $\lim\limits_{x \to -\infty} \dfrac{x}{\sqrt{x^2+1}}$

(4) $\lim\limits_{x \to +\infty} (\sqrt{x^2+x}-x)$　　(5) $\lim\limits_{x \to -\infty} (\sqrt{x^2+x}-x)$

### ◆ 지수함수, 로그함수의 극한

여기서는 지수함수 $a^x$의 $x \to +\infty$, $x \to -\infty$일 때의 극한 및 로그함수 $\log_a x$의 $x \to +\infty$, $x \to +0$일 때의 극한에 대해서 그 결과만을 설명하고자 합니다.

이들의 극한은 지수함수, 로그함수의 그래프에서도 알 수 있듯이, 다음과 같이 됩니다. [여기서 이들의 극한을 그리는 것은 여러분이 이들 함수의 그래프를 명확히 상기해 주었으면 하기 때문입니다. 그래프는 밑에 그렸습

니다.]

**1**　$a > 1$일 때는

$$\lim_{x \to +\infty} a^x = +\infty, \qquad \lim_{x \to -\infty} a^x = 0$$

**2**　$0 < a < 1$일 때는

$$\lim_{x \to +\infty} a^x = 0, \qquad \lim_{x \to -\infty} a^x = +\infty$$

**3**　$a > 1$일 때는

$$\lim_{x \to +\infty} \log_a x = +\infty, \qquad \lim_{x \to +0} \log_a x = -\infty$$

**4**　$0 < a < 1$일 때는

$$\lim_{x \to +\infty} \log_a x = -\infty, \qquad \lim_{x \to +0} \log_a x = +\infty$$

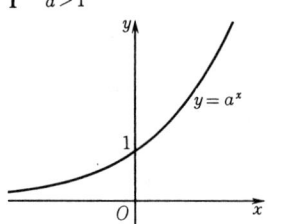

**1**　$a > 1$

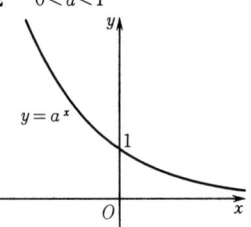

**2**　$0 < a < 1$

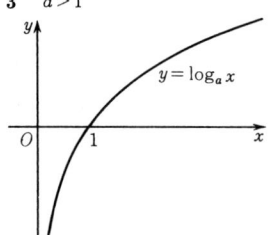

**3**　$a > 1$

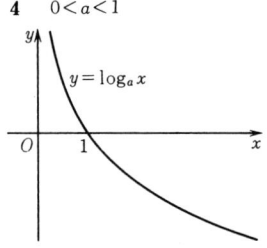

**4**　$0 < a < 1$

**문제 9**　다음 극한을 구하시오.

(1)　$\displaystyle \lim_{x \to +\infty} 2^{-x}$　　　　(2)　$\displaystyle \lim_{x \to +\infty} (2^x - 3^x)$

(3)　$\displaystyle \lim_{x \to +0} 2^{\frac{1}{x}}$　　　　(4)　$\displaystyle \lim_{x \to -0} 2^{\frac{1}{x}}$

(5)　$\displaystyle \lim_{x \to +0} \log_2 \frac{1}{x}$　　　(6)　$\displaystyle \lim_{x \to +\infty} (\log_2 x - \log_4 x)$

## ◆　극한의 응용 문제

　　이 절의 마지막으로, 극한과 관련된 몇 가지 응용 문제를 예제 및 문제로서 다루어 보겠습니다.

**예제**   포물선 $y=x^2$상의 제1사분면 부분에 동점 $P$ 와 $x$축의 양의 부분에 동점 $Q$가 있어, 항상 $OP=OQ$의 관계를 유지하면서 움직입니다. 직선 $PQ$와 $y$축과의 교점을 $R$이라 합니다. 점 $P$가 제1사분면에 있고 원점 $O$ 에 무한히 가까워질 때, 점 $R$은 어떤 점에 가까워질까요?

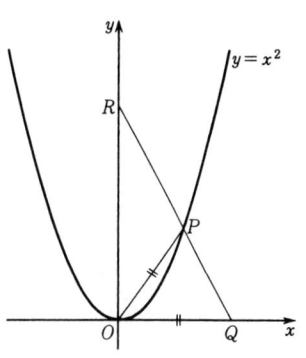

**풀이**  점 $P$의 좌표를 $(h, h^2)$으로 하면, $OP=OQ$로부터 점 $Q$의 좌표는 $(\sqrt{h^2+h^4}, 0)$, 즉

$$(h\sqrt{1+h^2}, 0)$$

이 됩니다. 따라서 직선 $PQ$의 방정식은

$$y = \frac{-h^2}{h\sqrt{1+h^2}-h}(x-h\sqrt{1+h^2}),$$

즉

$$y = \frac{-h}{\sqrt{1+h^2}-1}(x-h\sqrt{1+h^2}) \quad \text{입니다.}$$

이 직선의 방정식에서 $x=0$으로 놓으면

$$y = \frac{h^2\sqrt{1+h^2}}{\sqrt{1+h^2}-1}.$$

이것이 점 $R$의 $y$좌표입니다. 이 함수의 $h\to 0$일 때의 극한을 구하면

$$\lim_{h\to 0}\frac{h^2\sqrt{1+h^2}}{\sqrt{1+h^2}-1} = \lim_{h\to 0}\sqrt{1+h^2}(\sqrt{1+h^2}+1) = 2.$$

그러므로 점 $R$은 점 $(0, 2)$에 가까워집니다.

**문제 10**  $h\neq 0$으로 하여, 두 원
$$x^2+y^2=1, \quad (x-h)^2+(y-h)^2=1$$
의 교점을 생각합니다. $h\to 0$일 때 이들 두 원의 교점은 어떤 점에 가까워질까요?

**문제 11**  $h\neq 0$으로 하여, 포물선 $y=x^2$상의 세 점 $(0, 0)$, $(h, h^2)$, $(-h, h^2)$을 지나는 원의 중심을 $P_h$라 합니다. $h\to 0$일 때 $P_h$는 어떤 점에 가까워질까요?

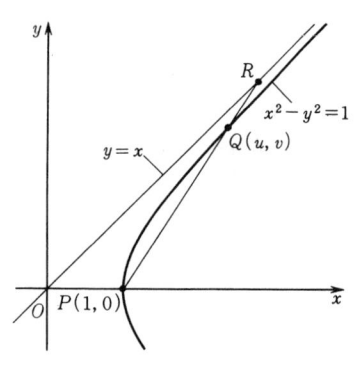

**문제 12** 점 $A(3, 0)$, $B(0, 4)$를 양끝으로 하는 고정된 선분 $AB$와, 점 $P(u, 0)$, $Q(0, v)$를 양끝으로 하는 선분 $PQ$가 있습니다. 단, $u > 3$, $0 < v < 4$이고, $AP = QB$입니다. 선분 $PQ$가 이 조건을 유지하면서 선분 $AB$에 무한히 가까워질 때, $PQ$와 $AB$의 교점 $R$은 어떤 점에 가까워질까요?

**문제 13** 쌍곡선 $x^2 - y^2 = 1$ 위의 두 개의 점 $P(1, 0)$, $Q(u, v)$를 연결하는 직선 $PQ$가 점근선 $y = x$와 만나는 점을 $R$이라 합니다. 단, 점 $Q$는 쌍곡선상의 제1사분면 부분에 있습니다.(왼쪽 그림 참조) $u \to +\infty$일 때 $QR$의 길이는 어떤 값에 가까워질까요?

# $\big\downarrow$ 17.2  함수의 연속성

이 절에서는 함수의 "연속"이라는 개념에 대해서 설명하고, 연속함수에 관한 몇 가지 기본적인 명제를 정리로 다루겠습니다.

### ◆ $x = a$에서의 연속

$f$를 하나의 함수, $a$를 $f$의 <u>정의역에 속하는</u> 하나의 상수라 합니다. 함수 $f$는 $a$의 충분히 가까이에서는 정의되어 있는 것으로 가정합니다. 즉, 적당한 양수 $r$을 취하면, 구간 $(a - r, a + r)$이 함수 $f$의 정의역에 포함되어 있는 것으로 가정합니다. (여기서는 <u>$a$ 자신에서도 $f$가 정의되어 있다</u>고 가정하고 있는 데에 주목하십시오.)

이때, 만일

$$\lim_{x \to a} f(x) = f(a)$$

가 성립하면 함수 $f$는 **$a$에서 연속**(또는 함수 $f(x)$는 $x = a$에서 연속)이라고 합니다.

다음에 $a$에서 연속인 함수의 두 그래프를 보였습니다.

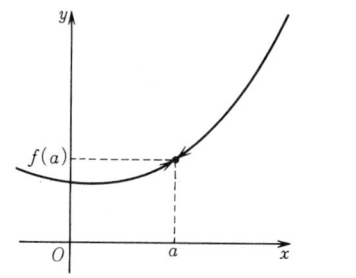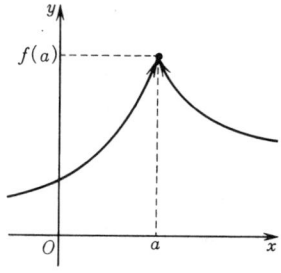

예를 들어 이차함수, 지수함수, 로그함수, 삼각함수 (sin, cos, tan) 등에서는 이 정의역에 속하는 임의의 수 $a$에 대하여

$$\lim_{x \to a} f(x) = f(a)$$

가 성립합니다. 즉, 이들 함수는 그 정의역에 속하는 임의의 수 $a$에서 연속입니다.

함수 $f(x)$, $g(x)$가 모두 $a$ 근방에서 정의되어 있고, 모두 $x = a$에서 연속이면 함수

$$f(x) + g(x), \qquad f(x) - g(x),$$
$$f(x)g(x), \qquad \frac{f(x)}{g(x)}$$

도 $x = a$에서 연속입니다. 이것은 극한과 사칙에 관한 법칙(913페이지)으로부터 곧 알 수 있습니다.

## ◆ 함수가 불연속인 예

함수 $f$가 $a$의 근방에서는 정의되어 있지만, $a$에서 연속이 아닐 때, $f$는 $a$에서 **불연속**이라고 합니다. 이것은 $\lim_{x \to a} f(x)$가 존재하지 않든가, 또는 $\lim_{x \to a} f(x)$가 존재해도 그 값이 $f(a)$와 같지 않다는 것을 의미합니다.

다음 페이지의 두 그림은 $a$에서 불연속인 함수 $f$의 그래프를 보인 것입니다.

이것의 왼쪽 그림에서는 $\lim_{x \to a} f(x)$가 존재하지 않습니다. 한편, 오른쪽 그림에서는 $\lim_{x \to a} f(x)$는 존재하지만 그 값이 $f(a)$와 같지 않습니다.

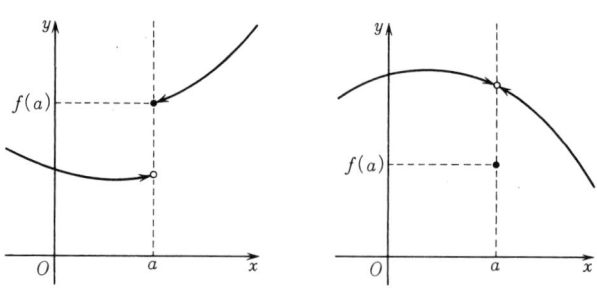

불연속인 함수의 좀더 구체적인 예를 들어 보겠습니다.

**예** 함수 $f(x) = [x]$를 생각합니다. 여기서 $[x]$는 가우스 기호입니다. 즉, $x$를 넘지 않는 최대의 정수를 나타냅니다.

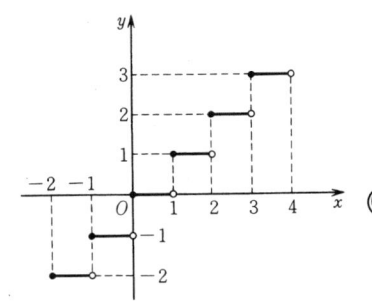

이 함수의 그래프는 여러분도 잘 알고 있겠지만, 다시 한 번 왼쪽에 그 그래프를 그려 두었습니다.

이 그림에서 알 수 있듯이, $a$가 정수일 때, 함수 $f$는 $a$에서 불연속입니다. 왜냐하면 $\lim_{x \to a} f(x)$가 존재하지 않기 때문입니다.

**예** 무한등비급수

$$x^2 + \frac{x^2}{1+x^2} + \frac{x^2}{(1+x^2)^2} + \frac{x^2}{(1+x^2)^3} + \cdots\cdots$$

의 합을 $f(x)$라 합니다. 쉽게 알 수 있듯이, 이 급수는 모든 실수 $x$에 대해서 수렴하며,

$$f(x) = \begin{cases} 1+x^2, & x \neq 0 \text{일 때} \\ 0, & x = 0 \text{일 때} \end{cases}$$

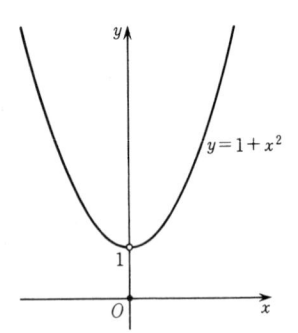

가 됩니다.(여러분은 이것을 증명해 보십시오.) 그래프를 그리면 왼쪽 그림과 같이 됩니다.

이 함수 $f$는 $x = 0$에서 불연속입니다. 실제로 극한값 $\lim_{x \to 0} f(x)$는 존재하여

$$\lim_{x \to 0} f(x) = 1$$

이지만, 그 값이 $f(0) = 0$과 같지 않습니다.

### ◆  한쪽으로부터의 연속

이미 말한 바와 같이 가우스 기호로 나타나는 함수

$$[x]$$

는 $a$가 정수일 때는 $x=a$에서 연속이 아닙니다.

그러나 예를 들면

$$\lim_{x \to 2+0} [x] = 2 = [2]$$

이므로 $x$가 2의 오른쪽에서 가까워질 때의 함수 $[x]$의 극한값, 즉 $x \to 2$일 때의 $[x]$의 우측 극한값은 이 함수의 $x=2$에서의 값 $[2]$와 일치합니다.

일반적으로 함수 $f(x)$의 $x \to a$일 때의 우측 극한값이 $f(a)$와 일치할 때, 즉

$$\lim_{x \to a+0} f(x) = f(a)$$

가 성립할 때, 함수 $f(x)$는 $x=a$에서 **우측연속**이라고 합니다.

**좌측연속**도 똑같이 정의됩니다. (여러분 스스로가 그 정의를 말해 보십시오.)

함수 $[x]$는 $x=2$에서 우측연속입니다. 그러나 좌측연속은 아닙니다. 왜냐하면,

$$\lim_{x \to 2-0} [x] = 1 \neq [2]$$

이기 때문입니다. 이 함수에서는 2 대신에 임의의 정수 $a$를 생각해도 똑같은 결론이 성립합니다.

일반적으로 함수 $f$가 $a$의 근방에서($a$의 양쪽에서)정의되어 있을 때, $f$가 $a$에서 연속이라 함은 $f$가 $a$에서 우측연속이고, 동시에 또 좌측연속인 것을 나타냅니다.

## ◆ 구간에서 연속

$I$를 하나의 구간이라 합니다.

함수 $f$가 $I$에 속하는 임의의 값에서 연속일 때, $f$는 구간 $I$에서 **연속**이다. 또는 구간 $I$에서 **연속함수**라고 합니다.

단, 구간 $I$가 "끝점"을 포함하는 구간인 경우에는, 우리는 "$I$에서의 연속"의 뜻을 다음과 같이 약속합니다. 예를 들어 $I$가 폐구간 $I=[a, b]$일 때, $f$가 $I$에서 연속이라

함은 $f$가 $a<x<b$인 임의의 $x$에서 연속이고, 또한 $a$에서는 우측연속, $b$에서는 좌측연속이다──즉

$$\lim_{x\to a+0} f(x) = f(a), \qquad \lim_{x\to b-0} f(x) = f(b)$$

이다──라고 약속합니다.

이 약속은 유추에 의해서 쉽게 다른 경우에도 적용됩니다. 예를 들어 $f$가 구간 $[a, \infty)$에서 연속이라 함은 $f$가 $x>a$인 임의의 $x$에서 연속이고, 또한 $a$에서 우측연속이라는 뜻입니다.

우리의 주요 연구 대상이 되는 함수의 연속성에 대하여 다음에 몇 가지 사항을 결론적으로 적어 두겠습니다.

**1** $2x^2-3$, $x^3+6x-9$와 같이 $x$의 다항식으로 나타나는 함수를 **다항함수**라 하고, 그 다항식이 $n$차이면 **$n$차함수**라고합니다. 다항함수는 $(-\infty, \infty)$에서 연속입니다.

**2** 분수함수는, 일반적으로 그 분모를 0으로 만드는 $x$의 값에 따라 정의역이 몇 개의 구간으로 나누어집니다. 분수함수는 이 각각의 구간에서 연속입니다.

예를 들면, 분수함수

$$f(x) = \frac{x-1}{x^2-x-2}$$

의 분모는 $x=-1$과 $x=2$에서 0이 되므로, 이 함수의 정의역은

$$(-\infty, -1), \qquad (-1, 2), \qquad (2, \infty)$$

라는 세 구간으로 이루어집니다. 그리고 함수 $f(x)$는 이 세 구간의 각각에서 연속입니다.

왼쪽에 함수 $f(x)$의 대략적인 그래프를 그렸습니다.

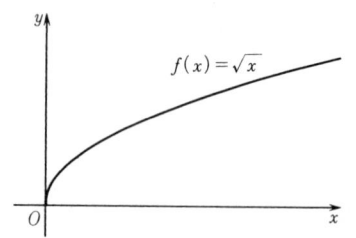

**3** 무리함수 $\sqrt{x}$는 구간 $(0, \infty)$에 속하는 임의의 값에서 연속이고, 또

$$\lim_{x\to+0} \sqrt{x} = 0 = \sqrt{0}$$

입니다. 따라서 이 함수 $\sqrt{x}$는 그 정의역 $[0, \infty)$에서

연속입니다.

　　일반적으로 $n$을 양의 정수라 할 때, 함수 $f(x) = \sqrt[n]{x}$ 는 구간 $[0, \infty)$에서 연속입니다.

**4** 　지수함수 $a^x$은 $(-\infty, \infty)$에서 연속입니다. 또, 로그함수 $\log_a x$는 그 정의역 $(0, \infty)$에서 연속입니다.

**5** 　삼각함수 $\sin x$, $\cos x$는 $(-\infty, \infty)$에서 연속입니다.

　　함수 $\tan x$는, $x = \frac{\pi}{2} + n\pi$ ($n$은 정수)에서는 정의되지 않고, 그 정의역은

$$\left( -\frac{\pi}{2} + n\pi, \ \frac{\pi}{2} + n\pi \right) \quad (n = 0, \pm 1, \pm 2, \cdots)$$

라는 무한개의 개구간으로 이루어집니다. $\tan x$는 이들 구간의 각각에서 연속입니다.

　위에서 말한 것은 어느 것이나 함수의 그래프를 그려 보면 명백할 것입니다. 우리는, 여기서 위의 사실을 증명 없이 승인하기로 합니다.

　[주의 : 물론 "그래프에 의해서 명백하다"는 말은 수학적으로 엄격한 태도는 아닙니다. 그러나 위와 같은 명제를 명확히 증명하려면 우리는 삼각함수나 지수함수 등의 "해석적으로 엄밀한 정의"까지 거슬러올라갈 필요가 있는데, 이것은 이 책이 의도하는 해설의 정도를 훨씬 뛰어넘습니다. 그런 것은 좀더 전문적인 과정에서 다루어져야 한다고 생각합니다.]

**문제 14** 　다음 분수함수의 연속인 구간을 말하시오.

(1) 　$\dfrac{3x+5}{(2x-1)(x+1)}$ 　　(2) 　$\dfrac{x^4}{x^3-8}$

(3) 　$\dfrac{2x-1}{x^2-x+2}$ 　　　(4) 　$\dfrac{6}{x(x^2-9)}$

**문제 15** 　다음 함수는 어떤 구간에서 연속이 될까요? 그 구간을 말하시오.

(1) 　$\dfrac{1}{\sin 2x}$ 　　　(2) 　$\tan \dfrac{x}{2}$

(3) $\dfrac{1}{4^x-2}$     (4) $2^{\frac{1}{x}}$

**문제 16**  다음 극한값을 $f(x)$라 합니다. 함수 $f(x)$의 그래프를 그리고, 그 불연속점을 말하시오.

(1) $\displaystyle\lim_{n\to\infty}\dfrac{|x|^n-1}{|x|^n+1}$     (2) $\displaystyle\lim_{n\to\infty}\dfrac{x^{2n+1}+1}{x^{2n}+1}$

(3) $\displaystyle\lim_{n\to\infty}|\sin x|^n$     (4) $\displaystyle\lim_{n\to\infty}\dfrac{\sin x}{1+\sin^{2n}x}$

## ◈  중간값의 정리

지금부터 이 절의 끝까지, 연속함수에 관한 일반적이며 기본적인 명제를 몇 가지 증명 없이 정리로서 설명하겠습니다.

이들 정리는 어느 것이나 직관적으로 거의 명확합니다. 나는 이 단계에서는 여러분이 이것들을 직관적으로 받아들이기를 바랍니다. 다만, 다음을 주의사항으로서 덧붙여 두겠습니다. 즉, 이들 정리를 증명하기는 상당히 어렵다는 점과 그것을 증명하기 위해서는 실수의 개념의 정확한 정의까지 거슬러올라가야 한다는 점입니다.

다음 정리는 "중간값의 정리"라고 합니다.

---

### 중간값의 정리

함수 $f(x)$가 폐구간 $[a, b]$에서 연속이고, $f(a)$와 $f(b)$가 반대 부호를 갖는 것이라 한다. (즉, $f(a)$, $f(b)$의 한쪽은 양수, 다른 쪽은 음수라 한다.) 이때, $a$와 $b$ 사이에

$$f(c) = 0$$

이 되는 $c$가 적어도 하나 존재한다.

---

다음 그림은 $f(a)<0$, $f(b)>0$인 경우를 나타냅니다. 이 그림에서는 $a$와 $b$ 사이에 $f(c)=0$이 되는 $c$가 3개 존재합니다.

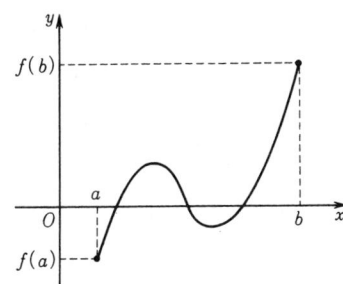

**예제**  방정식 $x^3 - 2x^2 - 3x + 5 = 0$은 구간 $(-2, -1)$, $(1, 2)$, $(2, 3)$에서 각각 하나씩 근을 갖는 것을 증명하시오.

**증명**  $f(x) = x^3 - 2x^2 - 3x + 5$라 놓습니다. 이 함수는 $(-\infty, \infty)$에서 연속이고,

$$f(-2) = -5 < 0, \quad f(-1) = 5 > 0,$$

$$f(1) = 1 > 0, \quad f(2) = -1 < 0, \quad f(3) = 5 > 0$$

이 됩니다. 따라서 중간값의 정리로부터 방정식

$$f(x) = 0$$

은 구간 $(-2, -1)$, $(1, 2)$, $(2, 3)$의 각각에 적어도 하나의 근을 갖습니다.

한편, 이 방정식 $f(x) = 0$은 삼차방정식이므로, 3개보다 많은 근은 갖지 않습니다.

그러므로 방정식 $f(x) = 0$은 3개의 구간

$$(-2, -1), \quad (1, 2), \quad (2, 3)$$

의 각각에 하나씩 근을 갖습니다.

**문제 17**  방정식 $x^3 + x^2 - 2x - 5 = 0$은 2보다 작은 양의 근을 갖는 것을 증명하시오.

**문제 18**  다음 방정식은 각각 오른쪽에 적은 구간에서 실수 근을 갖는 것을 증명하시오.

(1)  $\sin x - x \cos x = 0$,    구간 $\left( \pi, \dfrac{3}{2} \pi \right)$

(2)  $3^x - 6x + 2 = 0$,    구간 $(2, 3)$

(3)  $\log_{10} x - \dfrac{x}{20} = 0$,    구간 $(10, 100)$

**문제 19** 실수를 계수로 하는 홀수차의 방정식
$$a_n x^n + a_{n-1} x^{n-1} + \cdots + a_1 x + a_0 = 0$$
을 생각합시다. 즉, 여기서 $a_n$, $a_{n-1}$, $\cdots$, $a_1$, $a_0$은 실수, $a_n \neq 0$이고, $n$은 홀수입니다. 이 방정식은 적어도 하나의 실수근을 갖는 것을 증명하시오. (이 명제는 앞의 145페이지에서 예고했습니다.)

[힌트 : $|x|$가 충분히 클 때
$$f(x) = a_n x^n + a_{n-1} x^{n-1} + \cdots + a_1 x + a_0$$
은 $a_n x^n$과 같은 부호를 갖는 것에 주의하십시오.]

**문제 20** 중간값의 정리로부터, 그것을 일반화한 다음 명제를 이끌어 내십시오 : 함수 $f(x)$가 폐구간 $[a, b]$에서 연속이고, $f(a) \neq f(b)$라 한다. 이때, $f(a)$와 $f(b)$ 사이에 있는 임의의 값 $m$에 대하여, $a$와 $b$ 사이에
$$f(c) = m$$
이 되는 $c$가 적어도 하나 존재한다. ——이 "일반화" 자체도 **중간값의 정리**라 불립니다.

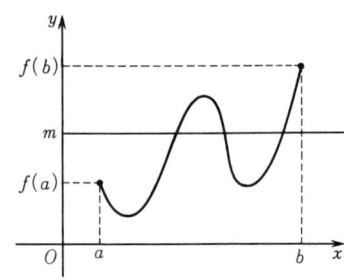

### ◆ 최대 · 최소값의 정리

$f$를 구간 $I$에서 정의된 함수라 합니다.

만일 $I$에 속하는 한 점 $x_0$가 있고, $I$에 속하는 모든 $x$에 대하여
$$f(x_0) \geqq f(x)$$
가 성립하면, $x_0$를 $I$에서의 $f$의 **최대점**, $f(x_0)$를 $I$에서의 $f$의 **최대값**이라 부릅니다.

마찬가지로, 만일 $I$에 속하는 한 점 $x_0$가 있고, $I$에 속하는 모든 $x$에 대하여
$$f(x_0) \leqq f(x)$$
가 성립하면, $x_0$를 $I$에서의 $f$의 **최소점**, $f(x_0)$를 $I$에서의 $f$의 **최소값**이라 부릅니다.

주어진 구간에서 함수의 최대값이나 최소값은 항상 존재하는 것은 아닙니다. 그러나 폐구간에서 연속인 함수

에 대해서는 다음 정리가 성립합니다. 이 정리는 해석학에서 매우 중요한 구실을 합니다.

---

**최대·최소값의 정리**

폐구간 $[a, b]$에서 연속인 함수 $f$는 이 구간에서 반드시 최대값 및 최소값을 갖는다.

---

정리의 시각적인 이해를 위해 다음에 폐구간 $[a, b]$에서 연속인 함수 $f$의 그래프를 두 개 그렸습니다.

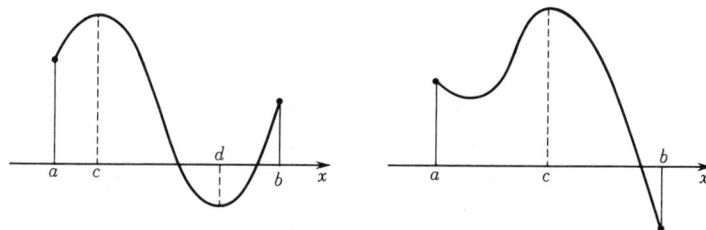

왼쪽 그림에서는 $c$가 구간 $[a, b]$에서의 $f$의 최대점, 또 $d$가 구간 $[a, b]$에서의 $f$의 최소점입니다. 이 그림에서는 최대점이나 최소점이나 모두 구간의 "내점"(끝점이 아닌 점)입니다.

한편 오른쪽 그림에서는 $c, b$가 각각 구간 $[a, b]$에서의 최대점, 최소점입니다. 이 그림의 경우 최소점은 구간의 끝점으로서 나타납니다.

여러분은 위의 최대·최소값 정리에서는 구간이 "폐구간"이라는 점에 주의하십시오. 개구간 또는 반폐구간에서 연속인 함수는 그 구간에서 반드시 최대값, 최소값을 갖는 것은 아닙니다. 예를 들어 다음과 같은 그래프를 가지는 함수를 생각하면 그것은 명백할 것입니다.

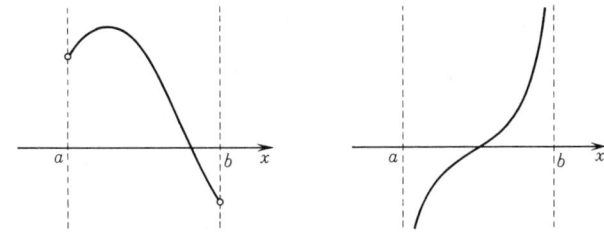

### ◆　단조 연속함수의 역함수

$f$를 구간 $I$에서 정의된, 연속이며 또한 단조증가함수라 합니다. 이 함수 $f$의 치역을 $J$라 하면, $J$도 또한 하나의 구간입니다.

예를 들면, 아래의 왼쪽 그림은 구간 $[a, b]$에서 정의된, 연속이며 또한 단조증가함수 $y=f(x)$의 그래프입니다. 이 그림과 같이

$$f(a)=c, \quad f(b)=d$$

라 하면, 이 함수 $f$의 치역은 구간 $[c, d]$입니다.

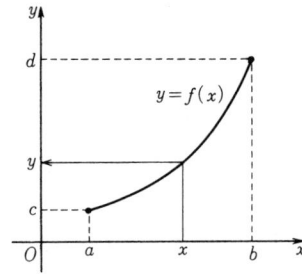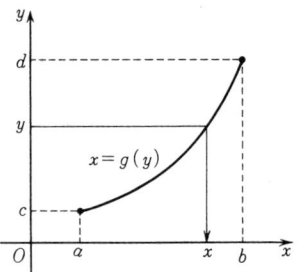

함수 $f$는 구간 $[a, b]$에 속하는 각각의 수 $x$를, 구간 $[c, d]$에 속하는 하나의 수

$$y=f(x)$$

에 대응시킵니다.

반대로, 구간 $[c, d]$에 속하는 각각의 수 $y$에는, $y=f(x)$가 되는 구간 $[a, b]$에 속하는 단 하나의 수 $x$가 대응합니다. 따라서 $y$에 그 $x$를 대응시키면, $y$를 독립변수, $x$를 종속변수로 하는 함수

$$x=g(y)$$

가 정의됩니다. $g$는 $f$의 <u>역함수</u>입니다.

함수 $y=f(x)$의 그래프는 $y$를 독립변수, $x$를 종속변수로 바꾸면 그대로 역함수 $x=g(y)$의 그래프도 됩니다. 위의 오른쪽 그림은 그것을 보여주고 있습니다.

이 역함수 $g$도 또한 연속이며 단조증가입니다.

일반적으로 다음 정리가 성립합니다.

---

$f$를 구간 $I$에서 정의된

### 연속이며 또한 단조증가함수

라 하고, $J$를 그 치역으로 한다. 이때

**1** $J$도 하나의 구간이다.

**2** $f$의 역함수 $g$가 $J$에서 정의된다.

**3** $g$의 정의역은 $J$, 치역은 $I$이고, $g$도 또

### 연속이며 또한 단조증가함수

이다.

---

위의 정리는 $f$를 "단조증가"로 한 것을 "단조감소"로 바꾸어도 역시 성립합니다. 단, 결론 부분에서도 $g$가 "단조증가"라는 것이 "단조감소"로 바뀝니다.

구체적인 예를 보기 위해, 지금 $n$을 하나의 양의 정수라 하고, 구간 $[0, \infty)$에서 정의된 함수

$$f(x) = x^n$$

을 생각합니다.

이 함수는 $[0, \infty)$에서 연속이고 또한 단조증가입니다. 그리고 이 치역은 $[0, \infty)$가 됩니다.

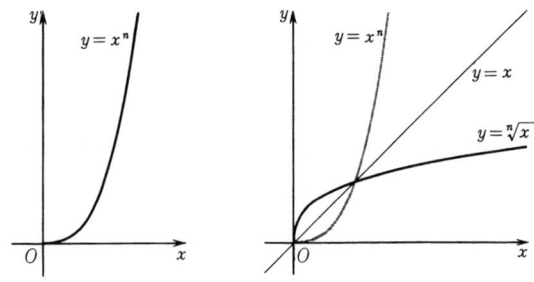

그러므로 $f$의 역함수 $g$가 $[0, \infty)$에서 정의됩니다. 그것은 $y \geqq 0$인 각각의 $y$에 $y = x^n$이 되는, 구간 $[0, \infty)$에 속하는 단 하나의 $x$를 대응시키는 함수입니다. 여러분이 이미 아는 바와 같이, 이 $x$는 $\sqrt[n]{y}$로 쓸 수 있습니다. 즉,

$$g(y) = \sqrt[n]{y}$$

입니다.

정리에서 말한 바와 같이, 이 함수 $g$도 또한 연속이고, 단조증가입니다.

관례와 같이, 함수 $g$의 독립변수를 $y$에서 $x$로 바꾸면 "$n$제곱근 함수"는

$$g(x) = \sqrt[n]{x}$$

로 나타납니다. 그리고 그 그래프는 $f(x) = x^n$의 그래프를 직선 $y = x$에 대하여 대칭으로 이동시킨 것이 됩니다.

## ⌐17.3  도함수와 그 계산

우리는 이 장의 도입부에서 자유낙하하는 물체의 속도나 곡선의 접선 문제 등을 살펴보았습니다.

이러한 문제들은 우리를 필연적으로 미분계수나 도함수의 개념으로 이끌어갑니다. 그리고 이것은 나아가서 "미분법"이라는 계산을 일반적으로 고찰하는 방향으로 발전합니다. 이것들을 체계적으로 논의하기 위한 준비는 이미 되어 있습니다.

그럼 이제부터 "미분법"을 향해 출발합시다.

### ◈  평균변화율과 미분계수

함수 $f(x)$가 어떤 구간에서 정의되어 있다 하고, $a$, $b$를 그 구간에 속하는 다른 두 점이라 합니다. 이때

$$f(b) - f(a)$$

는 $x$의 값이 $a$부터 $b$까지 변화할 때의, 함수 값의 변화를 나타내고, 따라서

$$\frac{f(b) - f(a)}{b - a}$$

는 함수의 변화량의, $x$의 변화량에 대한 비율을 나타냅니다.

이 몫을 $a$와 $b$ 사이의, 또는 $a$에서 $b$까지의 함수 $f(x)$의 **평균변화율**이라고 합니다.

도형적으로 말하면 이것은 함수 $y=f(x)$의 그래프상의 두 점

$$P(a, f(a)), \qquad Q(b, f(b))$$

를 연결하는 직선의 기울기를 나타냅니다.

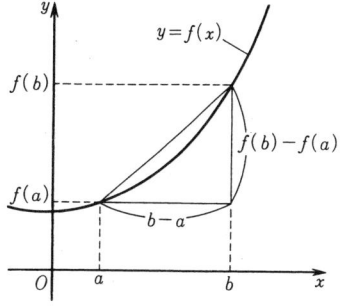

평균변화율은 또 종종 **뉴턴몫**이라고도 불립니다.

**문제 21** 다음 함수의 오른쪽에 지시한 구간에서의 평균변화율을 구하시오.

(1)  $f(x) = x^3$,  $x=1$부터 $x=3$ 까지.

(2)  $f(x) = \sqrt{x}$,  $x=1$ 부터 $x=4$ 까지.

(3)  $f(x) = px+q$,  $x=a$부터 $x=b$ 까지.

(4)  $f(x) = \dfrac{1}{x}$,  $x=a$ 부터 $x=b$까지.

단  $a>0,\ b>0.$

다음에 함수 $f(x)$가 정의되어 있는 구간내에서 한 점 $a$를 고정하고, $x$를 그 구간내의 $a$와 다른 임의의 점이라 합니다. 이때

$$\frac{f(x)-f(a)}{x-a}$$

는 $a$부터 $x$까지의 함수 $f(x)$의 평균변화율을 나타냅니다. 이것은 그 구간내의 <u>$a$와 다른 값 $x$</u>에 대하여 정의된 $x$의 함수입니다.

만일 $x$를 $a$에 가까이 할 때, 이 평균변화율이 유한한 극한값 $\alpha$를 가진다면, 즉

$$\lim_{x \to a} \frac{f(x)-f(a)}{x-a} = \alpha$$

가 된다면 $\alpha$를 함수 $f(x)$의 $x=a$에서의 **변화율** 또는 **미분계수**라고 합니다. 이것을 기호

$$f'(a)$$

로 나타냅니다.

즉, (우변의 극한이 존재하고 또한 유한일 때)

$$f'(a) = \lim_{x \to a} \frac{f(x)-f(a)}{x-a}$$

입니다.

미분계수 $f'(a)$가 존재할 때 함수 $f(x)$는 $x=a$에서의 **미분가능**이라고 합니다.

위에 쓴 미분계수 $f'(a)$를 정의하는 식에서 $x-a=h$로 놓으면 $h\neq0$, $x=a+h$이고, $x$가 $a$에 가까워진다는 것은 $h$가 0에 가까워진다는 것과 동치입니다. 따라서 위의 $f'(a)$의 식은

$$f'(a) = \lim_{h\to0}\frac{f(a+h)-f(a)}{h}$$

로도 고쳐쓸 수 있습니다.

⟨예⟩  함수 $f(x)=x^2$의 $x=a$부터 $x=a+h$까지의 평균변화율은

$$\frac{f(a+h)-f(a)}{h} = \frac{(a+h)^2-a^2}{h}$$
$$= \frac{2ah+h^2}{h} = 2a+h$$

입니다. 따라서, $f(x)=x^2$의 $x=a$에서의 미분계수는

$$f'(a) = \lim_{h\to0}\frac{f(a+h)-f(a)}{h}$$
$$= \lim_{h\to0}(2a+h) = 2a$$

가 됩니다.

⟨예⟩  $f(x)=x^3$이라고 하면, $x=2$부터 $x=2+h$까지의 $f(x)$의 평균변화율은

$$\frac{f(2+h)-f(2)}{h} = \frac{(2+h)^3-2^3}{h}$$
$$= \frac{12h+6h^2+h^3}{h} = 12+6h+h^2$$

입니다. 따라서 함수 $f(x)=x^3$의 $x=2$에서의 미분계수는

$$f'(2) = \lim_{h\to0}(12+6h+h^2) = 12$$

가 됩니다.

⟨예⟩  함수 $f(x)=\dfrac{1}{x}$에 대하여, $x=3$부터 $x=3+h$까지의 평균변화율을 구하면

$$\frac{\dfrac{1}{3+h}-\dfrac{1}{3}}{h} = \frac{-\dfrac{h}{3(3+h)}}{h} = -\frac{1}{3(3+h)}$$

이 됩니다. 그러므로 함수 $f(x)=\dfrac{1}{x}$ 의 $x=3$ 에서의 미분계수는

$$f'(3) = \lim_{h \to 0}\left(-\frac{1}{3(3+h)}\right) = -\frac{1}{9}$$

입니다.

**문제 22** 다음 함수의, 오른쪽에 쓴 $x$ 의 값에서의 미분계수를 구하시오.

(1)  $f(x) = -3x+2,$    $x = -2$

(2)  $f(x) = \sqrt{x},$    $x = 4$

(3)  $f(x) = \dfrac{1}{x^2},$    $x = 1$

◆ **미분가능성과 연속성**

함수 $f(x)$ 가 $x=a$ 에서 미분가능 합니다. 이때 $x \ne a$ 이면

$$f(x) = f(a) + \{f(x)-f(a)\}$$
$$= f(a) + \frac{f(x)-f(a)}{x-a} \cdot (x-a)$$

이고,

$$\lim_{x \to a}\left\{\frac{f(x)-f(a)}{x-a} \cdot (x-a)\right\} = f'(a) \cdot 0 = 0$$

이므로

$$\lim_{x \to a} f(x) = f(a)$$

가 됩니다. 이것은 함수 $f(x)$ 가 $x=a$ 에서 연속임을 나타냅니다. 즉, 다음 정리가 성립합니다.

---

**함수 $f(x)$ 가 $x=a$ 에서 미분가능하면,**

**$f(x)$ 는 $x=a$ 에서 연속이다.**

---

우리는 이 정리를 간단하게

**미분가능 $\Longrightarrow$ 연속**

이라고 쓸 수 있습니다.

그러나, 이 역은 성립하지 않습니다. 함수 $f(x)$가 $x=a$에서 연속이어도 반드시 미분가능한 것은 아닙니다.

반례로서, 예를 들면 함수 $f(x)=|x|$를 생각해 봅시다. 이 함수는 $x=0$에서 연속입니다. 그러나,

$$\frac{f(x)-f(0)}{x-0}=\frac{|x|}{x}$$

는, $x>0$일 때는 $1$, $x<0$일 때는 $-1$이므로

$$\lim_{x\to+0}\frac{f(x)-f(0)}{x-0}=1,$$

$$\lim_{x\to-0}\frac{f(x)-f(0)}{x-0}=-1$$

이 되고, 따라서

$$\lim_{x\to0}\frac{f(x)-f(0)}{x-0}$$

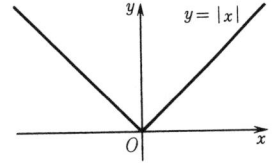

은 존재하지 않습니다.

그러므로 $f(x)=|x|$는 $x=0$에서 미분가능하지 않습니다.

다만 위에서 본 바와 같이, 함수 $f(x)=|x|$에 대해서는

$$\frac{f(x)-f(0)}{x-0}$$

의 $x\to+0$일 때, $x\to-0$일 때의 극한값은 모두 존재합니다.

일반적으로 함수 $f(x)$의 정의역에 속하는 한 점 $a$에서, 유한한 극한값

$$\lim_{x\to a+0}\frac{f(x)-f(a)}{x-a}=\lim_{h\to+0}\frac{f(a+h)-f(a)}{h}$$

가 존재할 때는, $f(x)$는 $x=a$에서 **우측 미분가능**하다 하고, 이 극한값을 $x=a$에서의 **우측 미분계수**라고 합니다.

**좌측 미분가능**, **좌측 미분계수**의 개념도 똑같이 정의됩니다.

함수 $f(x)=|x|$는 $x=0$에서 미분가능하지 않지만, 우측으로부터 또는 좌측으로부터는 미분가능하며, 우측

미분계수는 1, 좌측 미분계수는 −1이 됩니다.

일반적으로 함수 $f(x)$가 점 $a$의 양쪽에서 정의되어 있을 때, $f(x)$가 $x=a$에서 미분가능하다는 것은 양쪽으로부터 미분가능하며, 우측 미분계수와 좌측 미분계수가 일치한다는 것입니다.

**문제 23** 다음 함수는 $x=0$에서 미분가능합니까? 미분가능하다면 이 점에서의 미분계수는 무엇입니까? 또, 우측 또는 좌측으로부터의 미분가능성에 대해서는 어떤 결론을 얻을 수 있습니까?

(1) $f(x) = |x^2 - x|$  (2) $f(x) = x|x|$

우리가 흔히 다루는 함수는 연속일 뿐만 아니라 미분가능합니다. 그러나 일반적으로는 연속성이 반드시 미분가능성을 보장하지는 않는다는 것을 여러분은 기억해 두어야 합니다.

◆ **도함수**

함수 $f$가 어떤 구간 $I$에 속하는 모든 $x$의 값에서 미분가능할 때, $f$는 구간 $I$에서 **미분가능**이라고 합니다.

$f$가 구간 $I$에서 미분가능이면, $f$는 이 구간에서 연속입니다.

함수 $f$가 구간 $I$에서 미분가능일 때, $I$에 속하는 각각의 $x$에 대하여 $x$에서의 미분계수 $f'(x)$를 대응시키면 $I$에서 정의된 새로운 함수 $f'$가 얻어집니다. 이 함수 $f'$를 $f$의 **도함수**라고 합니다.

예를 들어 $f(x) = x^2$이라 하면, 앞에서 본 바와 같이, $f(x)$의 $x=a$에서의 미분계수는

$$f'(a) = 2a$$

입니다. 여기서 $a$는 임의의 실수입니다. 그러므로 함수 $f(x) = x^2$은 구간 $(-\infty, \infty)$에서 미분가능이고, 그 도함

수는 $f'(x) = 2x$입니다.

일반적으로 미분가능한 함수 $f(x)$의 도함수 $f'(x)$는

$$f'(x) = \lim_{h \to 0} \frac{f(x+h) - f(x)}{h}$$

에 의해서 구할 수 있습니다. 이 식은 단지 앞의 미분계수 $f'(a)$를 정의하는 식

$$f'(a) = \lim_{h \to 0} \frac{f(a+h) - f(a)}{h}$$

의 $a$를, 일반적인 점 $x$로 대치한 것에 지나지 않습니다.

미분계수 $f'(a)$는 도함수 $f'(x)$의 $x = a$에서의 값입니다.

함수 $y = f(x)$의 도함수를 정의하는 식

$$f'(x) = \lim_{h \to 0} \frac{f(x+h) - f(x)}{h}$$

의 우변에서 $h$는 $x$의 변화량, $f(x+h) - f(x)$는 거기에 따르는 $y$의 변화량을 나타냅니다. 이것들은 종종, 각각 $x$의 **증분**, $y$의 **증분**이라 불립니다. (증분이라 해도 반드시 양수는 아닙니다. 그러나 독립변수 $x$의 증분은 0이 아닌 수입니다.)

고전적인 기법에서는 $x$의 증분, $y$의 증분을 각각 기호 $\varDelta x$, $\varDelta y$로 나타냅니다. 즉,

$$\varDelta x = y,$$
$$\varDelta y = f(x + \varDelta x) - f(x)$$

입니다. (말할 나위도 없이 $\varDelta x$는 $\varDelta$ 와 $x$의 곱을 나타내는 것이 아닙니다. 이 기호에서는 $\varDelta$ 와 $x$를 분리시킬 수 없습니다. $\varDelta x$가 "하나의 기호"인 것입니다. 그리고 $\varDelta$ 는 Difference의 D에 해당하는 그리스 문자로, 델타라고 읽습니다.)

실제로 도함수에 관한 문제에서는 기호 $\varDelta x$, $\varDelta y$를 특별히 사용할 필요는 없습니다. 그러나 만일 이들 기호를 사용한다면, 함수 $y = f(x)$의 도함수 $f'(x)$를

$$f'(x) = \lim_{\varDelta x \to 0} \frac{\varDelta y}{\varDelta x} = \lim_{\varDelta x \to 0} \frac{f(x + \varDelta x) - f(x)}{\varDelta x}$$

와 같이 쓸 수가 있습니다.

이 식을 여기서 소개하는 것은 주로 참고 사항입니다. 왜냐하면, 여러분이 다른 책에서 이런 기법에 접할 기회가 많으리라 생각되기 때문입니다. 물론 이런 전통적인 기법도 때로는 설명을 간단하게 하기 위해 유효합니다. 이 책에서도 앞으로 일반적인 정리를 증명하는 경우 등에 이 기법의 간편함을 이용하는 일이 있을 것입니다.

함수 $y = f(x)$의 도함수를 나타내는 데는 기호 $f'(x)$ 외에

$$ y', \qquad \frac{dy}{dx}, \qquad \frac{d}{dx} f(x) $$

등의 기호도 사용됩니다. 여기서 주의해 두고 싶은 것은 $\dfrac{dy}{dx}$는 "분수"가 아니라는 점입니다. 이 "기호 전체"가 도함수라는 "하나의 함수"를 나타냅니다. 위에서 말한 기호 $\varDelta x, \varDelta y$와의 관련에서 말한다면,

$$ \frac{dy}{dx} = \lim_{\varDelta x \to 0} \frac{\varDelta y}{\varDelta x} $$

입니다. 이것은 $\dfrac{dy}{dx}$라는 기호가 생긴 이유를 분명히 시사하고 있습니다.

함수 $y = f(x)$로부터 그 도함수 $y' = f'(x)$를 구하는 것을 $y$ 또는 $f(x)$를 $x$에 관해서(또는 $x$로) **미분한다**고 합니다.

◆ **함수 $x^n$의 미분**

구체적인 함수의 미분으로 들어가 봅시다.

먼저, 상수함수 $f(x) = c$를 생각해 봅니다. 이 함수에 대해서는

$$ \frac{f(x+h) - f(x)}{h} = \frac{c-c}{h} = 0. $$

따라서

$$ f'(x) = \lim_{h \to 0} \frac{f(x+h) - f(x)}{h} = 0 $$

입니다. 즉 상수함수의 도함수는 상수함수 0이 됩니다.

다음에 함수 $x$, $x^2$, $x^3$, …의 미분을 생각해 봅시다. 이것은 미분 계산에서 가장 기본이 되는 것들입니다.

우리는 함수 $f(x)=x^2$의 도함수가 $f'(x)=2x$임을 이미 알고 있습니다.

함수 $f(x)=x$에 대해서는

$$\frac{f(x+h)-f(x)}{h} = \frac{(x+h)-x}{h} = 1,$$

따라서

$$f'(x) = \lim_{h \to 0} \frac{f(x+h)-f(x)}{h} = 1$$

이 됩니다. 또, 함수 $f(x)=x^3$에 대해서는

$$\frac{f(x+h)-f(x)}{h} = \frac{(x+h)^3-x^3}{h} = 3x^2+3xh+h^2,$$

따라서

$$f'(x) = \lim_{h \to 0} (3x^2+3xh+h^2) = 3x^2$$

이 됩니다.

이상으로 $f(x)=x$, $f(x)=x^2$, $f(x)=x^3$을 미분한 결과는 각각

$$f'(x) = 1, \qquad f'(x) = 2x, \qquad f'(x) = 3x^2$$

이 됨을 알았습니다.

이러한 결과를 우리는 또

$$(x)' = 1, \qquad (x^2)' = 2x, \qquad (x^3)' = 3x^2$$

과 같이 쓰기도 합니다.

위의 결과로부터, 일반적으로 $n$을 양의 정수라 할 때 함수

$$f(x) = x^n$$

의 도함수는 $f'(x)=nx^{n-1}$이 되리라는 것을 추측할 수 있습니다. 이 추측이 옳다는 것을 다음에 증명하겠습니다.

함수 $f(x)=x^n$의 도함수를 구하기 위해서는 먼저 $h \neq 0$으로 하여 평균변화율

$$\frac{f(x+h)-f(x)}{h} = \frac{(x+h)^n-x^n}{h}$$

을 만들고, 다음에 $h \to 0$일 때의 그 극한을 구해야 합니다.

$x+h=u$로 놓으면 위의 평균변화율은

$$\frac{u^n - x^n}{u - x}$$

으로 고쳐 쓸 수 있습니다.

이 몫을 계산하면 어떻게 될까요? 이것은

$$u^{n-1} + u^{n-2}x + u^{n-3}x^2 + \cdots + ux^{n-2} + x^{n-1} \qquad ①$$

이 됩니다. 실제로, 위에 쓴 다항식 ①에 $u-x$를 곱하면

$$u^n + u^{n-1}x + u^{n-2}x^2 + \cdots + u^2 x^{n-2} + ux^{n-1}$$
$$- u^{n-1}x - u^{n-2}x^2 - \cdots - u^2 x^{n-2} - ux^{n-1} - x^n$$

이 되고, 중간의 항은 모두 지워져서 결과는

$$u^n - x^n$$

이 되기 때문입니다.

이것으로 평균변화율이 ①에 의해 주어진다는 것을 알았습니다.

그러면, 여기서 $h$를 0에 가까이 합니다. 이때 $u=x+h$는 $x$에 가까워지므로 ①의 $n$개의 각 항은 모두 $x^{n-1}$에 가까워집니다. 그러므로 ①은

$$nx^{n-1}$$

에 가까워집니다. 즉,

$$\lim_{h \to 0} \frac{f(x+h) - f(x)}{h} = \lim_{h \to 0} \frac{(x+h)^n - x^n}{h}$$
$$= nx^{n-1}$$

입니다. 이것으로

$$f'(x) = nx^{n-1}$$

임이 증명되었습니다.

이 결과는 기본적인 것으로 다시 한 번 정리해 놓겠습니다.

---

$n$을 양의 정수라 할 때, 함수 $x^n$을 미분하면
$$(x^n)' = nx^{n-1}$$

---

이 정리에 따라, 이미 알고 있는 $(x)' = 1$, $(x^2)' = 2x$, $(x^3)' = 3x^2$에 이어서

$$(x^4)' = 4x^3, \quad (x^5)' = 5x^4, \quad (x^6)' = 6x^5, \quad \cdots\cdots$$

이 됩니다.

### ◆ 상수배의 미분, 합과 차의 미분

함수의 상수배나, 함수의 합 및 차의 미분에 대해서는 다음 공식이 성립합니다.

---

$f(x)$, $g(x)$를 (같은 구간에서 정의된) 미분가능한 함수라 하고, $k$를 상수라 하면 다음이 성립한다.

**1** $y = kf(x)$ 이면 $y' = kf'(x)$

**2** $y = f(x) + g(x)$ 이면 $y' = f'(x) + g'(x)$

**3** $y = f(x) - g(x)$ 이면 $y' = f'(x) - g'(x)$

---

**풀이** $x$의 증분 $h = \Delta x$에 대한 $y$의 증분을 $\Delta y$라 합니다.

**1** $y = kf(x)$ 이면

$$\Delta y = kf(x + \Delta x) - kf(x)$$
$$= k\{f(x + \Delta x) - f(x)\}$$

그러므로

$$y' = \lim_{\Delta x \to 0} \frac{\Delta y}{\Delta x} = \lim_{\Delta x \to 0} \frac{k\{f(x + \Delta x) - f(x)\}}{\Delta x}$$
$$= k \lim_{\Delta x \to 0} \frac{f(x + \Delta x) - f(x)}{\Delta x} = kf'(x)$$

**2** $y = f(x) + g(x)$ 이면

$$\Delta y = \{f(x + \Delta x) + g(x + \Delta x)\} - \{f(x) + g(x)\}$$
$$= \{f(x + \Delta x) - f(x)\} + \{g(x + \Delta x) - g(x)\}$$

그러므로

$$y' = \lim_{\Delta x \to 0} \left\{ \frac{f(x + \Delta x) - f(x)}{\Delta x} + \frac{g(x + \Delta x) - g(x)}{\Delta x} \right\}$$

$$= \lim_{\Delta x \to 0} \frac{f(x + \Delta x) - f(x)}{\Delta x} + \lim_{\Delta x \to 0} \frac{g(x + \Delta x) - g(x)}{\Delta x}$$

$$= f'(x) + g'(x)$$

**3** 이 증명은 **2**와 똑같습니다.

위의 공식과 $(x^n)' = nx^{n-1}$에 의해서 다음과 같은 계산을 할 수 있습니다.

㉠  $y = 5x^4$이면
$$y' = 5(x^4)' = 5 \cdot 4x^3 = 20x^3$$

㉠  $y = 2x^3 - 4x^2 + 5$이면
$$y' = 2(x^3)' - 4(x^2)' + (5)' = 6x^2 - 8x$$

㉠  함수 $f(x) = x^3 - 4x^2$의 $x = 0, 1, -2$에서의 미분계수를 구하시오.

**풀이**  $f(x) = x^3 - 4x^2$을 미분하면
$$f'(x) = 3x^2 - 8x$$

이 $f'(x)$식의 $x$에 $0, 1, -2$를 대입하여 계산하면 구하는 미분계수를 얻을 수 있습니다. 즉,
$$f'(0) = 0, \quad f'(1) = -5, \quad f'(-2) = 28$$

**문제 24**  다음 함수를 미분하시오. 또, $x = 1, 2, -3$에서의 미분계수를 구하시오.
(1)  $f(x) = 10x^6$          (2)  $f(x) = x^2 - 4x + 5$
(3)  $f(x) = x^3 - 4x$        (4)  $f(x) = (x^2 - 2)(3x^2 + 4)$

**문제 25**  자유낙하하는 물체의 낙하거리 $s$는 시간 $t$의 함수로서
$$s = 4.9 t^2$$

으로 나타납니다.

$s$를 $t$에 관해서 미분하여 $\dfrac{ds}{dt}$를 구하시오.

**문제 26**  반지름 $r$인 원의 넓이 $S$, 반지름 $r$인 구의 부피 $V$는 각각 $r$의 함수로서
$$S = \pi r^2, \qquad V = \frac{4}{3} \pi r^3$$

으로 나타납니다. 이들 함수를 $r$에 관하여 미분하면 도함수는 어떤 함수가 될까요?

### ◆ 곱 및 몫의 미분

미분가능한 두 함수 $f(x)$, $g(x)$의 곱으로서 나타나는 함수

$$y = f(x)g(x)$$

의 도함수를 구해 봅시다. (물론 $f(x)$, $g(x)$는 같은 구간에서 정의되어 있는 것이라 합니다.) 곱의 도함수의 공식은 합이나 차의 도함수의 공식처럼 간단하지는 않습니다. 만일 $y' = f'(x)g'(x)$라고 생각한다면 이것은 잘못입니다!

올바른 공식은

$$y' = f'(x)g(x) + f(x)g'(x)$$

입니다. 이것을 다음에 증명하겠습니다.

그러기 위해 먼저

$$\lim_{h \to 0} g(x+h) = g(x)$$

임에 주목합시다. 왜냐하면, 함수 $g$는 미분가능하며, 따라서 연속이기 때문입니다. 따라서 $h \to 0$, 즉 $x+h \to x$로 하면 $g(x+h)$는 $g(x)$에 가까워집니다.

그런데 곱 $y = f(x)g(x)$에 대하여 평균변화율을 생각하면

$$\frac{f(x+h)g(x+h) - f(x)g(x)}{h}$$

가 됩니다. 우리는 이 분자에 $f(x)g(x+h)$를 마이너스와 플러스로 연결하여

$$f(x+h)g(x+h) - f(x)g(x+h)$$
$$+ f(x)g(x+h) - f(x)g(x)$$
$$= \{f(x+h) - f(x)\}g(x+h)$$
$$+ f(x)\{g(x+h) - g(x)\}$$

로 변형시킵니다. 그러면 평균변화율은

$$\frac{f(x+h) - f(x)}{h} g(x+h) + f(x) \frac{g(x+h) - g(x)}{h}$$

가 됩니다.

여기서 $h$를 0에 가까이 합니다. 그러면 위의 식에 나타

나 있는 2개의 몫은 각각 $f'(x)$, $g'(x)$에 가까워지고, 또 위에서 주의한 바와 같이 $g(x+h)$는 $g(x)$에 가까워집니다. 그러므로 $h \to 0$일 때 평균변화율은

$$f'(x)g(x)+f(x)g'(x)$$

에 가까워집니다. 이것으로 주장이 증명되었습니다.

이 결과를 정리하면 다음과 같습니다.

---

함수 $f(x)g(x)$가 미분가능할 때,
$$\{f(x)\,g(x)\}' = f'(x)\,g(x) + f(x)\,g'(x)$$

---

이 공식은, 독립변수를 제거하고 쓰면 간단히

$$(fg)' = f'g + fg'$$

로 나타납니다. 여러분은 공식을 이 형태로 기억하면 될 것입니다.

**예** 함수 $y = (3x+1)(x^2-4)$를 미분하면
$$\begin{aligned} y' &= (3x+1)'(x^2-4) + (3x+1)(x^2-4)' \\ &= 3(x^2-4) + (3x+1)\cdot(2x). \end{aligned}$$

필요한 경우, 이 결과를 다시 정리하면
$$y' = 9x^2 + 2x - 12$$

가 됩니다.

**예** 함수 $y = (x^2-1)(2x^2+3x)$를 미분하면
$$\begin{aligned} y' &= (x^2-1)'(2x^2+3x) + (x^2-1)(2x^2+3x)' \\ &= 2x(2x^2+3x) + (x^2-1)(4x+3). \end{aligned}$$

이 결과를 정리하면
$$y' = 8x^3 + 9x^2 - 4x - 3$$

곱의 미분법의 공식은 3개 이상의 함수의 곱에 대해서도 확장됩니다. 예를 들어 $f$, $g$, $h$를 미분가능한 세 함수라 하면,

$$\begin{aligned} (fgh)' &= \{(fg)\,h\}' = (fg)'h + (fg)\,h' \\ &= (f'g+fg')\,h + (fg)\,h', \end{aligned}$$

따라서

$$(fgh)' = f'gh + fg'h + fgh'$$

입니다. 이 결과를 더욱 일반화해서 설명하는 것은 독자에게는 아마도 그다지 어려운 일이 아닐 것입니다.

**문제 27** 다음 함수를 미분하시오.

(1) $(x^3 + 2x^2)(x-1)$      (2) $(x^2-1)(2x^2+x-3)$

(3) $(2x^3-3x^2)(5x^2+4)$      (4) $(x+1)(2x-3)(4x+5)$

**문제 28** $f(x)$를 미분가능한 함수라 하고, $n$을 양의 정수라 합니다. 이때

$$(\{f(x)\}^n)' = n\{f(x)\}^{n-1}f'(x)$$

임을 증명하시오. 이 공식은 간단히

$$(f^n)' = nf^{n-1}f'$$

로도 쓸 수가 있습니다. [힌트 : $n$에 관한 수학적귀납법에 따릅니다.]

**문제 29** 문제 28의 공식을 써서 다음 함수를 미분하시오.

(1) $(5x^3+2)^2$      (2) $(2x^2-2x+1)^3$

(3) $(x^2-3x)^4$      (4) $(x+1)^5(3x-2)^3$

다음에 몫

$$y = \frac{f(x)}{g(x)}$$

의 미분을 생각해 봅시다. 단, $f(x)$, $g(x)$는 같은 구간에서 미분가능하고, 또 $g(x) \neq 0$이라 합니다.

처음에 먼저

$$y = \frac{1}{g(x)}$$

에 대해서 생각해 봅시다. 이 함수의 평균변화율을 만들면

$$\frac{\dfrac{1}{g(x+h)} - \dfrac{1}{g(x)}}{h}$$

이 되고, 이것을 변형하면

$$-\frac{1}{g(x+h)g(x)} \cdot \frac{g(x+h)-g(x)}{h}$$

가 됩니다.

이 식의 마이너스 기호를 제외한 2개의 인수 중 앞쪽은, $h \to 0$일 때

$$\frac{1}{\{g(x)\}^2}$$

에 가까워집니다. 왜냐하면, 앞에서도 주의한 바와 같이 $g$는 미분가능하고 연속이며, $\lim_{h \to 0} g(x+h) = g(x)$가 되기 때문입니다. 한편, 뒤쪽은 $g'(x)$에 가까워집니다. 그러므로

$$y' = -\frac{g'(x)}{\{g(x)\}^2}$$

가 됩니다.

일반적인 몫

$$y = \frac{f(x)}{g(x)}$$

에 대해서는, 이것을

$$y = f(x) \cdot \frac{1}{g(x)}$$

로 생각하고, 곱의 미분법과 위의 결과를 이용합니다. 그러면

$$y' = f'(x) \cdot \frac{1}{g(x)} + f(x) \cdot \left\{\frac{1}{g(x)}\right\}'$$

$$= \frac{f'(x)}{g(x)} - \frac{f(x)g'(x)}{\{g(x)\}^2}$$

$$= \frac{f'(x)g(x) - f(x)g'(x)}{\{g(x)\}^2}$$

가 얻어집니다.

이것으로 다음 정리가 증명되었습니다.

---

함수 $f(x)$, $g(x)$가 미분가능하고, $g(x) \neq 0$이면

$$\left\{\frac{1}{g(x)}\right\}' = -\frac{g'(x)}{\{g(x)\}^2}$$

$$\left\{\frac{f(x)}{g(x)}\right\}' = \frac{f'(x)g(x) - f(x)g'(x)}{\{g(x)\}^2}$$

---

물론 이것들은 간단히

$$\left(\frac{1}{g}\right)' = -\frac{g'}{g^2}$$

$$\left(\frac{f}{g}\right)' = \frac{f'g - fg'}{g^2}$$

로 쓸 수도 있습니다. 이 몫의 도함수의 공식은 암기하기가 좀 어려울지 모릅니다. 그러나 정확히 기억해 둘 필요가 있습니다. 여러분은 이들 공식을 소리 내어 읽고, 완전히 머리 속에 새겨졌다고 생각될 때까지 되풀이 하십시오.

**(예)** $y = \dfrac{1}{3x+4}$ 을 미분하면

$$y' = -\frac{(3x+4)'}{(3x+4)^2} = -\frac{3}{(3x+4)^2}$$

**(예)** $y = \dfrac{3x+2}{x^2-x+5}$ 를 미분하면

$$y' = \frac{(3x+2)'(x^2-x+5) - (3x+2)(x^2-x+5)'}{(x^2-x+5)^2}$$

$$= \frac{3(x^2-x+5) - (3x+2)(2x-1)}{(x^2-x+5)^2}$$

$$= \frac{-3x^2-4x+17}{(x^2-x+5)^2}$$

**문제 30** 다음 함수를 미분하시오.

(1) $\dfrac{3}{2-x}$      (2) $\dfrac{x}{x^2+1}$      (3) $\dfrac{x^2+2}{3x+4}$

(4) $\dfrac{x^2-2x+6}{x^2+x+2}$      (5) $\dfrac{x^2+3}{x^3-4}$      (6) $\dfrac{(3x+2)^3}{(2x-1)^2}$

$x$의 유리식(분수식)으로 나타나는 함수를 **유리함수** 또는 **분수함수**라 합니다. 여러분은 지금까지 배운 결과에 따라 임의의 유리함수의 도함수를 마음대로 계산할 수 있는 기술을 획득한 셈입니다.

특히 함수

$$\frac{1}{x^m}$$

을 미분하면 어떻게 되는가? 그 결과를 공식적으로 설명하겠습니다. 단, 여기서 $m$은 양의 정수로 합니다.

몫의 미분법의 공식을 쓰면, 이 함수의 도함수는

$$\left(\frac{1}{x^m}\right)' = -\frac{(x^m)'}{(x^m)^2} = -\frac{mx^{m-1}}{x^{2m}} = -\frac{m}{x^{m+1}}$$

이 됩니다.

음의 지수를 사용하면 그 결과는

$$(x^{-m})' = -mx^{-(m+1)}$$

으로 나타납니다. 그리고 또 $-m = n$으로 놓으면 이 식은

$$(x^n)' = nx^{n-1}$$

으로 고쳐 쓸 수 있습니다. 단, 여기서 $n$은 음의 정수입니다.

즉, $(x^n)' = nx^{n-1}$ 이라는 공식은 $n$이 양의 정수인 경우뿐만 아니라, $n$이 음의 정수일 때도 성립하는 것입니다. 다만 $n$이 음의 정수일 때는 함수 $x^n$은 $x = 0$에서는 정의되지 않으므로, 위의 공식은 $(-\infty, 0)$ $(0, \infty)$라는 두 구간의 각각에서 성립하는 것이 됩니다.

여기서 덧붙이면, 일반적으로 다음 정리가 성립합니다.

$\alpha$를 임의의 실수라 하고, $f(x) = x^\alpha$이라 한다. 이때 함수 $f(x)$는 구간 $(0, \infty)$에서 미분가능하며,

$$f'(x) = \alpha x^{\alpha-1}$$

이다.

[주의 : $\alpha$가 정수 이외의 실수인 경우에는, 일반적으로 함수 $f(x) = x^\alpha$은 $x > 0$인 $x$에 대해서만 정의되지 않는 점에 주의하십시오.]

$\alpha$가 유리수일 때에는 이 정리의 증명은 비교적 쉽습니다. [이 증명은 다음 절의 "역함수의 미분"항에서 볼 수 있습니다.] 그러나, 일반적인 증명은 제5절에서 우리가 미분법에 관한 가장 유력한 수법을 배울 때까지 미루어야만 합니다. 하지만, 그 증명을 얻기 전이라도 이 공식을 예나 문제 등에서 미리 사용하기로 합시다.

**예** $f(x) = \dfrac{1}{x^{10}}$ 이면, $f(x) = x^{-10}$, 그러므로

$$f'(x) = -10x^{-10-1} = -\frac{10}{x^{11}}$$

$$f(x) = \sqrt{x} \quad \text{이면, } f(x) = x^{\frac{1}{2}}, \quad \text{그러므로}$$

$$f'(x) = \frac{1}{2}x^{\frac{1}{2}-1} = \frac{1}{2}x^{-\frac{1}{2}} = \frac{1}{2\sqrt{x}}$$

$$f(x) = x^{-\frac{2}{3}} \quad \text{이면, } f'(x) = -\frac{2}{3}x^{-\frac{5}{3}}$$

$$f(x) = x^{\sqrt{2}} \quad \text{이면, } f'(x) = \sqrt{2}\,x^{\sqrt{2}-1}$$

[문제 31] 평균변화율의 극한을 사용해서 직접 함수 $\sqrt{x}$ 의 도함수를 구하시오.

[문제 32] 다음 함수를 미분하시오.

(1) $\dfrac{1}{x^{20}}$    (2) $\dfrac{1}{\sqrt{x}}$    (3) $x^{\frac{3}{2}}$

(4) $\dfrac{1}{\sqrt[3]{x}}$    (5) $x^{\frac{6}{5}}$    (6) $(x+1)(x^{\frac{5}{4}}-x^{\frac{6}{5}})$

(7) $\dfrac{\sqrt{x}}{x^2+1}$    (8) $\dfrac{x^2-x+4}{\sqrt{x}}$

## ◆ 곡선의 접선의 방정식

미분 계산의 여러 기법에 대해서 앞으로 나아가기 전에, 여기서 다시 한 번 곡선의 접선 문제로 되돌아가 봅시다.

앞에서도 말한 바 있지만, 함수 $y=f(x)$ 의 그래프상의 한 점 $P(a, f(a))$ 에서의 그래프의 접선은 다음과 같이 정의됩니다. 즉, 그래프상의 점 $P$ 가까이에 $x \neq a$ 로 하여 점 $Q(x, f(x))$ 를 취하여 두 점 $P, Q$ 를 연결하는 직선을 만들고, 다음에 점 $Q$ 를 그래프를 따라 점 $P$ 에 가까이 합니다. 이때 만일 직선 $PQ$ 의 기울기(즉, $a$ 와 $x$ 사이의 $f(x)$ 의 평균변화율)가 유한한 극한값에 가까워지면, 즉 미분계수

$$f'(a) = \lim_{x \to a} \frac{f(x)-f(a)}{x-a}$$

가 존재한다면, 점 $P$ 를 지나고 기울기 $f'(a)$ 를 가지는 직선을, $y=f(x)$ 의 그래프상의 점 $P$ 에서의 그래프의 **접선**으로 정의합니다. 또, 이때 점 $P$ 를 이 접선과 그래프의 **접**

**점**이라고 합니다.

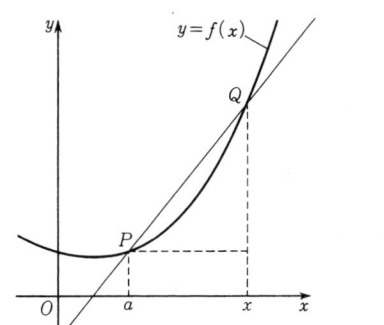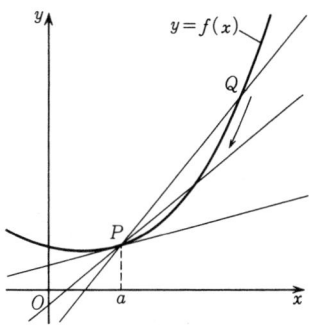

정의에 따라 접선의 방정식은 다음과 같이 됩니다.

---

　　함수 $y=f(x)$가 $x=a$에서 미분가능하면, 이 함수의 그래프상의 점 $P(a, f(a))$에서의 접선의 방정식은

$$y-f(a)=f'(a)(x-a)$$

로 주어진다.

---

　　여러분은 이 접선의 방정식이 $f(x)$가 $x=a$에서 미분가능할 때에만 주어진다는 것에 주목하십시오. $f(x)$가 $x=a$에서 미분가능하지 않으면 점 $P$에서의 접선은 존재하지 않습니다.

　　함수 $y=f(x)$의 그래프를 간단히 곡선 $y=f(x)$라고도 합니다.

　　우리는 지금까지 기껏해야 원이나 포물선의 접선을 아는 데 지나지 않았지만, 위의 정리에 의해서 여러 가지 곡선의 접선을 구할 수가 있습니다.

　　**예제**　함수 $y=x^3$의 그래프에 대해서, 다음 접선의 방정식을 구하시오.

(1)　그래프상의 점 $(2, 8)$에서의 접선의 방정식

(2)　기울기가 3인 접선의 방정식

　**풀이**　$f(x)=x^3$으로 놓으면 $f'(x)=3x^2$입니다.

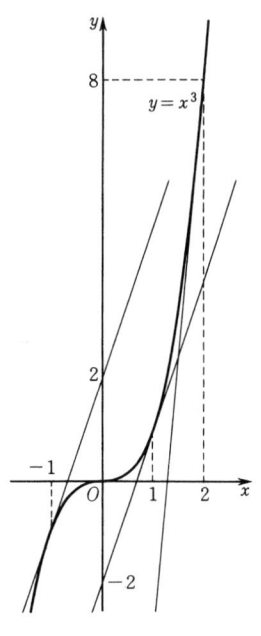

(1)   $f'(2) = 3 \cdot 2^2 = 12$이므로 구하는 접선의 방정식은
$$y - 8 = 12(x-2)$$
즉
$$y = 12x - 16$$
이 됩니다.                         〈답〉  $y = 12x - 16$

(2)   $f'(a) = 3a^2 = 3$이 되는 $a$를 구하면,
$$a = \pm 1$$
따라서 기울기가 3인 접선은 그래프상의 $x$좌표가 $\pm 1$인 점에서의 접선입니다. 이들 방정식은
$$a = 1 일 때 \quad y - 1^3 = 3(x-1)$$
$$a = -1 일 때 \quad y - (-1)^3 = 3(x-(-1))$$
즉, $y = 3x - 2$와 $y = 3x + 2$가 됩니다.
                         〈답〉  $y = 3x - 2,\ y = 3x + 2$


**예제**   곡선 $y = \sqrt{x}$의, 점$(-2, 0)$을 지나는 접선의 방정식을 구하시오.

**풀이**  $y' = \dfrac{1}{2\sqrt{x}}$ 이므로, 이 곡선상의 점$(a, \sqrt{a})$에서의 접선의 방정식은
$$y - \sqrt{a} = \frac{1}{2\sqrt{a}}(x-a)$$
입니다.

지금, 이 직선이 점$(-2, 0)$을 지나도록 $a$의 값을 정합니다. 그러기 위해 위 방정식의 $x$에 $-2$, $y$에 0을 대입하면
$$0 - \sqrt{a} = \frac{1}{2\sqrt{a}}(-2-a)$$
따라서 $-2a = -2 - a$ 그러므로
$$a = 2$$
따라서 구하는 접선의 방정식은
$$y - \sqrt{2} = \frac{1}{2\sqrt{2}}(x-2)$$
즉 $x - 2\sqrt{2}\,y + 2 = 0$이 됩니다.

문제 33  다음 접선의 방정식을 구하시오.

(1)  곡선 $y = x^3$상의 점$(1, 1)$에서의 접선

(2)  곡선 $y = x^3$상의 $x$좌표가 $-2$인 점에서의 접선

(3)  곡선 $y = x^2 - 2x$의 기울기가 $-2$인 접선

(4)  곡선 $y = -\dfrac{2}{3}x^3$의 기울기가 $-2$인 접선

(5)  곡선 $y = x^5$상의 점$(1, 1)$에서의 접선

(6)  곡선 $y = x^4$상의 $x$좌표가 $-2$인 점에서의 접선

(7)  점$(3, -4)$에서 포물선 $y = x^2 - 3x$에 그은 접선

(8)  점$(0, 16)$에서 곡선 $y = x^3$에 그은 접선

(9)  점$(1, 5)$에서 곡선 $y = x^3$에 그은 접선

(10)  곡선 $y = \sqrt{x}$상의 $x$좌표가 $4$인 점에서의 접선

(11)  곡선 $y = 2\sqrt{x}$의 기울기가 $2$인 접선

(12)  곡선 $y = \dfrac{2}{1+x^2}$상의 점 $(1, 1)$에서의 접선

문제 34  함수 $f(x) = \dfrac{1}{3}x^3 + x^2 - 3x$의 그래프에 대하여, 다음과 같은 접선과 그래프의 접점의 $x$좌표를 구하시오.

(1)  기울기가 $5$인 접선

(2)  $x$축에 평행인 접선

(3)  점 $(0, -27)$을 지나는 접선

문제 35  쌍곡선 $xy = k(k > 0)$상의 임의의 점 $P(x_0, y_0)$에서의 접선이 $x$축, $y$축과 만나는 점을 각각 $Q, R$이라 합니다. 이때

(1)  점 $P$는 선분 $QR$의 중점임을 증명하시오.

(2)  원점을 $O$라 하면, 삼각형 $OQR$의 넓이는 점 $P$의 위치와 관계 없이 일정하다는 것을 증명하시오.

문제 36  곡선상의 한 점 $P$에서, $P$에 접하는 그 곡선의 접선에 직교하는 직선을, 점 $P$에서의 그 곡선의 **법선**이라고 합니다.

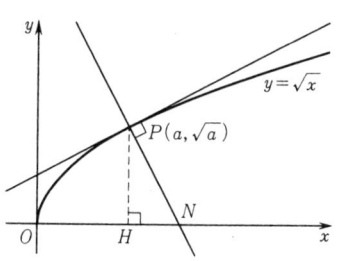

곡선 $y = \sqrt{x}$상의 원점 이외의 임의의 점을 $P$라 하고, $P$에서의 그 곡선의 법선이 $x$축과 만나는 점을 $N$, $P$에서 $x$축에 내린 수선을 $PH$라 하면, $HN$의 길이는 점 $P$의 위치에

관계없이 일정하다는 것을 증명하시오.

# 17.4 여러 가지 미분법

우리는 이미 함수의 합, 차, 곱, 몫을 미분하는 방법을 알고 있습니다. 그러나 몇 개의 함수에서 새로운 함수를 만드는 데는 사칙계산 이외의 방법도 있습니다. 이 절에서는 그러한 새로운 구성법으로 만들어지는 함수의 미분법에 대해서 배웁니다.

## ◈ 합성함수

예를 들어 $(x+3)^{10}$ 이라는 함수를 생각해 봅시다. 이 함수는 먼저 $x$로부터 $x+3$을 만들고, 다시 그것을 10제곱함으로써 얻어집니다. $f$를 실수 $u$에 $u^{10}$을 대응시키는 함수라 하고, $g(x)=x+3$이라 하면,

$$(x+3)^{10} = f(x+3) = f(g(x))$$

입니다.

또, $\sqrt{x^2+1}$ 이라는 함수는 $f$를 양의 실수 $u$에 제곱근 $\sqrt{u}$를 대응시키는 함수, $g$를 $g(x)=x^2+1$에 의해서 정의된 함수라 하면,

$$\sqrt{x^2+1} = f(x^2+1) = f(g(x))$$

입니다.

좀더 알기 쉽게 말하면, 위의 예에서

$$y=f(u)=\sqrt{u}, \qquad u=g(x)=x^2+1$$

로 씁니다. 이때 "$y$는 $u$의 함수", "$u$는 $x$의 함수"이고, 따라서 "$y$는 $x$의 함수"입니다. 이 함수가

$$y=f(g(x))=\sqrt{x^2+1}$$

입니다.

일반적으로 $f$가 집합 $T$를 정의역으로 하는 함수, $g$가 집합 $S$를 정의역으로 하는 함수라 합니다. 또, $S$에 속하는 각각의 수 $x$에 대하여 $g(x)$가 $T$에 속하는 것이라 합

니다. 이때, $S$에 속하는 각각의 $x$에 대하여 먼저 $g(x)$를 구하고, 다음에 $f$의 $g(x)$에서의 값 $f(g(x))$를 구하면, $x$로부터 $f(g(x))$가 정해집니다. 따라서 $x$에 $f(g(x))$를 대응시키는 새로운 함수가 얻어집니다. 이 함수를 $f$와 $g$의 **합성함수**라 하고, 기호 $f \circ g$로 나타냅니다. 즉 합성함수 $f \circ g$는 $x$에서의 값이

$$(f \circ g)(x) = f(g(x))$$

인 함수입니다.

　보다 소박한 표현을 쓰면, 함수

$$y = f(u) \quad \text{와} \quad u = g(x)$$

의 합성함수가

$$y = (f \circ g)(x) = f(g(x))$$

입니다.

　여기서 기호 $\circ$을 사용했습니다. 이것은 주로 참고를 위한 것이며, 미적분법의 장에서는 이 기호가 그렇게 흔히 쓰이지는 않습니다. 여러분은 나중에 "사상"이나 "일차변환"의 장에서 이 기호가 활용되는 것을 볼 것입니다.

[문제 37] 다음 합성함수를 구하시오.
　(1)　$f(u) = 2^u$, $g(x) = \cos x$ 일 때, $f(g(x))$.
　(2)　$f(u) = \sin u$, $g(x) = x^2 + 1$ 일 때, $f(g(x))$.
　(3)　$g(u) = u^2 + 1$, $f(x) = \sin x$ 일 때, $g(f(x))$.
　(4)　$f(v) = \log_{10} v$, $g(t) = t^3 - 1$ 일 때, $f(g(t))$.

[문제 38] 다음 함수를 합성함수 $f(g(x))$로 볼 때 $f(u)$, $g(x)$를 각각 구하시오.
　(1)　$\sqrt{x-2}$　　(2)　$\sin(x^2 + 5)$　　(3)　$(\sin x)^5$
　(4)　$\cos 2x$　　(5)　$(\log_2 x)^4$　　(6)　$2^{\cos x}$

　합성함수 $f \circ g$를 만들기 위해서는 $x$가 $g$의 정의역 ──── 반드시 원래의 정의역은 아니고, 그것을 적당히 제한한 것이라도 상관없지만 ──── 을 움직였을 때, $g(x)$의

값이 항상 $f$의 정의역에 속해 있어야 합니다. 예를 들어, $f(u) = \sqrt{u}$, $g(x) = -x^2 - 1$이라 합니다. 이때 $f$는 양의 수 또는 0에 대하여 정의되지만, $g$가 취하는 값은 모두 음수입니다. 따라서 합성함수 $f \circ g$를 만들 수는 없습니다. 즉, 기호 $\sqrt{-x^2-1}$에는(장차는 어찌되건 당장 이 책의 단계에서는)의미가 없습니다.

한편, (정의역이나 치역에 관한)적당한 조건하에서는 3개 이상의 함수의 합성함수도 만들 수 있습니다.

예를 들어 3개의 함수

$$y = 2^u, \quad u = \sin v, \quad v = x^2 + 5$$

를 합성하면, 함수

$$y = 2^{\sin(x^2+5)}$$

이 얻어집니다. 함수기호를 사용해서 쓰면 $2^{\sin(x^2+5)}$은

$$f(u) = 2^u$$
$$g(v) = \sin v$$
$$h(x) = x^2 + 5$$

에 의해서 정의되는 3개의 함수 $f, g, h$의 합성함수로 생각할 수 있습니다.


### ◆ 합성함수의 미분

$f$를 구간 $I$에서, $g$를 구간 $J$에서 정의된 함수라 하고, $x \in J$일 때 $g(x)$는 항상 $I$에 속하는 것이라 합니다. 이때 합성함수 $f \circ g$가 정의됩니다.

$f, g$가 모두 연속이면 합성함수 $f \circ g$도 연속입니다. 이 것은 자명한 일입니다.

여기서는 $f, g$가 모두 미분가능하면 합성함수 $f \circ g$도 미분가능하다는 것을 증명해 봅시다.

함수 기호만으로는 추상적이므로, 구체적으로 변수의 문자를 사용해서

$$y = f(u), \qquad u = g(x)$$

라 쓰기로 하고, 합성함수

$$y = (f \circ g)(x) = f(g(x))$$

가 정의되는 것으로 합니다.

가정에 따라 $y$는 $u$에 대해서, $u$는 $x$에 대해서 미분가능하고, 도함수

$$\frac{dy}{du}, \qquad \frac{du}{dx}$$

가 존재합니다. 우리는 이때 $y$가 $x$에 대해서 미분가능하다는 것, 그리고 도함수 $\frac{dy}{dx}$가

$$\frac{dy}{dx} = \frac{dy}{du} \cdot \frac{du}{dx}$$

로 주어진다는 것을 주장합니다.

이 주장을 증명해 봅시다.

지금 $x$의 증분 $\Delta x$에 대한 $u = g(x)$의 증분을 $\Delta u$라 하고, $u$의 증분 $\Delta u$에 대한 $y = f(u)$의 증분을 $\Delta y$라 합니다. 이때

$$\frac{\Delta y}{\Delta x} = \frac{\Delta y}{\Delta u} \cdot \frac{\Delta u}{\Delta x}$$

이며, $\Delta x$를 0에 가까이 하면 $\Delta u$도 0에 가까워집니다. 왜냐하면, 함수 $u = g(x)$는 미분가능하고 연속이기 때문입니다.

그러므로 위의 식에서 $\Delta x \rightarrow 0$일 때의 극한을 생각하면,

$$\begin{aligned}
\lim_{\Delta x \to 0} \frac{\Delta y}{\Delta x} &= \lim_{\Delta x \to 0} \left( \frac{\Delta y}{\Delta u} \cdot \frac{\Delta u}{\Delta x} \right) \\
&= \lim_{\Delta x \to 0} \frac{\Delta y}{\Delta u} \cdot \lim_{\Delta x \to 0} \frac{\Delta u}{\Delta x} \\
&= \lim_{\Delta u \to 0} \frac{\Delta y}{\Delta u} \cdot \lim_{\Delta x \to 0} \frac{\Delta u}{\Delta x}
\end{aligned}$$

이 되고, $y = f(u)$, $u = g(x)$의 미분가능성에 따라 최종변의 두 극한은

$$\lim_{\Delta u \to 0} \frac{\Delta y}{\Delta u} = \frac{dy}{du}, \qquad \lim_{\Delta x \to 0} \frac{\Delta u}{\Delta x} = \frac{du}{dx}$$

가 됩니다. 따라서 우리는

$$\lim_{\varDelta x \to 0} \frac{\varDelta y}{\varDelta x} = \frac{dy}{du} \cdot \frac{du}{dx}$$

를 얻습니다. 즉, $y = f(g(x))$는 $x$에 대하여 미분가능하고,

$$\frac{dy}{dx} = \frac{dy}{du} \cdot \frac{du}{dx}$$

입니다. 이것으로 증명이 끝났습니다.

이 증명은 매우 단순합니다. 이것은 "$\varDelta$"로 표시되는 분수식인 등식을 "극한 이행"에 의해서 "$d$"로 표시되는 등식──이것은 분수식인 등식이 아닙니다!──으로 옮긴 것입니다. 단지 그것뿐입니다.

그러나 위의 증명은 완전하지 못합니다. 왜냐하면 위의 증명에서 $\varDelta x$는 독립변수 $x$의 증분이므로 0이 아닌 작은 수이지만, 이에 대한 $u$의 증분 $\varDelta u$는 0이 되는 일도 있기 때문입니다. $\varDelta u = 0$이 되는 경우에는

$$\frac{\varDelta y}{\varDelta x} = \frac{\varDelta y}{\varDelta u} \cdot \frac{\varDelta u}{\varDelta x}$$

라는 변형이 불가능합니다. 따라서 위의 증명은 일반적으로는 통용되지 않습니다. 즉, 위의 증명은 $x$의 작은 증분 $\varDelta x(\neq 0)$에 대한 $u$의 증분 $\varDelta u$가 항상 0이 아니라는 가정 아래 성립하는 증명인 것입니다.

이 결점을 수정한, 어느 경우에나 통용되는 증명은 얼마 후에 설명하겠습니다. 하지만 이것은 "기교적"인 것입니다. 실제 문제에서는 이 증명까지 알 필요는 별로 없습니다. 여러분은 위의 공식을 분명히 기억하고, 그것의 운용에 숙달하면 그것으로 충분합니다.

함수 기호를 사용해서 쓰면

$$\frac{dy}{dx} = \{f(g(x))\}' = (f \circ g)'(x),$$

$$\frac{dy}{du} = f'(u) = f'(g(x)),$$

$$\frac{du}{dx} = g'(x)$$

이므로, 위의 공식은

$$(f \circ g)'(x) = f'(g(x))g'(x)$$

로 나타낼 수가 있습니다.

이상을 정리하면 다음과 같습니다.

---

### 합성함수의 미분법

함수 $y = f(x)$가 구간 $I$에서 미분가능, 함수 $u = g(x)$가 구간 $J$에서 미분가능하고, $x$가 $J$를 움직였을 때의 $g$의 치역이 $I$에 포함되어 있는 것이라 한다. 이때 합성함수

$$y = f(g(x)) = (f \circ g)(x)$$

는 구간 $J$에서 미분가능하고,

$$\frac{dy}{dx} = \frac{dy}{du} \cdot \frac{du}{dx}$$

또는

$$(f \circ g)'(x) = f'(g(x))g'(x)$$

가 성립한다.

---

위의 공식에서 기법 $\dfrac{dy}{dx}$를 사용한 것은 특히 간단 명료합니다. 이것은 이 기법의 하나의 뛰어난 점입니다. 실제로 이 기법에서는 공식의 좌변은 우변의 분모, 분자에 나타나는 $du$를 약분한 형태입니다. 즉, 도함수의 기호가 마치 "분수"────그 자체가 "분수"가 아니라는 것은 앞에서도 주의를 준 바 있지만────인 것처럼 다룰 수 있는 것입니다.

물론 이 공식은 3개 이상의 함수의 합성함수에 대해서도 적용할 수 있습니다.

예를 들어 $y$가 $v$의 함수, $v$가 $u$의 함수, $u$가 $x$의 함수이고, 모두가 미분가능하면

$$\frac{dy}{dx} = \frac{dy}{dv} \cdot \frac{dv}{du} \cdot \frac{du}{dx}$$

입니다.

966 17 함수의 변화를 파악한다──함수의 극한과 미분법

합성함수의 미분법의 공식은 **연쇄법**(영어로는 chain rule)이라고도 불립니다. 이 말도(우리 말로서 알맞는지 어떤지는 차치하고) 간단해서 좋다고 생각합니다.

연쇄법에 의한 계산의 예를 들어보겠습니다.

**예** $y=(4x^2-5)^6$ 을 미분하시오.

**풀이** $y=u^6$, $u=4x^2-5$ 라 놓으면,

$$\frac{dy}{du}=6u^5, \qquad \frac{du}{dx}=8x$$

따라서

$$\frac{dy}{dx}=6u^5 \cdot 8x=48x(4x^2-5)^5$$

**예** $y=\sqrt{x^2+2x}$ 를 미분하시오.

**풀이** $y=\sqrt{u}, u=x^2+2x$ 라 놓으면,

$$\frac{dy}{du}=\frac{1}{2\sqrt{u}}, \qquad \frac{du}{dx}=2x+2$$

따라서

$$\frac{dy}{dx}=\frac{1}{2\sqrt{u}} \cdot (2x+2)=\frac{x+1}{\sqrt{x^2+2x}}$$

그럼 여기서 "합성함수의 미분법 공식"을 증명해 보겠습니다. (이것은 확인을 위한 것이므로 흥미가 없는 사람은 생략해도 무방합니다.)

앞에서와 마찬가지로, $y=f(u)$, $u=g(x)$ 라 합니다.

처음에, 함수 $f$가 미분가능하다는 것을 우리들의 증명에 편리한 형태로 고칠 필요가 있습니다.

함수 $f$가 미분가능하다는 것은

$$\lim_{k \to 0}\frac{f(u+k)-f(u)}{k}=f'(u)$$

로 나타낼 수 있습니다. 이것은 평균변화율과 $f'(u)$와의 차가 $k \to 0$일 때 0에 가까워진다는 것을 뜻합니다. 즉,

$$\frac{f(u+k)-f(u)}{k}=f'(u)+r(k) \qquad ①$$

로 놓으면 $r(k)$는 $k$의 함수로서, $k \to 0$일 때 0에 가까워집니다. 기호로 쓰면

$$\lim_{k \to 0} r(k) = 0$$

입니다.

①의 양변에 $k$를 곱하여 분모를 없애면

$$f(u+k) - f(u) = k \cdot f'(u) + k \cdot r(k) \qquad ②$$

를 얻습니다. 여기까지는 $k$가 0이 아닌 것이라 하고 이 관계식을 이끌어 왔는데, ②에서는 분모에 $k$가 나타나 있지 않습니다. 그러므로 $r(0)$의 값을 $r(0) = 0$으로 정하면 ②는 $k = 0$일 때도 성립합니다. 사실 이때 ②의 좌변은

$$f(u) - f(u) = 0$$

이고, 또 ②의 우변도 $0 \cdot f'(u) + 0 \cdot 0 = 0$이기 때문입니다. 이 ②의 형태가 우리가 증명하는 데 편리합니다.

그런데, 목표인 공식──연쇄법──을 증명하기 위해 합성함수 $y = f(g(x))$의 평균변화율

$$\frac{f(g(x+h)) - f(g(x))}{h}$$

를 생각합시다. 물론 여기서 $h$는 0이 아닌 작은 수입니다.

$g(x) = u$, $g(x+h) = u+k$라 놓으면

$$k = g(x+h) - g(x)$$

이고, 위의 평균변화율은

$$\frac{f(u+k) - f(u)}{h}$$

로 고쳐 쓸 수 있습니다. $h$의 값에 따라서 $k$가 0이 되기도 합니다. 그러나, $g$의 미분가능성(연속성)에 따라 여하튼 $h$가 0에 가까워질 때 $k$도 0에 가까워집니다.

여기서 등식 ②를 이용합니다. 그러면 이 평균변화율은

$$\frac{k \cdot f'(u) + k \cdot r(k)}{h}$$

로 나타납니다.

이 분자의 $k$에 $k = g(x+h) - g(x)$를 대입하고 고쳐 쓰면, 이것은

$$\frac{g(x+h) - g(x)}{h} \cdot f'(u) + \frac{g(x+h) - g(x)}{h} \cdot r(k)$$

가 됩니다. [$r(k)$의 $k$는 특별히 고쳐쓸 필요가 없으므로 그대로 둡니다.]

여기서 $h$를 0에 가까이 합니다. 이때 위 식의 제1항은 $g'(x)f'(u)$에 가까워집니다. 또, $h \to 0$으로 하면 $k$도 0에 가까워지므로 $r(k)$는 0에 가까워지고, 따라서 제2항은 $g'(x) \cdot 0 = 0$에 가까워집니다. 그러므로 $h \to 0$일 때 평균변화율의 극한은

$$f'(u)g'(x)$$

가 됩니다. 이것으로 증명이 끝났습니다.

그럼, 본문으로 돌아갑시다. 연쇄법의 계산을 연습하기 위해 다음에 몇 가지 문제를 실었습니다.

다음 문제에서는 내용을 풍부히 하기 위해 삼각함수, 지수함수, 로그함수 등의 도함수의 공식──이것들은 제5절의 주요 내용이 됩니다──을 미리 사용하기로 합니다. 그것들은 다음과 같습니다.

$$\frac{d}{dx}(\sin x) = \cos x$$

$$\frac{d}{dx}(\cos x) = -\sin x$$

$$\frac{d}{dx}(e^x) = e^x$$

$$\frac{d}{dx}(\log x) = \frac{1}{x}$$

단, 위의 공식에서 문자 $e$는 "자연로그의 밑"이라 불리는 특별한 하나의 양의 상수──그 값은 약 $2.718\cdots$──를 나타냅니다. 그리고 $\log x$는 이 수 $e$를 밑으로 하는 로그를 나타냅니다. [물론, 정확한 정의나 증명을 알기 전에 이런 문제를 다루는 것은 기분이 나쁘다고 하는 결벽증이 있는 사람도 있을 것입니다. 그런 사람은 제5절을 배운 다음에 이 문제를 풀도록 하십시오.]

**문제 39** 다음 함수를 미분하시오.

(1)   $\sqrt{x-2}$     (2)   $\sin(x^2+5)$     (3)   $(\sin x)^5$

(4)   $\cos 2x$     (5)   $(\log x)^4$     (6)   $(x+1)^8$

(7)   $(x^2-2)^{\frac{3}{2}}$     (8)   $e^{\cos x}$     (9)   $\log(\sin x)$

(10)   $e^{-x^2}$     (11)   $\sin(e^x)$     (12)   $e^{\log(\cos x)}$

**문제 40** 다음 식을 증명하시오. 단, $f(x)$는 각각 적당한 구간에서 미분가능한 함수로 합니다.

(1)   $\dfrac{d}{dx}\sqrt{f(x)} = \dfrac{f'(x)}{2\sqrt{f(x)}}$

(2)   $\dfrac{d}{dx} f(ax+b) = af'(ax+b)$

(3)   $\dfrac{d}{dx} f(x^2) = 2xf'(x^2)$

(4)   $\dfrac{d}{dx} f(\sin x) = f'(\sin x) \cdot \cos x$

### ◆ 역함수의 미분

$f$를 구간 $I$에서 연속인 단조함수라 하고, $J$를 그 치역이라 합니다. 이때 $J$도 또한 구간이며, $f$의 역함수 $g$가 구간 $J$에서 정의되는 일과 $g$도 또한 연속인 단조함수라는 것을 우리는 이미 알고 있습니다.

지금, $f$가 구간 $I$에서 미분가능 하고, 또 $I$의 모든 점 $x$에서 $f'(x) \neq 0$이라 합시다.

이때 $g$는 구간 $J$에서 미분가능하며,

$$g'(y) = \frac{1}{f'(x)}$$

이 성립합니다. 단, 위의 식에서 $x$와 $y$는

$$y = f(x), \quad x = g(y)$$

라는 관계에 의해서 대응하는 $I$ 및 $J$의 점입니다.

이것을 증명해 봅시다.

위와 마찬가지로, 역함수 $g$의 독립변수를 $y$라 쓰기로 하고, $g$의 평균변화율

$$\frac{g(y+k) - g(y)}{k}$$

를 생각합니다. 여기서 $k$는 0이 아닌 작은 수입니다.

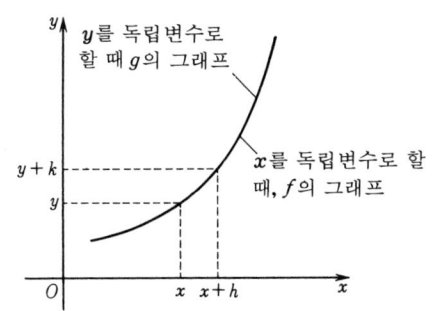

$$g(y)=x, \quad g(y+k)=x+h$$ 라 놓으면, 위의 평균변화율의 분자는 $h$와 같고, 또

$$y=f(x), \quad y+k=f(x+h)$$

이므로 분모 $k$는

$$k=f(x+h)-f(x)$$

로 나타납니다. 그리고 $k\neq 0$이므로 $h$도 0은 아닙니다.

그러므로 위의 평균변화율은

$$\frac{g(y+k)-g(y)}{k}=\frac{h}{f(x+h)-f(x)}$$

로 고쳐쓸 수 있습니다.

여기서 $k$를 0에 가까이 합니다. 그러면 $g$의 연속성에 의해서 $h$도 0에 가까워지고, 위 식의 우변의 역수

$$\frac{f(x+h)-f(x)}{h}$$

는 $f'(x)$에 가까워집니다. 그리고 가정에 따라 $f'(x)\neq 0$이므로, 우변은

$$\frac{1}{f'(x)}$$

에 가까워집니다. 즉,

$$\lim_{k\to 0}\frac{g(y+k)-g(y)}{k}=\frac{1}{f'(x)}$$

입니다. 여기에서

$$g'(y)=\frac{1}{f'(x)}$$

이 증명되었습니다.

여기서 $x=g(y)$이므로, 이 식은 또

$$g'(y)=\frac{1}{f'(g(y))}$$

로도 쓸 수 있습니다.

또 이 공식에서 $g'(y)$는 $x=g(y)$를 $y$에 관해서 미분한 함수이고, $f'(x)$는 $y=f(x)$를 $x$에 관해서 미분한 함수이므로 형식적으로 이것을

$$\frac{dx}{dy} = \frac{1}{\dfrac{dy}{dx}}$$

이라 쓰기도 합니다.

여기서도 기호 $\dfrac{dx}{dy}$ 나 $\dfrac{dy}{dx}$ 는 마치 "분수"인 것처럼 다룰 수 있습니다.

이 결과를 정리하면 다음과 같습니다.

---

**역함수의 미분법**

함수 $y = f(x)$ 가 구간 $I$ 에서 단조롭고도 미분가능하며 $f'(x) \neq 0$ 으로 하고, 치역을 $J$ 라 한다. 이때 역함수 $x = g(y)$ 는 구간 $J$ 에서 단조롭고도 미분가능하며,

$$g'(y) = \frac{1}{f'(x)} = \frac{1}{f'(g(y))}$$

또는

$$\frac{dx}{dy} = \frac{1}{\dfrac{dy}{dx}}$$

이 성립한다.

---

**문제 41** 위에서는 역함수 $x = g(y)$ 의 도함수 $g'(y)$ 가 "존재"하는 일, 그리고 그것이 $\dfrac{1}{f'(x)}$ 과 같다는 것을 증명했습니다. 그러나 만일 역함수의 도함수의 존재를 "가정"한다면, 이 공식은 연쇄법을 써서 좀더 간단히 증명할 수 있습니다. 즉, $f$ 와 $g$ 는 서로의 역함수이므로, 임의의 $y \in J$ 에 대하여

$$f(g(y)) = y$$

가 성립합니다. 이 양변을 미분하여 위의 공식을 이끌어내시오.

실제문제에서는, 함수의 독립변수는 $x$, 종속변수는 $y$

로 나타내는 것이 보통입니다. 따라서 위의 역함수의 미분법 공식도 보통은 문자 $x$, $y$가 뒤바뀐 상태에서 사용됩니다.

간단한 예를 하나 들어보겠습니다. (역함수의 미분법에 관한 좀더 중요한 응용례는 나중에 볼 수 있습니다.)

**예** $n$을 양의 정수라 할 때, 함수

$$y = x^{\frac{1}{n}}$$

을 미분하시오.

**풀이** $y = x^{\frac{1}{n}}$ 이므로 이것은 $x = y^n$ 이고, $x$를 $y$에 관하여 미분하면,

$$\frac{dx}{dy} = ny^{n-1}$$

입니다. 따라서 역함수의 미분법의 공식에 따라

$$\frac{dy}{dx} = \frac{1}{dx/dy} = \frac{1}{ny^{n-1}}$$

$$= \frac{1}{n} y^{1-n} = \frac{1}{n} (x^{\frac{1}{n}})^{1-n} = \frac{1}{n} x^{\frac{1}{n}-1}$$

**예** $r$을 임의의 유리수라 할 때, 구간$(0, \infty)$에서 정의된 함수 $x^r$의 도함수는

$$\frac{d}{dx}(x^r) = rx^{r-1}$$

이 되는 것을 증명하시오. (이 예는 오히려 합성함수의 미분법의 응용입니다.)

**풀이** 유리수 $r$은 정수 $m$과 양의 정수 $n$을 써서 $r = \dfrac{m}{n}$ 이라 쓸 수 있습니다. 이때 함수

$$y = x^r = x^{\frac{m}{n}}$$

은 함수 $y = u^m$과 함수 $u = x^{\frac{1}{n}}$ 의 합성함수입니다.

따라서 합성함수의 미분법과 위 예의 결과에 따라

$$\frac{dy}{dx} = \frac{dy}{du} \cdot \frac{du}{dx} = mu^{m-1} \cdot \frac{1}{n} x^{\frac{1}{n}-1}$$

$$= mx^{\frac{m}{n}-\frac{1}{n}} \cdot \frac{1}{n} x^{\frac{1}{n}-1} = \frac{m}{n} x^{\frac{m}{n}-1} = rx^{r-1}$$

이것으로 목적하는 식이 얻어졌습니다.

### ◆ 음함수의 미분법

우리가 지금까지 다루어 온 함수는

$$y = x^2 + 3, \qquad y = \frac{2}{x}, \qquad y = \sin 2\pi x$$

등과 같이 $y$가 "$x$의 식"으로서 나타내는 것이 중심이었습니다.

그러나, $x$와 $y$에 관한 어떤 방정식

$$F(x,\ y) = 0$$

이 있고, 이 관계식을 만족시키는 조건에 따라 $y$가 $x$의 함수로 생각되는 경우도 있습니다.

예를 들어 방정식

$$x^2 + y^2 = 25 \qquad\qquad ①$$

를 생각해 봅시다. 우리는 이 방정식이 원점을 중심으로 하고 반지름이 5인 원을 나타내는 것을 알고 있습니다. 이 방정식을 $y$에 관해서 풀면

$$y = \pm\sqrt{25 - x^2}$$

이 되어, $-5 < x < 5$인 $x$에 대해서는 $y$의 값이 2개 정해집니다. 따라서 지금까지 써온 의미에서는, $y$는 $x$의 함수가 아닙니다. 왜냐하면, (이 책에서 사용되고 있는) 함수라는 낱말의 정의에 따르면 $x$의 값에 대하여 $y$의 값이 "단 하나" 정해지고 있기 때문입니다.

하지만 우리는 위의 방정식 ①에 따라 2개의 함수

$$y = \sqrt{25 - x^2}, \qquad y = -\sqrt{25 - x^2}$$

중 어느 하나가 나타나 있는 것이라 생각할 수도 있습니다. 도형적으로 말하면, 이들 두 함수의 그래프는 각각 원의 상반부, 하반부를 나타내고 있습니다.

이와 같이 ①에서 $y$를 $x$의 함수라 생각할 때, 예를 들어 "$x = 3$일 때 $y = -4$"라는 조건을 덧붙인다면 그 조건

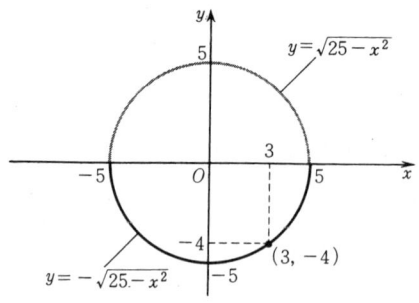

은 위에서 말한 두 함수 중의, 함수
$$y = -\sqrt{25-x^2}$$
을 특정하는 것이 됩니다.

　일반적으로 $x$와 $y$ 사이의 어떤 관계식 $F(x, y)=0$에
의해서 $y$를 $x$의 함수로 생각할 때, 이것을 **음함수**라고 합
니다. 이에 대하여, $y$가 직접 $x$의 식에 의해서 주어지는
함수를 **양함수**라고 합니다.

　위에서 다룬 예를 계속해서, 방정식
$$x^2 + y^2 = 25$$
에 의해서 정해지는 $x$의 함수 $y$를 생각해 봅시다. 이때,
방정식의 양변을 $x$에 관해서 미분하면
$$2x + 2y\,\frac{dy}{dx} = 0$$
이 됩니다. 왜냐하면, 합성함수의 미분법에 따라
$$\frac{d}{dx}y^2 = \frac{d}{dy}y^2 \cdot \frac{dy}{dx} = 2y\,\frac{dy}{dx}$$
가 되기 때문입니다.

　위에서 얻은 식을 고쳐 쓰면
$$\frac{dy}{dx} = -\frac{x}{y}$$
를 얻습니다. 이것으로 함수 $y$의 도함수를 구했습니다.
이 도함수의 식에는 $x$와 $y$ 양쪽이 나타나 있습니다.

　물론, 이 결과를 문자 $x$만으로 나타낼 수도 있습니다
즉, $y$가 $y = \sqrt{25-x^2}$인가, $y = -\sqrt{25-x^2}$인가에 따라
도함수는 각각

$$\frac{dy}{dx} = -\frac{x}{\sqrt{25-x^2}}, \qquad \frac{dy}{dx} = \frac{x}{\sqrt{25-x^2}}$$

로 나타납니다. 그러나 이와 같이 도함수를 $x$만으로 나타내지 않으면 안 되는 특별한 이유는 없습니다.

**문제 42**  다음을 증명하시오.

(1)  $y^2 = 4x$  이면   $\dfrac{dy}{dx} = \dfrac{2}{y}$

(2)  $\dfrac{x^2}{4} + y^2 = 1$  이면   $\dfrac{dy}{dx} = -\dfrac{x}{4y}$

(3)  $x^2 - y^2 = 1$  이면   $\dfrac{dy}{dx} = \dfrac{x}{y}$

(4)  $x^2 y^3 = 1$  이면   $\dfrac{dy}{dx} = -\dfrac{2y}{3x}$

다시 방정식 $x^2 + y^2 = 25$로 돌아갑니다.

위에서 본 바와 같이

$$\frac{dy}{dx} = -\frac{x}{y}$$

인데, 이 식을 이용해서 원 $x^2 + y^2 = 25$ 상의 점 $P(3, -4)$에 접하는 접선의 방정식을 생각해 봅시다.

그러기 위해 이 식에서 $x=3, y=-4$라 합니다. 이때

$$\frac{dy}{dx} = \frac{3}{4}$$

입니다. 이것이 접선의 기울기입니다. 구하는 접선의 방정식은

$$y - (-4) = \frac{3}{4}(x-3)$$

이며, 정리하면 $3x - 4y - 25 = 0$이 됩니다.

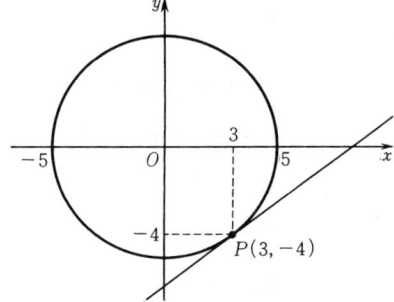

위에서는 음함수의 미분법을 써서 원의 접선의 방정식을 구했는데, 이와 같은 생각에 따라 타원의 접선의 방정식을 구할 수가 있습니다. 그 계산은 다음과 같습니다.

지금, 타원

$$\frac{x^2}{a^2}+\frac{y^2}{b^2}=1$$

위에 한 점 $P(x_0, y_0)$가 주어졌다고 합시다. 단, $y_0 \neq 0$이라 합니다.

이 방정식의 양변을 $x$에 관해서 미분하면

$$\frac{2x}{a^2}+\frac{2y}{b^2}\,y'=0$$

따라서

$$y' = -\frac{b^2 x}{a^2 y}$$

입니다. 그러므로 점 $P(x_0, y_0)$에 접하는 접선의 기울기는

$$-\frac{b^2 x_0}{a^2 y_0}$$

이 됩니다.

이 계산은 이미 제12장, 622페이지의 예제에서 했던 것과 같습니다. 즉, 구하는 접선의 방정식은

$$y-y_0 = -\frac{b^2 x_0}{a^2 y_0}(x-x_0)$$

이며, 점 $P$가 타원상에 있다는 것을 이용해서 이것을 변형하고 정리하면

$$\frac{x_0 x}{a^2}+\frac{y_0 y}{b^2}=1$$

을 얻습니다.

앞에 나온 제12장의 예제에서는 대수적으로 계산하고, 이차방정식의 이중근 조건을 이용해서 접선의 기울기를 구했었습니다. 이에 비해서 위의 미분법에 의한 계산은 얼마나 기계적이고 간단합니까! 여러분은 이 계산법의 유효성을 충분히 음미해 보십시오.

# 17.5 여러 가지 함수의 도함수

이 절에서는 삼각함수, 지수함수, 로그함수의 도함수를 구하는 일을 주요 목표로 합니다.

[말하는 것을 잊었지만, 여러분 중에는 이른바 "정함수의 미분·적분"만을 재빨리 배우겠다는 사람이 있을지도 모릅니다. 그런 사람은 이 절을 생략하든가 아니면 뒤로 돌리십시오. 사실은 앞 절의 합성함수나 역함수의 미분법 등에 대해서도 그렇게 한 것이 좋았을 것입니다. 사실은 이런 이야기를 앞 절의 처음 부분에서 말했어야 했습니다. 그러나 이러한 주의를 일일이 말하는 것은 번거롭기도 하고 또 서술의 흐름에 방해가 됩니다. 따라서 앞으로 나는 여러분이 필요로 하는 사항의 취사 선택은 여러분 자신의 판단에 맡기고자 합니다. 이 강의를 읽는 여러분의 대부분은 단순히 필요 사항의 습득을 원하는 것이 아니라 보다 진보된 내용을 적극적으로 배우기를 원한다고 생각합니다.]

## ◈ 삼각함수에 관한 기본적인 극한

삼각함수의 미분에서 기초가 되는 것은 다음 극한입니다.

$$\lim_{x \to 0} \frac{\sin x}{x} = 1$$

이 극한은 아주 기본적인 것입니다. 여기서는 먼저 이 극한의 증명부터 시작하겠습니다.

위의 극한에서는 $x \to 0$일 때 분모나 분자나 모두 0에 가까워집니다. 그러나 $\sin x$는 $x$의 "다항식"이 아니므로 분모·분자를 $x$로 약분할 수는 없습니다. 따라서 이 극한을 증명하기 위해서는 지금까지 배워 온 수법과 다른 종류의 수법을 연구해야 합니다.

우리는 이 극한을 다음과 같이 기하학적 고찰에 의해서 이끌어내고자 합니다.

처음에 $x$가 양에서 0에 가까워질 때를 생각합시다.

지금, $0 < x < \dfrac{\pi}{2}$ 라 하고, 왼쪽 그림과 같이 반지름 1인 단위원 $O$의 원주상에 $\angle AOB = x$가 되도록 두 점 $A$, $B$를 잡습니다. 그리고 점 $A$에 접하는 원의 접선과 반직선 $OB$ 와의 교점을 $T$라 합니다.

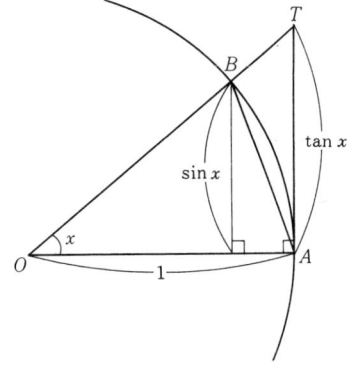

이때 분명히

삼각형 $OAB$의 넓이 < 부채꼴 $OAB$의 넓이

< 삼각형 $OAT$의 넓이

가 성립합니다. 이들 세 도형의 넓이는 각각

$$\text{삼각형 } OAB\text{의 넓이} = \frac{1}{2}\sin x$$

$$\text{부채꼴 } OAB\text{의 넓이} = \frac{1}{2}x$$

$$\text{삼각형 } OAT\text{의 넓이} = \frac{1}{2}\tan x$$

로 주어집니다. 실제로 두 삼각형의 밑변 $OA$는 공통이며 길이는 1이고, 또 높이는 각각 $\sin x$, $\tan x$로 되어 있습니다. 따라서 이들의 넓이는 위와 같이 됩니다. 또, 부채꼴 $OAB$의 넓이는 반지름 1인 원의 넓이 $\pi$의 $\dfrac{x}{2\pi}$ 배입니다. 따라서 그것은 $\dfrac{1}{2}x$가 됩니다.

그러므로 우리는 다음 부등식을 얻습니다.

$$\frac{1}{2}\sin x < \frac{1}{2}x < \frac{1}{2}\tan x$$

이것의 각 항을 2배하고, $\sin x$로 나눕니다. 그러면(이 경우 $\sin x > 0$이므로)

$$1 < \frac{x}{\sin x} < \frac{\tan x}{\sin x}$$

가 얻어집니다. 여기서

$$\frac{\tan x}{\sin x} = \frac{1}{\cos x}$$

임에 주의하십시오. (이 등식은 탄젠트와 사인·코사인 사이의 관계식에서 곧 알 수 있습니다.) 그러므로 위의 부등식은

$$1 < \frac{x}{\sin x} < \frac{1}{\cos x}$$

로 고쳐쓸 수 있습니다. 또한 우리는 이 부등식의 각 항의 역수를 취합니다. 그러면 부등호의 방향이 역전하는데, 부등호의 방향을 똑같이 하기 위해——이것은 반드시 필요한 것은 아닙니다——항의 순서를 바꾸면

$$\cos x < \frac{\sin x}{x} < 1$$

이 얻어집니다.

여기서 $x$를 0에 가까이 합니다. 이때, 위 부등식의 왼쪽 항 $\cos x$는 1에 가까워집니다. 또 오른쪽 항 1의 극한은 물론 1자신입니다. 즉, 위 부등식의 가운데 항은 극한이 모두 1인 두 항 사이에 끼어 있습니다. 그러므로, 917 페이지의 법칙 2("협공의 원리")에 따라 가운데 항도 1에 가까워져야 합니다. 즉,

$$\lim_{x \to +0} \frac{\sin x}{x} = 1$$

이 됩니다. 이것으로 $x$가 양에서 0에 가까워질 때의 증명이 되었습니다.

다음에, $x$가 음에서 0에 가까워질 때를 생각합니다. $x = -u$로 놓으면, $x$가 음에서 0에 가까워질 때 $u$는 양에서 0에 가까워집니다. 그리고 $\sin(-u) = -\sin u$이므로,

$$\frac{\sin x}{x} = \frac{\sin(-u)}{-u} = \frac{\sin u}{u}$$

가 되고, 따라서

$$\lim_{x \to -0} \frac{\sin x}{x} = \lim_{u \to +0} \frac{\sin u}{u} = 1$$

이 됩니다. 이것으로 $x$가 음에서 0에 가까워지는 경우도 증명되었습니다.

이 결과를 정리하면 다음과 같습니다.

| | |
|---|---|
| **정리** | $\lim\limits_{x \to 0} \dfrac{\sin x}{x} = 1$ |

확인하기 위해 덧붙이면, 이 극한의 직관적인 의미는 다음과 같습니다.

우리는 앞에서 반지름 1, 중심각 $x$인 부채꼴 $OAB$와 삼각형 $OAB$를 그린 바 있습니다. 이것들의 넓이는 각각

$$\frac{1}{2}x, \qquad \frac{1}{2}\sin x$$

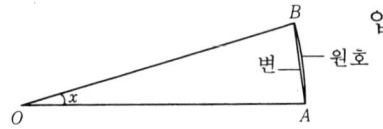

입니다. 따라서 위의 정리는 $x$가 0에 가까워질 때

$$\frac{\text{삼각형 } OAB\text{의 넓이}}{\text{부채꼴 } OAB\text{의 넓이}}$$

가 1에 가까워진다는 것을 의미합니다. 직관적으로 이것 은 거의 분명합니다!

또 위의 극한에서, 즉시

$$\lim_{x \to 0} \frac{\tan x}{x} = 1$$

이 얻어집니다. 실제로

$$\frac{\tan x}{x} = \frac{\sin x}{\cos x} \cdot \frac{1}{x} = \frac{\sin x}{x} \cdot \frac{1}{\cos x}$$

이고, $x \to 0$일 때 $\cos x$는 1에 가까워지므로 이 몫의 극한 도 1이 됩니다.

이들 기본적 극한과 관련되는 몇 가지 극한을 다음에 예제 및 문제로서 다루어 보겠습니다.

**예제**　다음 극한을 구하시오.

(1) $\displaystyle\lim_{x \to 0} \frac{\sin 2x}{x}$　　　　(2) $\displaystyle\lim_{x \to 0} \frac{\sin 5x}{\sin 2x}$

(3) $\displaystyle\lim_{x \to 0} \frac{1 - \cos x}{x^2}$　　　　(4) $\displaystyle\lim_{x \to \frac{\pi}{2}} \frac{x - \dfrac{\pi}{2}}{\cos x}$

**풀이**　(1) $\displaystyle\lim_{x \to 0} \frac{\sin 2x}{x} = \lim_{x \to 0} 2 \cdot \frac{\sin 2x}{2x}$

$$= 2 \lim_{x \to 0} \frac{\sin 2x}{2x} = 2$$

(2) $\displaystyle\lim_{x \to 0} \frac{\sin 5x}{\sin 2x} = \lim_{x \to 0} \frac{5 \cdot \dfrac{\sin 5x}{5x}}{2 \cdot \dfrac{\sin 2x}{2x}} = \frac{5}{2}$

(3) $\dfrac{1 - \cos x}{x^2} = \dfrac{(1 - \cos x)(1 + \cos x)}{x^2(1 + \cos x)}$

$$= \frac{\sin^2 x}{x^2(1+\cos x)} = \left(\frac{\sin x}{x}\right)^2 \frac{1}{1+\cos x}$$

따라서

$$\lim_{x \to 0} \frac{1-\cos x}{x^2} = \lim_{x \to 0} \left(\frac{\sin x}{x}\right)^2 \frac{1}{1+\cos x}$$

$$= 1 \cdot \frac{1}{2} = \frac{1}{2}$$

(4)  $x - \frac{\pi}{2} = \theta$ 라   놓으면

$$\frac{x - \frac{\pi}{2}}{\cos x} = \frac{\theta}{\cos\left(\theta + \frac{\pi}{2}\right)} = \frac{\theta}{-\sin\theta}$$

이고   $x \to \frac{\pi}{2}$   일 때     $\theta \to 0.$   따라서

$$\lim_{x \to \frac{\pi}{2}} \frac{x - \frac{\pi}{2}}{\cos x} = \lim_{\theta \to 0} \left(-\frac{\theta}{\sin\theta}\right) = -1$$

**문제 43**  다음의 극한을 구하시오.

(1)  $\displaystyle \lim_{x \to 0} \frac{\sin 3x}{x}$     (2)  $\displaystyle \lim_{x \to 0} \frac{\tan x}{2x}$

(3)  $\displaystyle \lim_{\theta \to 0} \frac{\sin 2\theta}{\tan 3\theta}$     (4)  $\displaystyle \lim_{\theta \to 0} \frac{\sin 7\theta + \sin 5\theta}{\sin 2\theta}$

(5)  $\displaystyle \lim_{x \to 0} \frac{1-\cos x}{x}$     (6)  $\displaystyle \lim_{x \to 0} \frac{1-\cos 2x}{x^2}$

(7)  $\displaystyle \lim_{\theta \to \pi} \frac{\tan \theta}{\pi - \theta}$     (8)  $\displaystyle \lim_{x \to \infty} x \sin \frac{1}{x}$

(9)  $\displaystyle \lim_{x \to 0} x \sin \frac{1}{x}$     (10)  $\displaystyle \lim_{x \to 1} \frac{\cos \frac{\pi}{2} x}{1-x^2}$

[힌트 : (8) $\frac{1}{x} = y$로 놓습니다. (9) $\left| x \sin \frac{1}{x} \right| \leqq |x|$에 주의하십시오.]

## ◆  삼각함수의 미분

앞 항에서 말한 기본적인 극한을 이용해서 함수 $\sin x$ 의 도함수를 구해 봅시다.

구해야 하는 것은 평균변화율

$$\frac{\sin(x+h) - \sin x}{h}$$

의, $h \to 0$일 때의 극한입니다.

제8장에서 배운 공식(430페이지)

$$\sin A - \sin B = 2 \cos \frac{A+B}{2} \sin \frac{A-B}{2}$$

를 이용하면, 이 분자는

$$\sin(x+h) - \sin x = 2 \cos\left(x + \frac{h}{2}\right) \sin \frac{h}{2}$$

로 변형됩니다. 그러므로 $\frac{h}{2} = \theta$라 놓으면, 평균변화율은

$$\frac{2 \cos(x+\theta) \sin \theta}{2\theta} = \cos(x+\theta) \cdot \frac{\sin \theta}{\theta}$$

로 나타납니다.

여기서 $h \to 0$이라 합니다. 이때 $\theta \to 0$이고, $\cos(x+\theta)$는 $\cos x$에 가까워지며, 또

$$\frac{\sin \theta}{\theta}$$

는 1에 가까워집니다. 그러므로

$$\lim_{h \to 0} \frac{\sin(x+h) - \sin x}{h} = \cos x$$

입니다. 이것으로 함수 $\sin x$의 도함수는 $\cos x$가 되는 일, 즉

$$(\sin x)' = \cos x$$

임이 증명되었습니다.

함수 $\cos x$에 관해서도 위와 같이 평균변화율의 극한을 계산함으로써

$$(\cos x)' = -\sin x$$

임이 증명됩니다. 하지만,

$$\cos x = \sin\left(x + \frac{\pi}{2}\right),$$

$$\cos\left(x + \frac{\pi}{2}\right) = -\sin x$$

인 것을 이용하면, 다음과 같이 합성함수의 미분법을 써서 $\cos x$의 도함수를 구할 수도 있습니다.

즉, $x + \dfrac{\pi}{2} = u$라 놓으면,

$$\frac{d}{dx}(\cos x) = \frac{d}{du}(\sin u) \cdot \frac{du}{dx}$$

$$= (\cos u) \cdot 1 = \cos u = -\sin x$$

입니다.

이상으로 다음 정리가 얻어졌습니다.

> 함수 $\sin x,\, \cos x$는 구간 $(-\infty, \infty)$에서 미분가능하며,
> $$(\sin x)' = \cos x$$
> $$(\cos x)' = -\sin x$$

함수 $\tan x = \dfrac{\sin x}{\cos x}$에 대해서는 위의 정리와 몫의 미분법에 따라

$$(\tan x)' = \frac{(\sin x)' \cdot \cos x - \sin x \cdot (\cos x)'}{\cos^2 x}$$

$$= \frac{\cos^2 x + \sin^2 x}{\cos^2 x} = \frac{1}{\cos^2 x},$$

즉

$$(\tan x)' = \frac{1}{\cos^2 x}$$

을 얻습니다. 이 공식은 $(-\infty, \infty)$에서 $x = \dfrac{\pi}{2} + n\pi (n = 0, \pm 1, \pm 2, \pm 3, \cdots)$를 제외한 데서 성립합니다.

---

**문제 44** $\cot x = \dfrac{1}{\tan x}$로 놓습니다. [cot는 cotangent(코탄젠트)의 약자입니다.]

$$(\cot x)' = -\frac{1}{\sin^2 x}$$

을 증명하시오.

**문제 45** 다음 함수를 미분하시오. [단, 자연수 $k$에 대하여 $\sin^k x$는 $(\sin x)^k$를 의미합니다. $\cos^k x,\, \tan^k x$에 대해서도 마찬가지입니다.]

(1)  $\sin 3x$  　(2)  $\cos 2x$  　(3)  $\tan 4x$

(4)   $\sin^2 x$        (5)   $\cos^5 x$        (6)   $\tan^2 x$

(7)   $\sin(2x^2 - 3)$        (8)   $\tan(x^4 - x^3)$

(9)   $\sin x \cos x$        (10)   $\cot(3x - 4)$

(11)   $\sin^3 2x$        (12)   $\sqrt{1 + \cos x}$

(13)   $\dfrac{\cos x}{1 - \sin x}$        (14)   $\dfrac{1 - \tan x}{1 + \tan x}$

**문제 46**   다음 곡선의 각각 지시된 점에 접하는 접선의 기울기를 구하시오.

(1)   $y = \sin x,$              $x = \pi/4$

(2)   $y = \cos x,$              $x = \pi/6$

(3)   $y = \sin x \cos x,$        $x = 3\pi/2$

(4)   $y = \tan x,$              $x = -\pi/4$

(5)   $y = \dfrac{1}{\sin x},$        $x = -\pi/3$

### ◆ 수 $e$

다음에는 지수함수·로그함수의 미분에 대해서 생각해 봅시다. 미분·적분법에서는 $e$라는 문자로 표시되는 특별한 하나의 양의 상수를 밑으로 하는 지수함수·로그함수가 특히 중요합니다.

먼저, $e$란 어떤 수인지 설명해 두겠습니다.

수 $e$의 도입 방식에는 여러 가지가 있습니다. 이 수를 어떤 방식으로 수학에 도입하는가? 그것은 미분·적분법의 교과서에 부과된 하나의 문제입니다. 저자들은 각자의 기호에 따라, 또는 그 책에 요구되고 있는 엄밀성·논리성의 정도에 따라 도입 방식을 선택합니다. 여기서는 극히 소박한, 그래프에 의한 직관적 도입을 하려고 생각합니다. 이것은 논리성 혹은 엄밀성에서 다른 도입방식보다 "못할"지도 모릅니다. 그러나 영상적인 인상은 선명하고 직접적입니다. 여러분은 아마도 이러한 직관적인 접근 방식을 받아들이는 데 있어 아무런 저항감도 느끼지 않을 것입니다.

우리는 여기서 지수함수

$$y = a^x$$

의 그래프를 생각합니다. 단, $a$는 $a \geq 1$인 양수라 합니다. $a=1$일 때는 이것은 상수함수 $y=1$이고, 그래프는 수평($x$축에 평행)입니다. $a>1$이면 함수 $y=a^x$은 항상 양의 값을 취하는 단조증가함수이고, $x$가 양에서 커질 때 무한히 커지며, $x \to -\infty$일 때는 그래프가 무한히 $x$에 접근합니다.

우리는 다음에, 상수 $a$의 값이 변할 때 함수의 그래프가 어떻게 변하는가를 생각합시다. 예를 들어 $y=2^x$, $y=3^x$, $y=10^x$의 $x=-2, -1, 0, 1, 2, 3$에서의 값을 비교하면 다음과 같이 됩니다.

| $x$ | $-2$ | $-1$ | $0$ | $1$ | $2$ | $3$ |
|---|---|---|---|---|---|---|
| $2^x$ | 1/4 | 1/2 | 1 | 2 | 4 | 8 |
| $3^x$ | 1/9 | 1/3 | 1 | 3 | 9 | 27 |
| $10^x$ | 1/100 | 1/10 | 1 | 10 | 100 | 1000 |

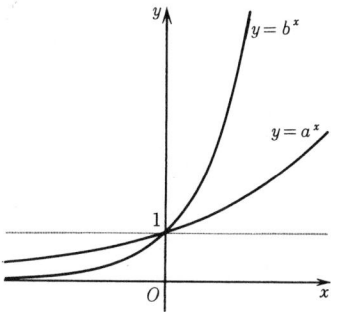

일반적으로 $a, b$를 1보다 큰 수라 하고, $a<b$라 합니다. 이때

$$x>0 \quad \text{이면} \quad 1<a^x<b^x$$
$$x<0 \quad \text{이면} \quad 1>a^x>b^x$$

입니다. 그리고 $a$의 값이 1에 가까워지면 함수 $y=a^x$은 아주 완만하게 증가하고, 그래프는 수평선 $y=1$에 가까워집니다. 또, $b$의 값이 크면 함수 $y=b^x$은 급속히 증가합니다. 만일 $b$의 값이 굉장히 크면 그 그래프는 $x \geq 0$의 부분에서 거의 수직선에 가까워질 것입니다. 오른쪽 그림에 그런 상태를 보였습니다.

여기서 곡선 $y=a^x$의 $x=0$에서의 기울기──정확히 말하면 점$(0, 1)$에서의 접선의 기울기──를 생각합시다. 이 기울기는 $a$가 1에 가까울 때는 0에 가까운 양수이고, $a$가 1에서 차츰 커질 때는 0에서 차츰 증가하며, $a$가 무한히 커지면 기울기도 무한히 커집니다. 게다가 $a$가 연

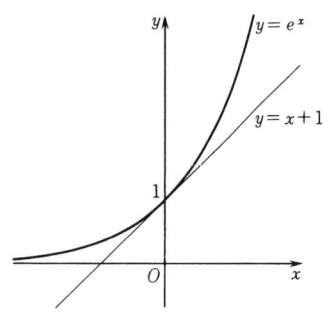

속적으로 변화할 때 기울기도 또한 "연속적으로" 변화하는 것으로 생각됩니다. 따라서 $a$의 어떤 값에 대해서는 그 기울기가 꼭 1과 같게 될 것입니다. 이 때의 $a$의 값을 $e$라 말하는 것입니다. 왼쪽 그림은

$$y = e^x$$

의 그래프와, 그 그래프상의 점 $(0, 1)$에서의 접선을 보였습니다.

위에서 말한 $e$의 "정의"에 따르면, 함수 $y = e^x$의 $x = 0$에서의 미분계수는 1입니다. 한편, 미분계수의 정의에 따라, 그 미분계수는 극한

$$\lim_{h \to 0} \frac{e^{0+h} - e^0}{h} = \lim_{h \to 0} \frac{e^h - 1}{h}$$

로 나타납니다. 그러므로

$$\lim_{h \to 0} \frac{e^h - 1}{h} = 1$$

입니다. 이것이 현재 시점에서 우리가 내리는 $e$의 정의입니다. 즉, 위의 극한의 등식이 성립하는 1보다 큰 양의 상수로서 수 $e$를 정의합니다.

단, 위에서는 이러한 수 $e$의 존재를 직관적으로 이끌어낸 것이며, 논증적으로 이끌어낸 것이 아니라는 점에 주의할 필요가 있습니다. 우리는 위에서 "$e$의 존재"를 정확히 증명한 것은 아닙니다. 이것은 주의해야 할 사실입니다. 엄격한 논증적 전개를 원하는 사람은 "$e$의 존재"에 대한 정확한 증명이 장래의 학습 과제의 하나라는 것을 기억해 두면 좋을 것입니다.

논리적 엄밀성이라는 점은 불문에 붙이더라도 위의 "정의"에는 또 한 가지 불만이 있습니다. 그것은 수 $e$가 극한의 "내부"에 나타나 있어, $e$가 이른바 "음함수적으로" 정의되어 있는 점입니다. 그 불만은 다음과 같이 하면 해소됩니다.

지금 $h \neq 0$이라 하고, $e^h - 1 = z$라 놓습니다.

이때 $z \neq 0$이고, $e^h = 1 + z$입니다. 따라서 $e$를 밑으로

하는 로그 $\log_e$ 를 단순히 $\log$로 쓰기로 하면, $h=\log(1+z)$이며, $e$의 정의를 사용한 뒤의 평균변화율은

$$\frac{e^h-1}{h}=\frac{z}{\log(1+z)}$$

로 고쳐쓸 수가 있습니다.

평균변화율의 $h\to0$일 때의 극한이 1이므로 그의 역수의 극한도 1입니다. 그래서 $h$가 0에 가까이가면 $e^h$가 1에 가까워지며, 즉 $z$가 0에 가까워지는 것과 동치입니다. 따라서 위의 극한의 식은

$$\lim_{z\to0}\frac{\log(1+z)}{z}=1$$

이라 쓸 수 있습니다.

형식상 여기서 문자 $z$를 다시 $h$로 고치고 또한

$$\frac{\log(1+h)}{h}=\log(1+h)^{\frac{1}{h}}$$

임에 주의하십시오. 그러면 위에서 말한 것은

$$\lim_{h\to0}\{\log(1+h)^{\frac{1}{h}}\}=1$$

로 나타납니다.

간단하게 지금 $\log(1+h)^{\frac{1}{h}}$ 을 $f(h)$라 쓰기로 합니다. 그러면

$$(1+h)^{\frac{1}{h}}=e^{f(h)}$$

이고, 또 $\lim_{h\to0}f(h)=1$입니다. 따라서(지수함수의 연속성에 따라) $h\to0$일 때 $(1+h)^{\frac{1}{h}}$ 은 $e^1=e$에 가까워집니다.

즉

$$\lim_{h\to0}(1+h)^{\frac{1}{h}}=e$$

입니다.

이 식에서는 $e$가 극한의 "외부"로 나와 있습니다. 그런 뜻에서 앞에 든 정의보다 바람직합니다.

실제로 $h$의 값에 따른 $(1+h)^{\frac{1}{h}}$ 의 값을 계산기로 계산하면 다음표와 같이 됩니다.

| $h$ | $(1+h)^{\frac{1}{h}}$ | $h$ | $(1+h)^{\frac{1}{h}}$ |
|---|---|---|---|
| 1 | 2 | | |
| 0.1 | 2.59374⋯ | $-0.1$ | 2.86797⋯ |
| 0.01 | 2.70481⋯ | $-0.01$ | 2.73199⋯ |
| 0.001 | 2.71692⋯ | $-0.001$ | 2.71964⋯ |
| 0.0001 | 2.71814⋯ | $-0.0001$ | 2.71841⋯ |
| 0.00001 | 2.71826⋯ | $-0.00001$ | 2.71829⋯ |

이 표에 의하면 $h \to 0$일 때 $(1+h)^{\frac{1}{h}}$이 분명히 어떤 값에 가까이 간다는 것이 관찰될 것입니다.

위의 극한에 의해서 정의되는 수 $e$는 무리수이며, 그 값은

$$e = 2.718281828459045\cdots$$

입니다.

이 수 $e$는 흔히 **자연로그의 밑**이라 불립니다. 이것은 수학에서 원주율 $\pi$와 쌍벽을 이루는 중요한 상수입니다. 그것은 $\pi$보다 더 중요합니다.


◆ **지수함수·로그함수의 미분**

위에서 수 $e$를 정의하였습니다. 수학에서 단지 지수함수라고 할 때는 보통 이 수 $e$를 밑으로 하는 지수함수 $e^x$을 뜻합니다. 이것은 또 함수기호 $\exp$를 써서 $\exp(x)$로도 쓰입니다. 즉,

$$e^x = \exp(x)$$

입니다. [exp는 exponential function(지수함수)의 약자입니다.]

함수 $e^x$의 도함수를 구해 봅시다.

이 함수의 $x=0$에서의 미분계수가

$$\lim_{h \to 0} \frac{e^h - 1}{h} = 1$$

임은 이미 알고 있는 바입니다. 일반적으로 점 $x$에서의

미분계수를 구하기 위해 평균변화율

$$\frac{e^{x+h}-e^x}{h}$$

을 생각합시다. 지수법칙을 사용하면 이것은

$$\frac{e^{x+h}-e^x}{h} = \frac{e^x e^h - e^x}{h} = e^x \cdot \frac{e^h - 1}{h}$$

로 고쳐쓸 수 있고, $h$를 0에 가까이 할 때 $e^x$은 그대로이고, $(e^h-1)/h$는 1에 가까워집니다. 그러므로

$$\lim_{h \to 0} \frac{e^{x+h}-e^x}{h} = e^x$$

입니다. 이것은

$$(e^x)' = e^x$$

임을 의미합니다. 즉, $e^x$의 도함수는 $e^x$ 자신입니다! 이것이 수 $e$를 밑으로 하는 지수함수가 수학에서 특히 중용되는 이유인 것입니다!

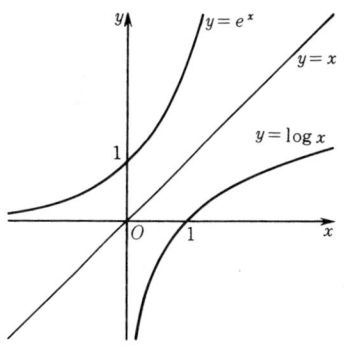

　다음에 로그함수에 대하여 생각해 봅시다. 수 $e$를 밑으로 하는 로그 $\log_e$를 **자연로그**라 하고, 단지 $\log$로 씁니다. [앞으로 이 강의에서 단지 $\log$로 쓴 경우는 항상 자연로그를 의미합니다.] 함수

$$y = \log x$$

는 구간$(0, \infty)$에서 정의되는 함수이고, 그 그래프는 직선 $y = x$에 대해서 함수 $y = e^x$의 그래프와 대칭입니다.

　로그함수 $y = \log x$의 도함수를 구해 봅시다.

　앞의 지수함수 때와 마찬가지로 평균변화율의 극한을 구해도 되지만, 우리는 이미 지수함수의 도함수를 알고 있으므로, 역함수의 미분법의 공식을 사용하기로 합니다. 즉, 다음과 같습니다.

　지금, $y = \log x$라 놓습니다. 이때 $x = e^y$이고

$$\frac{dx}{dy} = e^y$$

입니다. 그러므로

$$\frac{dy}{dx} = \frac{1}{dx/dy} = \frac{1}{e^y} = \frac{1}{x}.$$

이것으로

$$(\log x)' = \frac{1}{x}$$

이 증명되었습니다.

이상을 정리하면 다음과 같습니다.

---

지수함수 $e^x$은 구간 $(-\infty, \infty)$에서 미분가능하며
$$(e^x)' = e^x$$
로그함수 $\log x$는 구간 $(0, \infty)$에서 미분가능하며
$$(\log x)' = \frac{1}{x}$$

---

일반적으로 양수 $a$(단, $a \neq 1$)를 밑으로 하는 지수함수, 로그함수는 $e$를 밑으로 하는 것만큼 빈번이 나타나지 않으며, 그 중요성도 이차적입니다. 그러나 무시해서는 안 됩니다. 역시 일단은 그것들의 도함수를 알아두는 것이 안전합니다. 다음에 그것을 설명하겠습니다.

먼저 $y = a^x$이라 합니다. 이 양변에 자연로그를 취하면
$$\log y = x \log a$$
따라서
$$y = e^{x \log a}$$
입니다. [그리고, 일반적으로 $a^b = e^{b \log a}$인 것에 주의하십시오.] 따라서 $u = x \log a$라 놓으면 $y = e^u$이고, 합성함수의 미분법의 공식에 따라

$$\frac{dy}{dx} = \frac{dy}{du} \cdot \frac{du}{dx} = e^u \cdot \log a$$
$$= e^{x \log a} \cdot \log a = a^x \log a$$

를 얻습니다. 즉,
$$(a^x)' = a^x \log a$$
입니다. 이와 같이, 일반적으로 양수 $a(\neq 1)$가 밑인 경우에는 도함수에 여분의 인수 $\log a$가 곱해지는 것입니다. [$a = e$이면 $\log_e = 1$이므로 이 인수가 나타나지 않습니다

!]

다음에 $y = \log_a x$라 합니다. 이때 $x = a^y$이므로 역함수
의 미분법에 따라

$$\frac{dy}{dx} = \frac{1}{dx/dy} = \frac{1}{a^y \log a} = \frac{1}{x \log a},$$

그러므로

$$(\log_a x)' = \frac{1}{x \log a}$$

이 됩니다. 이것으로 일반적인 로그함수의 도함수도 구
했습니다.

문제 47   함수 $\log(-x)$는 $x < 0$에 대하여 정의됩니다. 이
함수의 도함수를 구하시오.

문제 48   다음 함수의 도함수를 구하시오.

(1)  $e^{3x}$ 　　　　(2)  $e^{x^2}$ 　　　　(3)  $\log 4x$

(4)  $2^x$ 　　　　(5)  $x^2 e^{-x}$ 　　　　(6)  $\log_{10}(x^2 + 1)$

(7)  $e^x \sin x$ 　　(8)  $\dfrac{1}{\log x}$ 　　(9)  $\dfrac{\log x}{x}$

(10)  $e^x \log x$ 　(11)  $\sin(e^x)$ 　(12)  $e^{\sin 3x}$

(13)  $\log(\cos x)$ 　(14)  $\cos(\log x)$

문제 49   다음 곡선에서 지시된 $x$좌표의 점에 접하는 접선
의 방정식을 구하시오.

(1)  $y = e^x$,  $x = 0$ 　　　　(2)  $y = \log x$,  $x = 1$

(3)  $y = e^{2x}$,  $x = 1$ 　　　　(4)  $y = \log x$,  $x = e$

(5)  $y = xe^x$,  $x = 0$ 　　　　(6)  $y = \dfrac{\log x}{x}$,  $x = 1$

문제 50   곡선 $y = e^x$에 원점에서 그은 접선의 방정식을 구하
시오. [힌트 : 곡선 $y = e^x$위의 점 $(a, e^a)$에 접하는 접선이 원
점을 지나도록 $a$의 값을 정하시오.]

문제 51   곡선 $y = \log x$에 원점에서 그은 접선의 방정식을
구하시오.

문제 52   $a$를 1과 같지 않은 양수라 합니다. 극한

$$\lim_{h \to 0} \frac{a^h - 1}{h}$$

을 구하시오.

**문제 53**  제 $n$ 항이 $\left(1+\dfrac{1}{n}\right)^n (n=1, 2, 3, \cdots)$ 인 수열은 $e$ 에 수
렴하는 일, 즉

$$\lim_{n \to \infty} \left(1+\frac{1}{n}\right)^n = e$$

임을 증명하시오. [주의 : 많은 해석학 책에서는 이 수열의
극한값을 가지고 $e$ 로 정의하고 있습니다.]

### ◆  거듭제곱의 미분

$r$ 이 유리수일 때,

$$(x^r)' = rx^{r-1}$$

임은 972페이지의 예에서 본 바 있습니다.

사실은 이 공식은 $r$ 이 무리수일 때에도 성립합니다.
즉, 일반적으로 $\alpha$ 를 임의의 실수라 할 때, 구간 $(0, \infty)$ 에
서 정의된 함수 $x^\alpha$ 은 미분가능하며,

$$(x^\alpha)' = \alpha x^{\alpha-1}$$

이 성립하는 것입니다.

이것을 다음에 증명하겠습니다.

$y = x^\alpha$ 이라 놓습니다. 먼저, 앞에서 한 바와 같이 $y$ 를
$e$ 의 거듭제곱의 형태로 고쳐 써서

$$y = e^{\alpha \log x}$$

라 합니다. 여기서 $u = \alpha \log x$ 로 놓으면,

$$\frac{dy}{dx} = \frac{dy}{du} \cdot \frac{du}{dx} = e^u \cdot \frac{\alpha}{x}$$

$$= e^{\alpha \log x} \cdot \frac{\alpha}{x} = x^\alpha \cdot \frac{\alpha}{x} = \alpha x^{\alpha-1}.$$

이것으로 공식이 증명되었습니다.

우리가 처음에 $n$ 이 자연수일 때 $(x^n)' = nx^{n-1}$ 이 성립하
는 것을 증명한 것은 40페이지나 전의 일이었습니다. 그
로부터 기나긴 여로를 거치며 도중에 여러 명소를 구경
하면서 마지막에 또 거듭제곱 함수에 대한 이 일반적인
결론에 도달한 것입니다!

그리고, 위의 $y = x^\alpha$ 의 도함수를 구하는 계산은 종종

다음과 같이 쓰기도 합니다. 즉, $y = x^\alpha$의 양변에 로그를 취하면

$$\log y = \alpha \log x$$

이 양변을 $x$에 관해서 미분하면

$$\frac{y'}{y} = \frac{\alpha}{x}$$

[여기서 $y'$는 $dy/dx$의 의미입니다. 좌변의 결과는

$$\frac{d}{dx}(\log y) = \frac{d}{dy}(\log y) \cdot \frac{dy}{dx} = \frac{1}{y} \cdot y'$$

와 같이 합성함수의 미분법으로부터 얻어집니다.]

그러므로

$$y' = y \cdot \frac{\alpha}{x} = x^\alpha \cdot \frac{\alpha}{x} = \alpha x^{\alpha - 1}$$

——이상이 관습적으로 쓰는 방법입니다.

이 방법은 양변에 로그를 취해서 미분하고 있습니다. 그러므로 이와 같은 미분법을 **로그미분법**이라 부르기도 합니다. 여기서 또 하나 로그미분법의 예를 들어 보겠습니다.

㉄ 함수 $y = x^x$을 미분하시오. [주의 : 이 함수도 $x > 0$에 대하여 정의되어 있습니다.]

**풀이** $y = x^x$의 양변에 로그를 취하면

$$\log y = x \log x$$

이 양변을 $x$에 관하여 미분하면

$$\frac{y'}{y} = \log x + 1$$

그러므로 $y' = y(\log x + 1) = x^x(\log x + 1)$

이것이 답입니다.

**문제 54** 다음 함수를 미분하시오.

(1)  $y = x^{\log x}$         (2)  $y = x^{(x^x)}$

### ◆ 역삼각함수와 그 미분

이 항에서는 사인함수 및 탄젠트함수의 역함수와 그

미분법에 대해서 설명하겠습니다.

먼저, 사인함수 $y = \sin x$를 생각해 봅시다. 이 함수의 정의역은 $(-\infty, \infty)$, 치역은 $[-1, 1]$이며, 여러분이 잘 알다시피 그래프는 다음 그림과 같이 됩니다.

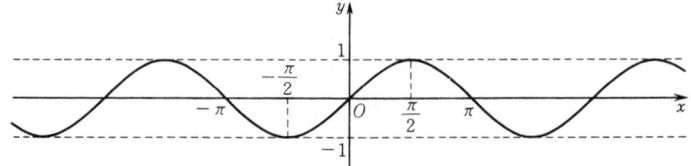

이 함수에서는 구간 $[-1, 1]$에 속하는 각각의 $y$에 대하여 $y = \sin x$가 되는 $x$의 값이 무한개 대응합니다. 따라서 이대로는 역함수를 정의할 수가 없습니다. 그러나 $y = \sin x$의 정의역을 특별한 구간으로 제한하면 역함수를 정의할 수가 있습니다.

우리는 이제 함수 $y = \sin x$의 정의역을, 폐구간

$$\left[ -\frac{\pi}{2}, \frac{\pi}{2} \right]$$

에 제한해서 생각합시다.

이와 같이 정의역을 제한하면 함수 $y = \sin x$의 그래프는 아래 그림과 같이 되는데, $x$가 $-\frac{\pi}{2}$에서 $\frac{\pi}{2}$까지 증가할 때 $y$는 $-1$에서 1까지 단조롭게 증가합니다. 따라서 그 역함수를 정의할 수가 있습니다. 이 역함수를 **역사인함수** 또는 **아크사인**이라 부르고, arcsin으로 나타냅니다.

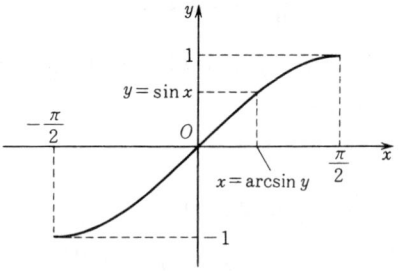

arcsin의 정의에 따라 구간 $\left[ -\frac{\pi}{2}, \frac{\pi}{2} \right]$에 속하는 $x$와 구간 $[-1, 1]$에 속하는 $y$에 대하여, $y = \sin x$인 것과

$$x = \arcsin y$$

인 것과는 같은 것이 됩니다.

즉, $-1 \leqq y \leqq 1$인 $y$에 대하여 $\arcsin y$는 sin의 값이 $y$가 되는 $-\dfrac{\pi}{2}$와 $\dfrac{\pi}{2}$ 사이의 각 $x$를 나타내는 것입니다.

예를 들면, $\sin\left(\dfrac{\pi}{4}\right) = \dfrac{1}{\sqrt{2}}$ 이므로

$$\arcsin \dfrac{1}{\sqrt{2}} = \dfrac{\pi}{4}$$

입니다. 또, $\sin\left(-\dfrac{\pi}{6}\right) = -\dfrac{1}{2}$이므로

$$\arcsin\left(-\dfrac{1}{2}\right) = -\dfrac{\pi}{6}$$

입니다.

[주의 : 이와 같이 구간 $\left[ -\dfrac{\pi}{2}, \dfrac{\pi}{2} \right]$에 속하는 $x$에 대하여는

$$\arcsin(\sin x) = x$$

가 되지만, 위의 구간에 속하지 않는 $x$에 대해서는 이 등식은 성립하지 않습니다. 예를 들면 $\sin\left(\dfrac{3\pi}{2}\right) = -1$이지만,

$$\arcsin(-1) = -\dfrac{\pi}{2}$$

이므로 $\arcsin(-1) = \dfrac{3\pi}{2}$는 되지 않습니다.]

함수 $y = \sin x$, 단 $-\dfrac{\pi}{2} \leqq x \leqq \dfrac{\pi}{2}$의 역함수 $x = \arcsin y$ (이 방법에서는 $y$가 독립변수, $x$가 종속변수입니다)는 폐구간

$$-1 \leqq y \leqq 1$$

에서 정의됩니다. 그리고 $y$가 $-1$에서 $1$까지 증가할 때 $\arcsin y$는 $-\dfrac{\pi}{2}$에서 $\dfrac{\pi}{2}$까지 단조롭게 증가합니다.

여기서 관습에 따라 $\arcsin$의 독립변수를 $x$, 종속변수를 $y$로 고쳐쓰기로 합니다. 그러면 함수

$$y = \arcsin x$$

의 그래프는 다음 페이지의 왼쪽 그림과 같이 됩니다. 이것은 앞 페이지의

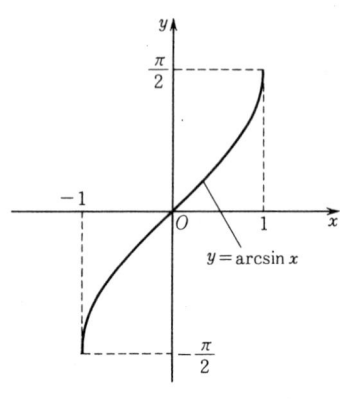

$y = \sin x$
$$y = \sin x \left(-\frac{\pi}{2} \leqq x \leqq \frac{\pi}{2}\right)$$

의 그래프를 직선 $y = x$에 대해서 대칭으로 이동시킨 것입니다.

다음에, 함수 $y = \arcsin x$의 도함수를 생각해 봅시다. 이것은 역함수의 미분법에 의해서 다음과 같이 구할 수 있습니다.

지금, $y = \arcsin x$라 놓습니다. 이때 $x = \sin y$이고,

$$\frac{dx}{dy} = \cos y$$

입니다. 개구간

$$-\frac{\pi}{2} < y < \frac{\pi}{2}$$

에서는 $\cos y$의 값은 양에서 0이 되지 않습니다. 따라서 함수 $y = \arcsin x$를 개구간

$$-1 < x < 1$$

에서 미분가능하며,

$$\frac{dy}{dx} = \frac{1}{dx/dy} = \frac{1}{\cos y}$$

이 됩니다.

위의 도함수 $dy/dx$의 식은 $y$의 식으로 나타나고 있습니다. 그러나 이것을 $x$의 식으로 고쳐 쓰는 것은 간단합니다. 실제로, 관계식

$$\sin^2 y + \cos^2 y = 1$$

을 사용하고, 구간 $-\frac{\pi}{2} \leqq y \leqq \frac{\pi}{2}$에서 $\cos y \geqq 0$인 것에 주의하면

$$\cos y = \sqrt{1 - \sin^2 y}$$

를 얻습니다. 그리고 $x = \sin y$이므로, 결국 도함수는

$$\frac{dy}{dx} = \frac{1}{\sqrt{1 - x^2}}$$

로 나타납니다.

이 도함수의 식은 개구간 $-1 < x < 1$에서 성립한다는 것에 주의합시다. 구간의 양쪽 끝점 $x = 1$, $x = -1$에서 $y$

=arcsin $x$는 미분가능하지 않습니다. 실제로 $x$가 1의 왼쪽에서 가까이 갈 때 도함수의 값은 굉장히 커지며, 곡선은 수직에 가까워집니다. 그리고 마침내 $x=1$일 때는, 곡선의 접선은 $y$축에 평행인 직선(기울기가 "∞"인 직선)이 됩니다. 따라서 점 $x=1$에서는, 함수는 미분가능하지 않습니다. 점 $x=-1$에서도 마찬가지입니다.

위에서 말한 것을 정리해 봅시다.

사인함수의 정의역을 개구간

$$\left[ -\frac{\pi}{2}, \frac{\pi}{2} \right]$$

에 제한해서 생각할 때 역함수 arcsin이 폐구간 $[-1, 1]$에서 정의된다. 이 역함수

$$y = \arcsin x$$

는 개구간 $(-1, 1)$에서 미분가능하며,

$$\frac{dy}{dx} = \frac{d}{dx}(\arcsin x) = \frac{1}{\sqrt{1-x^2}}$$

이다.

삼각함수의 역함수에 관해서 역사인함수 외에 또 하나 역탄젠트함수에 대한 것을 설명하겠습니다.

지금, 탄젠트함수 $y = \tan x$를 생각합시다. 단, 이 경우에도 역함수를 정의하기 위해서는 함수의 정의역을 적당한 구간에 제한해 둘 필요가 있습니다. 우리는 지금, 함수 $y = \tan x$의 정의역을 개구간

$$\left( -\frac{\pi}{2}, \frac{\pi}{2} \right)$$

에 제한합니다. 이때 그래프는 오른쪽 그림과 같이 됩니다.

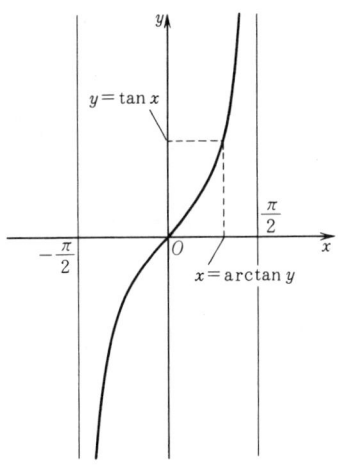

$x$가 $-\frac{\pi}{2}$에서 $\frac{\pi}{2}$로 움직일 때 $y = \tan x$는 단조롭게 증가하고, $x$가 $\frac{\pi}{2}$에 가까워지면 양에서 무한히 커집니다. 또, $x$가 감소하여 $-\frac{\pi}{2}$에서 (오른쪽에서) 가까워지면 음에서 절대값이 무한히 커집니다. 이 함수 $y = \tan x$의 값은 모두 실수입니다. 즉, 치역은 $(-\infty, \infty)$입니다.

이와 같이 함수 $y = \tan x$는 구간

$$-\frac{\pi}{2} < x < \frac{\pi}{2}$$

에서 단조롭게 증가하므로 그 역함수가 정의됩니다. 이것을 **역탄젠트함수** 또는 **아크탄젠트**라 하고, arctan으로 나타냅니다.

즉, arctan $y$는 tan의 값이 $y$가 되는 $-\frac{\pi}{2}$와 $\frac{\pi}{2}$ 사이의 각입니다. 이것은 모든 실수 $y$에 대하여 정의됩니다.

예를 들면, $\tan\left(\frac{\pi}{3}\right) = \sqrt{3}$이므로

$$\text{arctan } \sqrt{3} = \frac{\pi}{3}$$

입니다. 그러나 $\tan\left(-\frac{2\pi}{3}\right) = \sqrt{3}$이지만,

$$\text{arctan } \sqrt{3} \neq -\frac{2\pi}{3}$$

입니다. 왜냐하면 $-\frac{2\pi}{3}$는 $-\frac{\pi}{2}$와 $\frac{\pi}{2}$ 사이에는 없기 때문입니다.

여기서 우리는 다시 앞서와 마찬가지로 arctan의 독립변수를 $x$, 종속변수를 $y$로 고쳐쓰기로 합니다. 이때 함수

$$y = \text{arctan } x$$

의 그래프는 다음 그림과 같이 $y = \tan x$의 그래프를 "옆으로 눕힌" 형태가 됩니다.

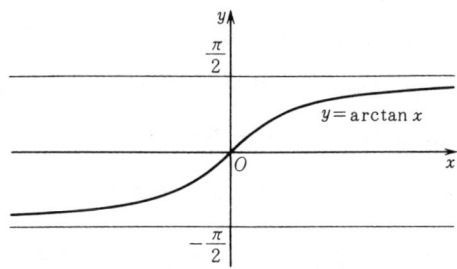

이 함수 $y = \text{arctan } x$는 $(-\infty, \infty)$에서 정의된 단조증가함수이고, 치역은 $\left(-\frac{\pi}{2}, \frac{\pi}{2}\right)$ 입니다.

다음에, $y = \text{arctan } x$의 도함수를 구해 봅시다. 여기서도 역시 역함수의 미분법 공식을 사용합니다.

$y = \text{arctan } x$라 하면 $x = \tan y$이고, tan의 도함수는

이미 알고 있습니다. 즉,

$$\frac{dx}{dy} = \frac{1}{\cos^2 y}$$

입니다. 우리는 이 우변을

$$\frac{dx}{dy} = \frac{\cos^2 y + \sin^2 y}{\cos^2 y} = 1 + \tan^2 y$$

로 고쳐쓸 수가 있습니다. 따라서

$$\frac{dy}{dx} = \frac{1}{dx/dy} = \frac{1}{1+\tan^2 y}$$

을 얻습니다. 그리고 $x = \tan y$이므로 결국

$$\frac{dy}{dx} = \frac{1}{1+x^2}$$

이 됩니다. 이것으로 $y = \arctan x$의 도함수가 구해졌습니다.

위에서 말한 것을 정리해 봅시다.

> 역탄젠트함수 $y = \arctan x$는 모든 실수 $x$에 대하여 정의되고, 치역은 $\left(-\frac{\pi}{2}, \frac{\pi}{2}\right)$이다. 또, 이 함수는 $(-\infty, \infty)$에서 미분가능하며,
> $$\frac{dy}{dx} = \frac{d}{dx}(\arctan x) = \frac{1}{1+x^2}$$
> 이다.

실제 문제에서는 여러분이 위에 간추린 것 외에 앞 페이지에서 그려진 $y = \arctan x$의 그래프를 머리속에 새겨 두기를 바랍니다. 그 편이 많은 말보다 더 효과가 있기 때문입니다. 예를 들면, 이 그래프에서 알 수 있듯이, $x \to \infty$일 때 또는 $x \to -\infty$일 때의 $\arctan x$의 극한은 각각

$$\lim_{x \to \infty} \arctan x = \frac{\pi}{2}$$

$$\lim_{x \to -\infty} \arctan x = -\frac{\pi}{2}$$

가 됩니다.

문제 55 $f(x) = \arcsin x$라 합니다. 다음 값을 구하시오.

(1) $f(1/2)$       (2) $f'(1/2)$

(3)  $f(-1/\sqrt{2})$     (4)  $f'(-1/\sqrt{2})$

(5)  $f(\sqrt{3}/2)$     (6)  $f'(\sqrt{3}/2)$

(7)  $f(\sin \pi)$     (8)  $f'(-3/5)$

**문제 56**  $g(x) = \arctan x$ 라 합니다. 다음 값을 구하시오.

(1)  $g(-\sqrt{3})$     (2)  $g'(-\sqrt{3})$

(3)  $g(1)$     (4)  $g'(1)$

(5)  $g\left(\tan \dfrac{5}{6}\pi\right)$     (6)  $g'(10)$

**문제 57**  다음 함수의 도함수를 구하시오.

(1)  $\arcsin \dfrac{x}{2}$     (2)  $\arctan\left(-\dfrac{x}{3}\right)$

(3)  $\arcsin\left(\dfrac{2x+1}{\sqrt{5}}\right)$     (4)  $e^{\arctan x}$

### ◆  고계도함수

어떤 구간에서 정의된 함수 $f$가 미분가능하면, 그 구간에서 도함수 $f'$가 정의됩니다. 만일 도함수 $f'$도 그 구간에서 미분가능하면, 다시 $f'$의 도함수를 정의할 수가 있습니다. 이것을 $f$의 제2계 도함수라 부르고, $f''$로 나타냅니다.

함수 $f$가  $y = f(x)$일 때는, $f''$는 또한 $f''(x)$, 또는

$$y'', \quad \frac{d^2 y}{dx^2}, \quad \frac{d^2 f}{dx^2}, \quad \frac{d^2}{dx^2} f(x)$$

등으로도 나타냅니다.

물론 우리는 더 고차인 도함수를 생각할 수도 있습니다. 즉, $f''$에 이어서 제3계 도함수 $f'''$, 제4계 도함수 $f''''$, …가 정의됩니다. 일반적으로 $f$를 $n$회 미분해서 얻어지는 함수를 **제$n$계 도함수**라 부르고, $'$을 $n$개 나열하여 쓰는 불편함을 피하기 위해 기호

$$f^{(n)}$$

으로 나타냅니다. 이 기호에 따르면, 특히 $f^{(2)}$는 $f''$를, $f^{(1)}$은 $f'$를 나타내는 것이 됩니다.

위와 같이 $f$를 $y = f(x)$라 할 때는 $f^{(n)}$ 대신에

$$y^{(n)}, \quad \frac{d^n y}{dx^n}, \quad \frac{d^n f}{dx^n}, \quad \frac{d^n}{dx^n} f(x)$$

등으로도 씁니다.

(예) $f(x) = ax^3 + bx^2 + cx + d$ 라 합니다. 이때

$$f'(x) = 3ax^2 + 2bx + c$$
$$f''(x) = 6ax + 2b$$
$$f'''(x) = 6a$$

입니다. 다시 미분을 계속하면

$$f^{(4)}(x) = f^{(5)}(x) = \cdots = 0$$

이 됩니다.

일반적으로 $x$의 다항식으로 나타나는 함수는, 미분하면 차수가 1씩 내려갑니다. 따라서 $f(x)$가 $x$에 관한 $n$차식이면, $f'(x)$는 $n-1$차식, $f''(x)$는 $n-2$차식, $\cdots$이 되고, $f^{(n)}(x)$는 0차식(0이 아닌 상수)이 됩니다. 따라서 $f^{(n+1)}(x)$는 상수 0입니다.

(예) $f(x) = e^x$이라 합니다. 이때 $f'(x) = e^x$, $f''(x) = e^x$, $\cdots$이 되고, 임의의 자연수 $n$에 대하여

$$f^{(n)}(x) = e^x$$

입니다.

(예) $f(x) = \sin x$라 하면,

$$f'(x) = \cos x$$
$$f''(x) = -\sin x$$
$$f'''(x) = -\cos x$$
$$f^{(4)}(x) = \sin x$$

입니다. 즉, 함수 $\sin x$는 4회 미분하면 원래의 함수로 되돌아옵니다. 따라서 그 뒤는 같은 계산이 계속됩니다.

문제 58 다음 고계 도함수를 구하시오.

(1) $(x^2+1)^5$의 제 2계 도함수

(2)   $x^3 + 3x - 6$의 제 3 계 도함수

(3)   $20x^9$의 제 10 계 도함수

(4)   $e^{2x}$의 제 4 계 도함수

(5)   $\sin x$의 제 7 계 도함수

(6)   $\sin x$의 제 10 계 도함수

(7)   $\cos x$의 제 2 계 도함수

(8)   $\cos x$의 제 11 계 도함수

(9)   $\log x$의 제 2 계 도함수

(10)   $\dfrac{1}{x}$ 의 제 4 계 도함수


문제 59   $f, g$를 같은 구간에서 정의된 함수라 합니다.

(1)   $f, g$의 제 2 계 도함수가 존재할 때,
$$(fg)'' = f''g + 2f'g' + fg''$$
임을 증명하시오.

(2)   $f, g$의 제 3 계 도함수가 존재할 때,
$$(fg)''' = f'''g + 3f''g' + 3f'g'' + fg'''$$
임을 증명하시오.

(3)   위의 (1), (2)의 식은 "이항정리"와 어떤 유사성을 지니고 있습니다. 이것에 주목하여, 일반적으로 $f, g$의 제 $n$ 계 도함수가 존재할 때, $(fg)^{(n)}$이 어떤 식으로 주어지는지 추정해 보십시오. 증명은 필요 없습니다.

문제 60   수학적귀납법을 써서, 함수 $xe^{-x}$의 제 $n$ 계 도함수가 $(-1)^n (x - n)e^{-x}$임을 증명하시오.

문제 61   수학적귀납법을 써서
$$\frac{d^{n+1}}{dx^{n+1}}(x^n \log x) = \frac{n!}{x}$$
임을 증명하시오. [힌트 : $x^{k+1} \log x$를 $k+2$회 미분할 때, 먼저 1회 미분하고, 다음에 그 결과를 $k+1$회 미분해 보십시오.]

문제 62   (이 문제는 여러분의 계산 능력을 시험하기 위한 것입니다.) $a, b$를 상수라 하고, 함수 $f(x)$를

$$f(x) = a \cos(\log x) + b \sin(\log x)$$

로 정의합니다.

(1)   $x^2 f''(x) + x f'(x) + f(x) = 0$이 성립하는 것을 증명하시오.

(2)   정수 $n = 0, 1, 2, \cdots$에 대하여 $x^n f^{(n)}(x)$는

$$a_n \cos(\log x) + b_n \sin(\log x) \qquad (a_n, b_n \text{은 상수})$$

의 형태가 됨을 증명하시오. 단, $f^{(0)}$은 $f$ 자신을 나타냅니다.

[힌트 : 귀납법을 씁니다.]

### ◆ 속도·가속도, 기타의 변화율

이 장의 첫머리에서, 극한의 개념이 발생하는 하나의 기본적인 예로서 자유낙하하는 물체의 속도에 대해서 말한 바 있습니다. 우리는 이미 여러 가지 함수의 미분법에 대해서 대충 배웠으므로, 이 장을 마감한다는 뜻에서 다시 한 번 속도 이야기로 돌아가 보고자 합니다.

지금 수직선상을 움직이는 점 $P$가 있고, 시각 $t$에서의 $P$의 좌표 $x$가 $t$의 함수로서 $x = f(t)$에 의해 주어지는 것이라 합니다. 이때 $t_0$를 하나의 시각으로 하고, $t$를 다른 시각이라 하면,

$$\frac{f(t) - f(t_0)}{t - t_0}$$

은 시각 $t$와 $t_0$ 사이의 점 $P$의 평균속도를 나타냅니다. 따라서

$$\lim_{t \to t_0} \frac{f(t) - f(t_0)}{t - t_0}$$

은 시각 $t_0$이라는 순간에 있어서의 점 $P$의 속도를 나타낸다고 생각됩니다. 실제로 우리는 이 극한을 가지고 점 $P$의 시각 $t_0$에서의 **속도**로 정의합니다. 이것은 바로 미분계수 $f'(t_0)$인 것입니다.

따라서 일반적으로 시각 $t$에서의 속도를 $v(t)$라 하면, $v(t)$는 $f(t)$의 도함수입니다. 즉

$$f'(t) = v(t)$$

입니다. 다시 말하면, $x = f(t)$의 시간 $t$에 대한 변화율이 속도인 것입니다.

속도 $v(t)$의 도함수 $v'(t)$는 **가속도**라 불립니다. 즉, 가속도는 위치를 나타내는 함수 $f(t)$의 제2계 도함수입니다.

예를 들면, 물리학에서 물체가 중력의 영향으로 저절로 낙하할 때, 낙하거리 $s$는 시간 $t$의 함수로서

$$s = \frac{1}{2}gt^2$$

으로 나타나는 것이 알려져 있습니다. 여기서 $g$는 중력가속도라 불리는 상수입니다.

이때 물체의 낙하속도 $v$는

$$v = \frac{ds}{dt} = gt$$

입니다. 그리고 가속도는

$$\frac{dv}{dt} = \frac{d^2s}{dt^2} = g$$

가 되어, 일정합니다.

물론 미분계수 또는 도함수가 변화율로서 해석되는 것은 속도나 가속도에 한정된 이야기는 아닙니다. 다른 간단한 예도 살펴보기로 합시다.

**예** 원의 반지름이 매초 2cm의 비율로 증가한다고 합시다. 반지름이 5cm가 되었을 때, 원의 넓이는 어떤 비율로 증가할까요?

**풀이** 원의 반지름을 $r$, 넓이를 $S$라 하면

$$S = \pi r^2$$

입니다. 이 양변을 시간 $t$로 미분하면

$$\frac{dS}{dt} = \frac{dS}{dr} \cdot \frac{dr}{dt} = 2\pi r \cdot \frac{dr}{dt}$$

지금, 가정에 따라 $dr/dt$는 상수 2입니다. 따라서 $r = 5$일 때의 $dS/dt$의 값은

$$\left[\frac{dS}{dt}\right]_{r=5} = 2\pi \cdot 5 \cdot 2 = 20\pi \quad (\text{cm}^2/\text{초})$$

가 됩니다. 이것이 구하는 증가율입니다.

(예) 점이 곡선 $y = x^3$ 상을 움직이고, $x$ 좌표가 매초 2의 비율로 증가합니다. $x$ 좌표가 3일 때의 $y$ 좌표의 증가율을 구하시오.

**풀이** $y = x^3$ 의 양변을 시각 $t$ 에 대해서 미분하면

$$\frac{dy}{dt} = 3x^2 \cdot \frac{dx}{dt}$$

가정에 따라 $dx/dt = 2$ 이므로 $x = 3$ 일 때

$$\left[ \frac{dy}{dt} \right]_{x=3} = 3 \cdot 3^2 \cdot 2 = 54$$

즉, $y$ 좌표는 매초 54의 비율로 증가합니다.

**문제 63** 수직선상을 운동하는 점의 좌표가 함수 $f(t) = t^3 - 3t^2$ (단, $t \geq 0$)에 의해서 주어집니다.

(1) $t = 4$일 때의 속도, 가속도를 구하시오.

(2) 속도가 0이 되는 시각을 구하시오.

(3) 가속도가 0이 되는 시각을 구하시오.

**문제 64** 점이 곡선 $y = \log x$ 상을 움직이는데, $x$ 좌표는 매초 5의 비율로 증가합니다. $x$ 좌표가 5가 되는 순간의 $y$ 좌표는 어떤 비율로 증가할까요?

**문제 65** 원의 넓이가 매초 $10\pi$ (cm$^2$)의 비율로 증가합니다. 반지름이 2.5 cm, 5 cm, 10 cm일 때의 반지름의 증가율을 각각 구하시오.

**문제 66** 팽창하고 있는 구가 있습니다.

(1) 반지름이 매초 2 cm의 비율로 증가한다고 하면, 반지름이 3 cm가 된 순간의 구의 부피는 어떤 비율로 증가할까요?

(2) 겉넓이가 매초 3 cm$^2$의 비율로 증가한다고 하면, 반지름이 4cm가 된 순간의 구의 부피는 어떤 비율로 증가할까요?

[이 문제를 풀기 위해서는, 반지름 $r$인 구의 부피는 $\frac{4}{3}\pi r^3$, 겉넓이는 $4\pi r^2$ 이라는 것을 기지의 사실로 하여 사용하십시

오.]

**예제**  정사각형 $ABCD$의 변 $CD$ 위를 움직이는 점을 $P$라 하고, $AP$와 $BC$의 연장선의 교점을 $Q$라 합니다. 지금 $P$가 $C$에서 $D$로 향해 일정한 속도 $v$ cm/초로 움직일 때, $Q$는 $BC$의 연장선 위를 움직입니다. $P$가 $CD$의 중점을 통과하는 순간의 $Q$의 속도를 구하시오.

**풀이**  그림과 같이 정사각형의 한 변의 길이를 $a$ cm 라 하고,

$$CP = x \text{ cm}, \qquad CQ = y \text{ cm}$$

라 합니다. $x$ 및 $y$는 시간 $t$의 함수입니다.
왼쪽 그림에서 $\triangle CQP$와 $\triangle DAP$는 닮음이므로

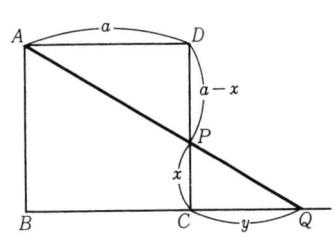

$$\frac{y}{x} = \frac{a}{a-x}$$

따라서

$$y = \frac{ax}{a-x}$$

가 됩니다. 이 양변을 시간 $t$에 대해서 미분하면

$$\frac{dy}{dt} = \frac{dy}{dx} \cdot \frac{dx}{dt} = \frac{a^2}{(a-x)^2} \cdot \frac{dx}{dt}$$

여기서 가정에 따라 $dx/dt = v$(일정)이므로, 이 값을 대입하여

$$\frac{dy}{dt} = \frac{a^2}{(a-x)^2} \cdot v$$

를 얻습니다. 구하는 것은 $x = \dfrac{a}{2}$일 때의 $dy/dt$의 값입니다. 실제로 위 식의 우변의 $x$에 $\dfrac{a}{2}$를 대입하면

$$\left[ \frac{dy}{dt} \right]_{x=\frac{a}{2}} = 4v$$

그러므로 $P$가 $CD$의 중점을 통과하는 순간에 있어서의 $Q$의 속도는 $4v$(cm/초)입니다.

**문제 67**  위의 예제에서는 $P$가 $C$에서 $D$로 향해 일정한 속

도 $v\,\mathrm{cm}/$초로 움직였습니다. 이번에는 $P$대신에 $Q$가 $BC$의 $C$를 지난 연장선 위를 일정한 속도 $v\,\mathrm{cm}/$초로 움직이는 것으로 합니다. 이때 $P$가 $CD$의 중점을 통과하는 순간의 $P$의 속도를 구하시오.

**문제 68** 밑면이 수평이고 위쪽에 있으며, 꼭지점이 아래쪽에 있는 원뿔꼴 저수조가 있습니다. 이 밑면의 지름 및 깊이는 모두 1m입니다. 이 저수조에 $200\,\mathrm{cm}^3/$초의 비율로 물을 부었을 때, 물의 깊이가 50cm에 이른 순간에서의 수면의 상승속도를 구하시오. [밑면의 반지름이 $r$, 높이가 $h$인 직원뿔의 부피는 $\frac{1}{3}\pi r^2 h$임을 상기하십시오.]

**문제 69** $x$축상의 양의 부분에 정점 $A(10,\ 0)$, $y$축상의 양의 부분에 동점 $P(0,\ y)$가 있습니다. $\angle OAP=\theta$라 합니다.

(1)  $\theta$가 매초 $\frac{1}{20}$ 라디안의 비율로 증가할 때, $\theta=\frac{\pi}{6},\ \frac{\pi}{4},\ \frac{\pi}{3}$ 의 각 순간에서의, $y$의 시간 $t$에 대한 변화율을 각각 구하시오.

(2)  $y$가 매초 1의 비율로 증가할 때, $\theta=\frac{\pi}{6},\ \frac{\pi}{4},\ \frac{\pi}{3}$의 각 순간에서의, $\theta$의 시간 $t$에 대한 변화율 $d\theta/dt(\theta$의 "가속도")를 각각 구하시오.

**문제 70** 부피가 일정한 직원기둥이 있습니다. 지금, 이 직원기둥의 높이가 일정한 속도로 늘어난다고 합니다. 이때, 임의의 시각에 있어 밑면의 반지름이 줄어드는 속도는 그 시각에 있어서의 반지름의 세제곱에 비례한다는 것을 증명하시오.

# 해    답

## 제 14 장

**문제 1** (1) $+\infty$에 발산    (2) 0에 수렴
(3) 진동    (4) 1에 수렴

**문제 2** (1) 2  (2) $\dfrac{2}{5}$  (3) $-\dfrac{3}{2}$  (4) 0

**문제 3** (1) 0  (2) $-1$  (3) 1  (4) 4

**문제 4** 1

**문제 5** (1) $\dfrac{1}{2}$    (2) $\dfrac{1}{3}$    (3) $\dfrac{2}{3}$

**문제 6** (1) 0    (2) 1    (3) $-2$

**문제 7** $\displaystyle\sum_{k=1}^{n} AP_k{}^2 = \dfrac{b^2+c^2}{(n+1)^2}\cdot\dfrac{n(n+1)(2n+1)}{6}$
$$= \dfrac{n(2n+1)}{6(n+1)} a^2$$
그러므로 $\displaystyle\lim_{n\to\infty}\dfrac{1}{n}\sum_{k=1}^{n} AP_k{}^2 = \lim_{n\to\infty}\dfrac{2n+1}{6(n+1)} a^2 = \dfrac{a^2}{3}$

**문제 8** (1) 0    (2) 0    (3) 0    (4) 0

**문제 9** (1) 부등식 $|a+b|\leqq|a|+|b|$에서, $a=x-y$, $b=y$로 놓으면 $|x|\leqq|x-y|+|y|$, 따라서 $|x|-|y|\leqq|x-y|$.
$x$와 $y$를 대치하면 $|y|-|x|\leqq|y-x|=|x-y|$. 따라서 $||x|-|y||\leqq|x-y|$.
(2) $a_n\to\alpha$이면 $|a_n-\alpha|\to0$이고 (1)에서
$$||a_n|-|\alpha||\leqq|a_n-\alpha|$$
이므로, $|a_n|-|\alpha|\to0$, 즉 $|a_n|\to|\alpha|$.

**문제 10** (1) $\infty$    (2) $-\infty$    (3) $\infty$
(4) $-\infty$

**문제 11** (1) 옳지 않다. 반례 : $a_n=(-1)^n$
(2) 옳지 않다. 반례 : $a_n=2n, b_n=n$
(3) 옳다.
(4) 옳지 않다. 반례 : $a_n=n, b_n=(-1)^n n$

**문제 12** (1) $a_n=n^2$,  $b_n=n$
(2) $a_n=n$,  $b_n=n+(-1)^n$
(3) $a_n=\dfrac{1}{n}$,  $b_n=n$
(4) $a_n=-\dfrac{1}{n}$,  $b_n=n^2$

(5) $a_n=\dfrac{(-1)^n}{n}$,  $b_n=n$

**문제 13** (1) $+\infty$  (2) 0  (3) 진동
(4) 진동  (5) $+\infty$  (6) 0  (7) 0
(8) $-1$  (9) 4  (10) 0  (11) 0
(12) $|r|>2$일 때 1,  $|r|=2$일 때 0, $|r|<2$일 때 $-1$

**문제 14** (1) $\theta=\dfrac{\pi}{2}$일 때 1, $-\dfrac{\pi}{2}<\theta<\dfrac{\pi}{2}$일 때 0, $\theta=-\dfrac{\pi}{2}$일 때 진동
(2) $\theta=\pm\dfrac{\pi}{2}$일 때 0, $-\dfrac{\pi}{2}<\theta<\dfrac{\pi}{2}$일 때 1
(3) $0\leqq\theta<\dfrac{\pi}{4}$일 때 1, $\theta=\dfrac{\pi}{4}$일 때 0, $-\dfrac{\pi}{4}<\theta\leqq\dfrac{\pi}{2}$일 때 $-1$

**문제 15**

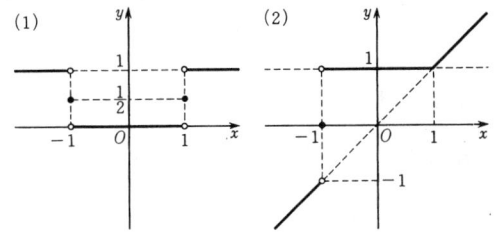

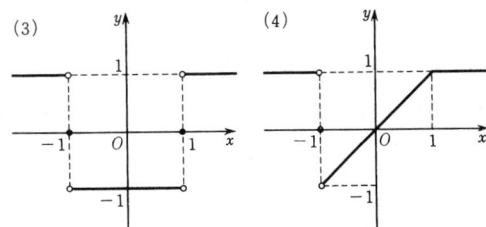

**문제 16** (1) $x=\dfrac{\pi}{2}+m\pi$($m$은 정수)일 때 $f(x)=1$, 그 이외에서는 $f(x)=0$
(2) $x=\dfrac{m\pi}{2}$($m$은 정수)일 때 $f(x)=1$, 그 이외에서는 $f(x)=0$

**문제 17** $a$

**문제 18** (1) $\dfrac{3}{2}$에 수렴    (2) 6에 수렴
(3) $-5$에 수렴    (4) $+\infty$로 발산

**문제 19** (1)  생략

(2)  $a_2 = \dfrac{7}{4} = 1.75$,  $a_3 = \dfrac{97}{56} = 1.7321428\cdots$,

$a_4 = \dfrac{18817}{10864} = 1.7320508\cdots$

**문제 20** (1)  수렴, 합은 $\dfrac{1}{2}$    (2)  $+\infty$로 발산

(3)  발산(진동)

**문제 21** (1)  발산    (2)  $\dfrac{5}{6}$에 수렴

(3)  $4(2+\sqrt{3})$에 수렴

**문제 22** (1)  $\dfrac{S}{2S-1}$    (2)  $\dfrac{S^2}{2S-1}$

**문제 23** (1)  $|x|<3$일 때 $\dfrac{3}{3-x}$

(2)  $0<x<2$일 때 $\dfrac{2}{x}$

(3)  $x=0$일 때 0. $|x|<\sqrt{2}$, $x \neq 0$일 때 $\dfrac{1}{x}$

**문제 24**  $f(0)=0$, $x \neq 0$일 때 $f(x)=1$

**문제 25**  $n=15$

**문제 26**  점 $\left(\dfrac{a}{1+r^2}, \dfrac{ar}{1+r^2}\right)$에 가까워진다.

**문제 27** (1)  $\dfrac{bc}{b+c}$    (2)  $\dfrac{bc^2}{b+2c}$

**문제 28**  $\dfrac{3}{5}$

**문제 29**  $\dfrac{4}{5}$

**문제 30** (1)  $\dfrac{30}{111}$    (2)  $\dfrac{234}{55}$    (3)  $\dfrac{1}{150}$

(4)  $\dfrac{365}{74}$

**문제 31** (1)  옳다   (2)  옳다   (3)  $0.\dot{3}\dot{0}$

(4)  옳다   (5)  $0.0\dot{5}\dot{1}$   (6)  $0.2\dot{1}\dot{7}$

**문제 32** (1)  $a=2$, $b=4$, $c=8$   (2)  $0.001\dot{7}$

**문제 33** (1)  $\dfrac{5}{2}$    (2)  $\dfrac{3}{4}$

(3)  $\dfrac{1}{(1-2x)(1-3x)}$

## 제 15 장

**문제 1**  500가지

**문제 2**  24종류

**문제 3**  12개, 24개, 16개, 36개

**문제 4**  $_5P_4 = 120$. 짝수의 개수는 $2 \times {}_4P_3 = 48$

**문제 5** (1)  $5! \times 2 = 240$    (2)  $6! - 240 = 480$

**문제 6** (1)  $_5P_2 \times 6! = 14400$

(2)  $5 \times 3 \times 6! \times 2 = 21600$

**문제 7**  $3! \times 2 = 12$가지

**문제 8**  $\dfrac{4! \times 4! \times 2}{8} = 144$가지

**문제 9**  $\dfrac{6!}{2} = 360$가지

**문제 10**  $5^4 = 625$. 짝수의 개수는 $5^3 \times 2 = 250$

**문제 11**  $5 \times 6^3 = 1080$

**문제 12**  $1000 - 9^3 = 271$

**문제 13**  $_7C_3 \times {}_5C_2 = 350$

**문제 14** (1)  $_9C_4 \times {}_5C_3 = 1260$

(2)  $_9C_3 \times {}_6C_3 = 1680$   (3)  $\dfrac{1680}{3!} = 280$

**문제 15**  $_6C_4 \times 6 \times 6 \times 3 + {}_6C_3 \times {}_6C_2 \times 6 \times 3!$
$+ {}_6C_2 \times {}_6C_2 \times {}_6C_2 = 15795$

**문제 16**  $\dfrac{n(n-3)}{2}$

**문제 17**  $_{10}C_3 - {}_5C_3 = 110$

**문제 18**  $_{11}C_7 = 330$  [10개의 검은 돌을 한줄로 늘어 놓고, 검은 돌 사이 및 양끝의 11곳에서 7곳을 골라 흰돌을 놓으면 된다.]

**문제 19**  $\dfrac{8!}{3!2!} = 3360$

**문제 20**  $\dfrac{8!}{5!3!} = 56$

**문제 21**  136

**문제 22** (1)  $\dfrac{10!}{4!6!} = 210$    (2)  (1)의 원순열 중 대칭으로 늘어선 것은 뒤집어도 변하지 않습니다. 이와 같은 대칭적 나열법의 수는 $\dfrac{5!}{2!\,3!} = 10$. 따라서 구하는 수는 $\dfrac{1}{2}(210+10)$ $=110$.

**문제 23** (1)  $\dfrac{11!}{6!5!} = 462$

(2)  $\dfrac{7!}{4!3!} \times \dfrac{4!}{2!2!} = 210$   (3)  $462 - 210 = 252$

(4)  $210 - \dfrac{4!}{2!2!} \times \dfrac{3!}{2!} \times \dfrac{4!}{2!2!} = 102$

**문제 24**  $_{3+10-1}C_{10} = 66$

**문제 25**  $_{6+6-1}C_6 = 462$

**문제 26**  $_{3+4-1}C_4 \times {}_{3+3-1}C_3 = 150$

**문제 27**  $n$개의 원소를 $a_1, \cdots, a_n$이라 하고, 거기에 또 하나의 다른 원소 $b$를 덧붙여서 $a_1, \cdots, a_n$,

$b$의 $n+1$개에서 중복을 허용하여 $r$개를 취하고, 그로부터 $b$를 전부 제거하면, $a_1, \cdots, a_n$에서 $r$개 이하의 것을 취한 중복조합이 됩니다. 따라서 그 개수는 $_{(n+1)+r-1}C_r = {}_{n+r}C_r$

**문제 28** 21개, 56개

**문제 29** (1) 333 (2) 200 (3) 467 (4) 533

**문제 30** (1) 889 (2) 222 (3) 778 (4) 111

**문제 31** (1) 366 (2) 634

**문제 32** (1) 2666 (2) 7334

**문제 33** 192

**문제 34** $6! - 5! \times 2 - 5! - 5! + 4! \times 2 + 4! \times 2 + 4! - 3! \times 2 = 348$(가지)

**문제 35** 265가지

**문제 36** (1) $a^4 + 8a^3b + 24a^2b^2 + 32ab^3 + 16b^4$

(2) $x^5 - 5x^4y + 10x^3y^2 - 10x^2y^3 + 5xy^4 - y^5$

(3) $64 + 192x + 240x^2 + 160x^3 + 60x^4 + 12x^5 + x^6$

(4) $128x^7 - 1344x^6y + 6048x^5y^2 - 15120x^4y^3 + 22680x^3y^4 - 20412x^2y^5 + 10206xy^6 - 2187y^7$

**문제 37** (1) $a^n - {}_nC_1 a^{n-1}b + {}_nC_2 a^{n-2}b^2 - \cdots + (-1)^r {}_nC_r a^{n-r}b^r + \cdots + (-1)^n b^n$

(2) $1 - {}_nC_1 x + {}_nC_2 x^2 - \cdots + (-1)^r {}_nC_r x^r + \cdots + (-1)^n x^n$

**문제 38** $x^3$의 계수 $= -84$, $x^2$의 계수 $= 0$, $x^{-1}$의 계수 $= -126$

**문제 39** $x^6$의 계수 $= \dfrac{1215}{4}$, $x^4$의 계수 $= 0$, $x^{-3}$의 계수 $\dfrac{9}{16}$, 상수항 $= \dfrac{135}{16}$

**문제 40** (1) $r \cdot {}_nC_r = r \cdot \dfrac{n!}{r!(n-r)!}$
$= n \cdot \dfrac{(n-1)!}{(r-1)!(n-r)!}$
$= n \cdot {}_{n-1}C_{r-1}$

(2) ${}_nC_1 + 2{}_nC_2 + 3{}_nC_3 + \cdots + n{}_nC_n$
$= n({}_{n-1}C_0 + {}_{n-1}C_1 + {}_{n-1}C_2 + \cdots + {}_{n-1}C_{n-1})$
$= n \cdot 2^{n-1}$

**문제 41** 전개식을 이용하는 증명은 문제의 글을 그대로 생각해 나가면 곧 얻어집니다. "조합론적 증명"은 다음과 같음: 남자 $m$명, 여자 $n$명 도합$(m+n)$명에서 $r$명의 대표(단, $m \geq r$, $n \geq r$)을 선정하는 방법은 $_{m+n}C_r$가지, 그 선정 방법의 내역으로서 남자를 $k$명, 여자를 $(r-k)$명 (단, $0 \leq k \leq r$) 선정하는 방법은 $_mC_k \cdot {}_nC_{r-k}$ 가지.

따라서 $_{m+n}C_r = \sum\limits_{k=0}^{r} {}_mC_k \cdot {}_nC_{r-k}$

**문제 42** $_nC_r : {}_nC_{r+1}$
$= \dfrac{n!}{r!(n-r)!} : \dfrac{n!}{(r+1)!(n-r-1)!}$
$= \dfrac{r+1}{n-r}$

따라서 $r < \dfrac{n-1}{2}$일 때 $_nC_r < {}_nC_{r+1}$, $r = \dfrac{n-1}{2}$ 일 때 $_nC_r = {}_nC_{r+1}$, $r > \dfrac{n-1}{2}$일 때 $_nC_r > {}_nC_{r+1}$. 단, $r$이 $\dfrac{n-1}{2}$이라는 값을 얻는 것은 $n$이 홀수일 때입니다.

**문제 43** (1) 105 (2) 35 (3) 60 (4) 180

**문제 44** 240, $-15000$, $-37500$

**문제 45** 222208, $-404208$, 6951

**문제 46** 84종류, 형의 개수는 9개. 형의 대표는 $a^6$, $a^5b$, $a^4b^2$, $a^4bc$, $a^3b^3$, $a^3b^2c$, $a^3bcd$, $a^2b^2c^2$, $a^2b^2cd$. 각각의 계수는 1, 6, 15, 30, 20, 60, 120, 90, 180.

## 제 16 장

**문제 1** (1) $\dfrac{1}{3}$ (2) $\dfrac{1}{2}$ (3) $\dfrac{2}{3}$

**문제 2** (1) $\dfrac{1}{6}$ (2) $\dfrac{1}{6}$ (3) $\dfrac{7}{12}$

**문제 3** (1) $\dfrac{8}{15}$ (2) $\dfrac{1}{3}$

**문제 4** (1) $\dfrac{1}{28}$ (2) $\dfrac{1}{4}$ (3) $\dfrac{3}{28}$

**문제 5** (1) $\dfrac{1}{21}$ (2) $\dfrac{1}{7}$ (3) $\dfrac{1}{35}$

**문제 6** $1 - \dfrac{1}{2^5} = \dfrac{31}{32}$

**문제 7** (1) $\dfrac{{}_5C_2}{{}_{20}C_2} = \dfrac{1}{19}$ (2) $1 - \dfrac{{}_{15}C_2}{{}_{20}C_2} = \dfrac{17}{38}$

(3) $1 - \dfrac{{}_{15}C_3}{{}_{20}C_3} = \dfrac{137}{228}$ (4) $\dfrac{137}{228} - \dfrac{{}_5C_3}{{}_{20}C_3} = \dfrac{45}{76}$

**문제 8** (1) $1 - \dfrac{4^3}{6^3} = \dfrac{19}{27}$ (2) $1 - \dfrac{2^3}{6^3} = \dfrac{26}{27}$

(3) $\dfrac{19}{27} + \dfrac{19}{27} - \dfrac{26}{27} = \dfrac{4}{9}$

**문제 9** (1) $\dfrac{19}{66}$ (2) $\dfrac{15}{22}$

**문제 10** (1) $\dfrac{{}_4C_2 \times {}_4C_2}{{}_8C_4} = \dfrac{18}{35}$ (2) $1 - \dfrac{1}{{}_8C_4} = \dfrac{69}{70}$

**문제 11** (1) $p_n = \dfrac{2 \times {}_nC_2}{{}_{2n}C_2} = \dfrac{n-1}{2n-1}$,

$\qquad\qquad q_n = \dfrac{n^2}{{}_{2n}C_2} = \dfrac{n}{2n-1}$

$\qquad$ (2) $p_n < q_n$ (3) $\displaystyle\lim_{n\to\infty} p_n = \lim_{n\to\infty} q_n = \dfrac{1}{2}$

**문제 12** (1) $\dfrac{7}{26}$ (2) $\dfrac{13}{52} + \dfrac{4}{52} - \dfrac{1}{52} = \dfrac{4}{13}$

**문제 13** (1) $\dfrac{33}{100}$ (2) $\dfrac{67}{100}$ (3) $\dfrac{17}{100}$

**문제 14** (1) $\dfrac{3!}{3^3} = \dfrac{2}{9}$ (2) $1 - \dfrac{2^3}{3^3} = \dfrac{19}{27}$

**문제 15** 20장에서 4장을 꺼낼 때, 연속된 수가 포함될 확률을 $p$, 연속된 수가 포함되지 않을 확률을 $q$라 하면

$$q = \frac{{}_{17}C_4}{{}_{20}C_4} = \frac{28}{57}, \quad p = 1-q = \frac{29}{57}$$

즉, 연속된 수가 포함되는 경우와 연속된 수가 포함되지 않는 경우는 29:28의 비율로 일어납니다. 따라서 $a$의 주장이 옳습니다.

**문제 16** $\dfrac{3}{5}$

**문제 17** $\dfrac{17}{30}$

**문제 18** $\dfrac{27}{50}$

**문제 19** $\dfrac{1}{216}$

**문제 20** $\dfrac{1}{3}$

**문제 21** (1) $\dfrac{1}{2}$ (2) $\dfrac{11}{36}$ (3) $\dfrac{5}{18}$ (4) $\dfrac{5}{11}$

**문제 22** $\dfrac{13}{102}$

**문제 23** 생략

**문제 24** $\dfrac{1}{6} \times \left( \dfrac{10}{100} + \dfrac{20}{100} + \dfrac{30}{100} + \dfrac{40}{100} + \dfrac{50}{100} + \dfrac{60}{100} \right)$

$\qquad = \dfrac{7}{20}$

**문제 25** (1) $\dfrac{1}{2} \times \dfrac{3}{5} + \dfrac{1}{2} \times \dfrac{3}{7} = \dfrac{18}{35}$

$\qquad$ (2) $\left( \dfrac{1}{2} \times \dfrac{3}{5} \right) \div \dfrac{18}{35} = \dfrac{7}{12}$

$\qquad$ (3) $\left( \dfrac{1}{2} \times \dfrac{3}{7} \right) \div \dfrac{18}{35} = \dfrac{5}{12}$

**문제 26** 방법 1일 때 $\dfrac{4!}{2!2!} \div 2^4 = \dfrac{3}{8}$

방법 2일 때 $\dfrac{({}_4C_2 \times {}_4C_2 \times 2) + (4 \times 4)^2}{{}_8C_2 \times {}_8C_2} = \dfrac{41}{98}$

방법 3일 때 $\dfrac{{}_4C_2 \times {}_4C_2}{{}_8C_4} = \dfrac{18}{35}$

**문제 27** (1) $\dfrac{3}{20}$ (2) $\dfrac{3}{4}$ (3) $\dfrac{1}{4}$ (4) $\dfrac{3}{8}$

**문제 28** $\dfrac{1}{4}$ [하트의 패를 "당첨", 다른 패를 "낙첨"으로 보면, 52장의 패 중 13장의 당첨패가 있는 제비이며, 두 번째로 뽑는 사람이 당첨되는 확률과 같다.]

**문제 29** 생략

**문제 30** (1) 독립 (2) 독립 (3) 독립 (4) 종속

**문제 31** $B = (A \cap B) \cup (A' \cap B)$이고, $A \cap B$, $A' \cap B$는 배반사건이므로

$$P(B) = P(A \cap B) + P(A' \cap B)$$

또, 가정에 따라

$$P(A \cap B) = P(A) \cdot P(B)$$

따라서

$$\begin{aligned} P(A' \cap B) &= P(B) - P(A \cap B) \\ &= P(B) - P(A) \cdot P(B) \\ &= (1 - P(A)) \cdot P(B) \\ &= P(A') \cdot P(B). \end{aligned}$$

그러므로 $A'$와 $B$도 독립

**문제 32** $p = 0.5$일 때 $0.5$, $p = 0.3$일 때 $0.126$

**문제 33** (1) $\dfrac{105}{512}$ (2) $\dfrac{63}{256}$ (3) $\dfrac{11}{64}$

**문제 34** (1) $\dfrac{80}{243}$ (2) $\dfrac{131}{243}$

**문제 35** (1) $\dfrac{35}{128}$ (2) $\dfrac{7}{32}$ (3) $\dfrac{7}{64}$

**문제 36** 짝수 회 앞이 나올 확률은

$${}_nC_0 \left( \frac{1}{2} \right)^n + {}_nC_2 \left( \frac{1}{2} \right)^n + {}_nC_4 \left( \frac{1}{2} \right)^n + \cdots$$

$$= \left( \frac{1}{2} \right)^n ({}_nC_0 + {}_nC_2 + {}_nC_4 + \cdots) = \left( \frac{1}{2} \right)^n \times 2^{n-1}$$

$$= \frac{1}{2} \qquad \text{[822페이지의 예제 참조]}$$

따라서, 홀수 회 앞이 나올 확률도 $1 - \dfrac{1}{2} = \dfrac{1}{2}$

**문제 37** 모두 $\dfrac{1}{6} \left\{ 2 + \left( -\dfrac{1}{2} \right)^{n-1} \right\}$

**문제 38** 흰 공이 $r$개, 검은 공이 $s$개($r \geqq 0$, $s \geqq 0$, $r+s=n$) 증가하는 확률은

$$\frac{r!s!}{(n+1)!} \times \frac{n}{r!s!} = \frac{1}{n+1}$$

즉, 흰 공이 0개, 1개, 2개, …, $n$개 증가하는 확률은 모두 같으며, $\frac{1}{n+1}$.

## 제 17 장

**문제 1** (1) 3 (2) 6 (3) 1 (4) $-30$

(5) 9 (6) $-3$ (7) 18 (8) $\frac{1}{2}$

**문제 2** (1) $-10$ (2) 2 (3) 0 (4) $\frac{1}{4}$

(5) $-1$ (6) 16 (7) 3 (8) 2

**문제 3** (1) $-\frac{1}{3}$ (2) $\frac{1}{2}$ (3) $-6$

(4) $-\frac{1}{9}$ (5) 12 (6) 1 (7) 6

(8) $\frac{1}{6}$

**문제 4** (1) $a=3, b=-4$ (2) $a=-5, b=\frac{1}{2}$

(3) $a=-3, b=-2$ (4) $a=4, b=4\sqrt{2}$

**문제 5** (1) $+\infty$ (2) $-\infty$ (3) 2

(4) $-2$

**문제 6** (1) $-\infty$ (2) $-\infty$ (3) $-\infty$

(4) $+\infty$ (5) $+\infty$ (6) $+\infty$

(7) 0 (8) $-\frac{1}{3}$ (9) $-\infty$

(10) $+\infty$ (11) 1 (12) $-\infty$

**문제 7** $\lim_{x \to +\infty} f(x) = +\infty$. 또

$n$이 짝수일 때 $\lim_{x \to -\infty} f(x) = +\infty$,

$n$이 홀수일 때 $\lim_{x \to -\infty} f(x) = -\infty$

**문제 8** (1) 0 (2) 1 (3) $-1$ (4) $\frac{1}{2}$

(5) $+\infty$

**문제 9** (1) 0 (2) $-\infty$ (3) $+\infty$ (4) 0

(5) $+\infty$ (6) $+\infty$

**문제 10** 교점은 $\left(\dfrac{h \pm \sqrt{2-h^2}}{2}, \dfrac{h \mp \sqrt{2-h^2}}{2}\right)$이 고, $h \to 0$일 때 $\left(\dfrac{1}{\sqrt{2}}, -\dfrac{1}{\sqrt{2}}\right), \left(-\dfrac{1}{\sqrt{2}}, \dfrac{1}{\sqrt{2}}\right)$ 에 가까워진다.

**문제 11** 중심 $P_h$의 좌표는 $\left(0, \dfrac{1+h^2}{2}\right)$이고, $h \to 0$ 일 때 $P_h$는 $\left(0, \dfrac{1}{2}\right)$에 가까워진다.

**문제 12** 교점 $R$의 좌표를 $(x, y)$라 하면

$$x = \frac{3u(4-v)}{4u-3v}, \qquad y = \frac{4v(u-3)}{4u-3v}.$$

조건 $AP=QB$로부터 $u-3=4-v$, 즉 $u+v=7$. 이것을 사용하여 $x$를 $v$만으로, $y$를 $u$만으로 나타내면

$$x = \frac{3(7-v)}{7}, \quad y = \frac{4(7-u)}{7}$$

$u \to 3$, $v \to 4$일 때, $x \to \dfrac{9}{7}$, $y \to \dfrac{16}{7}$. 즉, $R$은 점 $\left(\dfrac{9}{7}, \dfrac{16}{7}\right)$에 가까워진다.

**문제 13** $R$의 좌표는 $\left(\dfrac{v}{v-u+1}, \dfrac{v}{v-u+1}\right)$. 따라서

$$QR^2 = \left(u - \frac{v}{v-u+1}\right)^2 + \left(v - \frac{v}{v-u+1}\right)^2$$

$$= \frac{(u-v)^2\{(u-1)^2 + v^2\}}{(v-u+1)^2}$$

$$= \frac{(u-v)^2\{(u-1)^2 + u^2 - 1\}}{(v-u+u^2-v^2)^2}$$

$$= \frac{2(u^2-u)}{(u+v-1)^2}$$

이로부터

$$\lim_{u \to +\infty} QR^2 = \lim_{u \to +\infty} \frac{2(u^2-u)}{(u+\sqrt{u^2-1}-1)^2}$$

$$= \lim_{u \to +\infty} \frac{2\left(1 - \dfrac{1}{u}\right)}{\left(1 + \sqrt{1 - \dfrac{1}{u^2}} - \dfrac{1}{u}\right)^2}$$

$$= \frac{1}{2}$$

그러므로 $\lim_{u \to +\infty} QR = \dfrac{1}{\sqrt{2}}$

**문제 14** (1) $(-\infty, -1), \left(-1, \dfrac{1}{2}\right), \left(\dfrac{1}{2}, \infty\right)$

(2) $(-\infty, 2), (2, \infty)$

(3) $(-\infty, \infty)$

(4) $(-\infty, -3), (-3, 0), (0, 3), (3, \infty)$

**문제 15** (1) $\left(\dfrac{n\pi}{2}, \dfrac{(n+1)\pi}{2}\right)$, $n$은 정수

(2) $((2n-1)\pi, (2n+1)\pi)$, $n$은 정수

(3) $\left(-\infty, \dfrac{1}{2}\right), \left(\dfrac{1}{2}, \infty\right)$

(4) $(-\infty, 0), (0, \infty)$

**문제 16** (1) $x=-1, 1$ (2) $x=-1$

(3) $x = \dfrac{\pi}{2} + k\pi$, $k$는 정수

(4) $x = \dfrac{\pi}{2} + k\pi$, $k$는 정수

**문제 17** $f(x) = x^3 + x^2 - 2x - 5$로 놓으면,
$$f(0) = -5, \ f(2) = 3$$

**문제 18** 생략

**문제 19** $f(x) = a_n x^n + a_{n-1} x^{n-1} + \cdots + a_1 x + a_0$
로 놓으면

$$f(x) = x^n \left( a_n + \frac{a_{n-1}}{x} + \cdots + \frac{a_1}{x^{n-1}} + \frac{a_0}{x^n} \right)$$

이고, 괄호 안을 $g(x)$라 놓으면 $f(x) = x^n g(x)$. $x \to \pm\infty$일 때 $g(x) \to a_n$이므로 $|x|$가 충분히 클 때 $g(x)$는 $a_n$과 같은 부호를 갖는다. 그리고 $n$이 홀수이므로 $x > 0$이면 $x^n > 0$, $x < 0$이면 $x^n < 0$. 그러므로 $M$을 충분히 큰 양수라 하면 $f(M)$과 $f(-M)$은 부호가 다르다. 한편, $f(x)$는 $(-\infty, \infty)$에서 연속.
따라서 구간 $(-M, M)$에 방정식 $f(x) = 0$의 근이 존재한다.

**문제 20** $g(x) = f(x) - m$에 중간값의 정리를 적용한다.

**문제 21** (1) 13 (2) $\dfrac{1}{3}$ (3) $p$ (4) $-\dfrac{1}{ab}$

**문제 22** (1) $-3$ (2) $\dfrac{1}{4}$ (3) $-2$

**문제 23** (1) 미분가능하지 않다. 그러나 한쪽으로부터는 미분가능하며, 우측미분계수는 1, 좌측 미분계수는 $-1$
(2) 미분가능. 미분계수는 0

**문제 24** (1) $60x^5, 60, 1920, -14580$
(2) $2x - 4, -2, 0, -10$
(3) $3x^2 - 4, -1, 8, 23$
(4) $12x^3 - 4x, 8, 88, -312$

**문제 25** $\dfrac{ds}{dt} = 9.8t$

**문제 26** $\dfrac{dS}{dr} = 2\pi r$, $\dfrac{dV}{dr} = 4\pi r^2$

**문제 27** (1) $4x^3 + 3x^2 - 4x$
(2) $8x^3 + 3x^2 - 10x - 1$
(3) $50x^4 - 60x^3 + 24x^2 - 24x$
(4) $(2x-3)(4x+5) + 2(x+1)(4x+5)$
$\quad + 4(x+1)(2x-3)$

**문제 28** $n = 1$일 때는 명백하다.

$n = k$일 때 성립한다고 가정하면
$$(f^{k+1})' = (f^k \cdot f)' = (f^k)'f + f^k f'$$
$$= (kf^{k-1}f')f + f^k f'$$
$$= (k+1)f^k f'$$

**문제 29** (1) $30x^2(5x^3 + 2)$
(2) $3(2x^2 - 2x + 1)^2(4x - 2)$
(3) $4(x^2 - 3x)^3(2x - 3)$
(4) $5(x+1)^4(3x-2)^3 + 9(x+1)^5(3x-2)^2$

**문제 30** (1) $\dfrac{3}{(2-x)^2}$ (2) $\dfrac{1-x^2}{(x^2+1)^2}$
(3) $\dfrac{3x^2 + 8x - 6}{(3x+4)^2}$ (4) $\dfrac{3x^2 - 8x - 10}{(x^2+x+2)^2}$
(5) $\dfrac{-x^4 - 9x^2 - 8x}{(x^3-4)^2}$
(6) $\dfrac{(3x+2)^2(6x-17)}{(2x-1)^3}$

**문제 31** $(\sqrt{x})' = \lim_{h \to 0} \dfrac{\sqrt{x+h} - \sqrt{x}}{h}$
$$= \lim_{h \to 0} \frac{1}{\sqrt{x+h} + \sqrt{x}} = \frac{1}{2\sqrt{x}}$$

**문제 32** (1) $-\dfrac{20}{x^{21}}$ (2) $-\dfrac{1}{2}x^{-\frac{3}{2}}$
(3) $\dfrac{3}{2}x^{\frac{1}{2}}$ (4) $-\dfrac{1}{3}x^{-\frac{4}{3}}$ (5) $\dfrac{6}{5}x^{\frac{1}{5}}$
(6) $\dfrac{9}{4}x^{\frac{5}{4}} - \dfrac{11}{5}x^{\frac{6}{5}} + \dfrac{5}{4}x^{\frac{1}{4}} - \dfrac{6}{5}x^{\frac{1}{5}}$
(7) $\dfrac{1 - 3x^2}{2\sqrt{x}\,(x^2+1)^2}$ (8) $\dfrac{3x^2 - x - 4}{2x\sqrt{x}}$

**문제 33** (1) $y = 3x - 2$ (2) $y = 12x + 16$
(3) $y = -2x$ (4) $y = -2x + \dfrac{4}{3}$, $y = -2x - \dfrac{4}{3}$
(5) $y = 5x - 4$ (6) $y = -32x - 48$
(7) $y = -x - 1$, $y = 7x - 25$
(8) $y = 12x + 16$ (9) $y = 3x + 2$
(10) $x - 4y + 4 = 0$ (11) $4x - 2y + 1 = 0$
(12) $x + y - 2 = 0$

**문제 34** (1) $2, -4$ (2) $1, -3$ (3) $3$

**문제 35** $y = \dfrac{k}{x}$를 미분하면 $y' = -\dfrac{k}{x^2}$.
따라서 점 $P\left( x_0, \dfrac{k}{x_0} \right)$에서의 접선의 방정식은
$$y - \frac{k}{x_0} = -\frac{k}{x_0^2}(x - x_0).$$
이로부터 $Q(2x_0, 0)$, $R\left( 0, \dfrac{2k}{x_0} \right)$.
따라서 $P$는 $QR$의 중점. 또 $\triangle OQR$의 넓이는 $2k$.

**문제 36** $P(a, \sqrt{a})$라 하면, $P$에서의 접선의 기울기는 $\dfrac{1}{2\sqrt{a}}$, 법선의 기울기는 $-2\sqrt{a}$. 따라서 법선의 방정식은 $y-\sqrt{a}=-2\sqrt{a}(x-a)$ 이 방정식에서 $0$으로 놓으면 $N$의 좌표는 $x=a+\dfrac{1}{2}$. 따라서 $HN=\dfrac{1}{2}$.

**문제 37** (1) $2^{\cos x}$    (2) $\sin(x^2+1)$
(3) $\sin^2 x+1$    (4) $\log_{10}(t^3-1)$

**문제 38** (1) $f(u)=\sqrt{u}, \ g(x)=x-2$
(2) $f(u)=\sin u, \ g(x)=x^2+5$
(3) $f(u)=u^5, \ g(x)=\sin x$
(4) $f(u)=\cos u, \ g(x)=2x$
(5) $f(u)=u^4, \ g(x)=\log_2 x$
(6) $f(u)=2^u, \ g(x)=\cos x$

**문제 39** (1) $\dfrac{1}{2\sqrt{x-2}}$    (2) $2x\cos(x^2+5)$
(3) $5(\sin x)^4\cdot\cos x$    (4) $-2\sin 2x$
(5) $\dfrac{4(\log x)^3}{x}$    (6) $8(x+1)^7$
(7) $3x(x^2-1)^{\frac{1}{2}}$    (8) $-e^{\cos x}\cdot\sin x$
(9) $\dfrac{\cos x}{\sin x}$    (10) $-2xe^{-x^2}$
(11) $e^x\cdot\cos(e^x)$    (12) $-e^{\log(\cos x)}\cdot\dfrac{\sin x}{\cos x}$

**문제 40** 생략

**문제 41** $f(g(y))=y$의 양변을 $y$로 미분하면
$$f'(g(y))g'(y)=1$$
이 됩니다.

**문제 42** (1), (2), (3) 생략
(4) $x^2y^3=1$의 양변을 $x$로 미분하면
$$2xy^3+x^2\cdot 3y^2\dfrac{dy}{dx}=0.$$ 이로부터
$$\dfrac{dy}{dx}=-\dfrac{2xy^3}{3x^2y^2}=-\dfrac{2y}{3x}$$

**문제 43** (1) $3$   (2) $\dfrac{1}{2}$   (3) $\dfrac{2}{3}$   (4) $6$
(5) $0$   (6) $2$   (7) $-1$   (8) $1$
(9) $0$   (10) $\dfrac{\pi}{4}$

**문제 44** 생략

**문제 45** (1) $3\cos 3x$    (2) $-2\sin 2x$
(3) $\dfrac{4}{\cos^2 4x}$    (4) $2\sin x\cos x$
(5) $-5\cos^4 x\sin x$    (6) $2\tan x\cdot\dfrac{1}{\cos^2 x}$

(7) $4x\cdot\cos(2x^2-3)$    (8) $\dfrac{4x^3-3x^2}{\cos^2(x^4-x^3)}$
(9) $\cos^2 x-\sin^2 x$    (10) $-\dfrac{3}{\sin^2(3x-4)}$
(11) $6\sin^2 2x\cos 2x$    (12) $\dfrac{-\sin x}{2\sqrt{1+\cos x}}$
(13) $\dfrac{1}{1-\sin x}$    (14) $\dfrac{-2}{(\cos x+\sin x)^2}$

**문제 46** (1) $\dfrac{1}{\sqrt{2}}$   (2) $-\dfrac{1}{2}$   (3) $-1$
(4) $2$   (5) $-\dfrac{2}{3}$

**문제 47** $\dfrac{1}{x}$

**문제 48** (1) $3e^{3x}$   (2) $2xe^{x^2}$   (3) $\dfrac{1}{x}$
(4) $2^x\log 2$   (5) $2xe^{-x}-x^2e^{-x}$
(6) $\dfrac{2x}{x^2+1}\cdot\dfrac{1}{\log 10}$    (7) $e^x\sin x+e^x\cos x$
(8) $-\dfrac{1}{x(\log x)^2}$   (9) $\dfrac{1-\log x}{x^2}$
(10) $e^x\log x+\dfrac{e^x}{x}$    (11) $e^x\cos(e^x)$
(12) $e^{\sin 3x}\cdot 3\cos 3x$    (13) $-\tan x$
(14) $\dfrac{-\sin(\log x)}{x}$

**문제 49** (1) $y=x+1$    (2) $y=x-1$
(3) $y=e^2(2x-1)$    (4) $y=\dfrac{x}{e}$
(5) $y=x$    (6) $y=x-1$

**문제 50** $y=ex$

**문제 51** $y=\dfrac{x}{e}$

**문제 52** 함수 $a^x$의 $x=0$에서의 미분계수와 같다. 즉 $\log a$

**문제 53** $\dfrac{1}{n}=h$로 놓으면, 4권 873페이지의 극한 $\lim\limits_{h\to 0}(1+h)^{\frac{1}{h}}=e$와 같습니다.

**문제 54** (1) $y'=2x^{\log x-1}\cdot\log x$
(2) $y'=x^{(x^x)}\{x^x(\log x+1)\log x+x^{x-1}\}$

**문제 55** (1) $\dfrac{\pi}{6}$   (2) $\dfrac{2}{\sqrt{3}}$   (3) $-\dfrac{\pi}{4}$
(4) $\sqrt{2}$   (5) $\dfrac{\pi}{3}$   (6) $2$   (7) $0$
(8) $\dfrac{5}{4}$

**문제 56**  (1)  $-\dfrac{\pi}{3}$  (2)  $\dfrac{1}{4}$  (3)  $\dfrac{\pi}{4}$

(4)  $\dfrac{1}{2}$  (5)  $-\dfrac{\pi}{6}$  (3)  $\dfrac{1}{101}$

**문제 57**  (1)  $\dfrac{1}{\sqrt{4-x^2}}$  (2)  $-\dfrac{3}{9+x^2}$

(3)  $\dfrac{1}{\sqrt{1-x-x^2}}$  (4)  $\dfrac{e^{\arctan x}}{1+x^2}$

**문제 58**  (1)  $10(x^2+1)^4+80x^2(x^2+1)^3$  (2)  6

(3)  0  (4)  $16e^{2x}$  (5)  $-\cos x$

(6)  $-\sin x$  (7)  $-\cos x$  (8)  $\sin x$

(9)  $-\dfrac{1}{x^2}$  (10)  $\dfrac{24}{x^5}$

**문제 59**  (1)  $(fg)'=f'g+fg'$ 이므로

$(fg)''=(f'g)'+(fg')'=f''g+f'g'+f'g'+fg''$
$=f''g+2f'g'+fg''$

(2)도 같음

(3)  $(fg)^{(n)}={}_nC_0 f^{(n)}g^{(0)}$
$+{}_nC_1 f^{(n-1)}g^{(1)}+{}_nC_2 f^{(n-2)}g^{(2)}$
$+\cdots+{}_nC_{n-1}f^{(1)}g^{(n-1)}+{}_nC_n f^{(0)}g^{(n)}$

단,  $f^{(0)}=f,\ g^{(0)}=g.$

**문제 60**  생략

**문제 61**  $n=k$일 때 $\dfrac{d^{k+1}}{dx^{k+1}}(x^k \log x)=\dfrac{k!}{x}$ 가 성

립한다고 가정합니다. 이 때

$\dfrac{d}{dx}(x^{k+1}\log x)=(k+1)x^k \log x+x^k$

이고, $x^k$은 $k+1$회 미분하면 0. 그러므로

$\dfrac{d^{k+2}}{dx^{k+2}}(x^{k+1}\log x)$
$=(k+1)\cdot\dfrac{d^{k+1}}{dx^{k+1}}(x^k \log x)$
$=(k+1)\cdot\dfrac{k!}{x}=\dfrac{(k+1)!}{x}$

**문제 62**  (1)  생략

(2)  $x^k f^{(k)}(x)=a_k \cos(\log x)+b_k \sin(\log x)$
로 가정하고, 이 양변을 미분하면

$x^k f^{(k+1)}(x)+kx^{k-1}f^{(k)}(x)$
$=\dfrac{-a_k \sin(\log x)}{x}+\dfrac{b_k \cos(\log x)}{x}$

따라서
$x^{k+1}f^{(k+1)}(x)+k\{a_k\cos(\log x)+b_k\sin(\log x)\}$
$=-a_k \sin(\log x)+b_k \cos(\log x)$

따라서, $a_{k+1}=-ka_k+b_k,\ b_{k+1}=-kb_k-a_k$
로 놓으면

$x^{k+1}f^{(k+1)}(x)=a_{k+1}\cos(\log x)+b_{k+1}\sin(\log x)$

**문제 63**  (1)  속도 24, 가속도 18  (2)  $t=0, 2$

(3)  $t=1$

**문제 64**  매초 1

**문제 65**  각각 $2\,\mathrm{cm/\acute{s}}, 1\,\mathrm{cm/\acute{s}}, 0.5\,\mathrm{cm/\acute{s}}$,

**문제 66**  (1)  $72\pi\,\mathrm{cm}^3/$초

(2)  반지름을 $r$, 부피를 $V$, 겉넓이를 $S$라 하면

$$V=\dfrac{4}{3}\pi r^3,\qquad S=4\pi r^2$$

따라서  $\dfrac{dV}{dt}=4\pi r^2\cdot\dfrac{dr}{dt}$  ①

$\dfrac{dS}{dt}=8\pi r\cdot\dfrac{dr}{dt}$  ②

가정에 따라 $dS/dt=3$ 따라서 $r=4$일 때,
②에서  $dr/dt=3/32\pi$. 이 값을 ①에 대입하
여, $r=4$일 때 $dV/dt=6$. 답 $6\,\mathrm{cm}^3/$초

**문제 67**  예제의 풀이에 있는 식

$\dfrac{dy}{dt}=\dfrac{a^2}{(a-x)^2}\cdot\dfrac{dx}{dt}$ 에서, $\dfrac{dy}{dt}=v, x=\dfrac{a}{2}$ 로

놓으면, $\dfrac{dx}{dt}=\dfrac{v}{4}$ 를 얻습니다.  답 $\dfrac{v}{4}$ (cm/초)

**문제 68**  물의 깊이가 $h\,\mathrm{cm}$일 때의 물의 양을 $V\,\mathrm{cm}^3$
이라 하면

$$V=\dfrac{1}{3}\pi\left(\dfrac{h}{2}\right)^2 h=\dfrac{\pi}{12}h^3.$$

따라서 $\dfrac{dV}{dt}=\dfrac{\pi h^2}{4}\cdot\dfrac{dh}{dt}.$ 이 식으로부터

$\dfrac{dV}{dt}=200,\ h=50$으로 놓으면

$\dfrac{dh}{dt}=\dfrac{8}{25\pi}.$ 답  $\dfrac{8}{25\pi}$(cm/초)

**문제 69**  $y=10\tan\theta$이므로

$$\dfrac{dy}{dt}=10\dfrac{d}{d\theta}(\tan\theta)\cdot\dfrac{d\theta}{dt}=\dfrac{10}{\cos^2\theta}\cdot\dfrac{d\theta}{dt}.$$

이 식을 사용합니다.

(1)  각각 매초 $\dfrac{2}{3}, 1, 2$

(2)  각각 매초 $\dfrac{3}{40}$ 라디안, $\dfrac{1}{20}$ 라디안,

$\dfrac{1}{40}$ 라디안

**문제 70**  반지름 $r$, 높이를 $h$, 부피를 $V$라 하면, 가
정에 따라 $r^2 h=\dfrac{V}{\pi}$ 는 상수 $h=\dfrac{V}{\pi}r^{-2}$의

양변을 시간 $t$로 미분하면 $\dfrac{dh}{dt}=-\dfrac{2V}{\pi}r^{-3}\cdot\dfrac{dr}{dt}.$

여기서 $\dfrac{dh}{dt}=v$도 상수이며, $\dfrac{dr}{dt}=-\dfrac{\pi v}{2V}r^3.$

즉 $\dfrac{dr}{dt}$ 은 $r^3$에 비례합니다.

### 지은이 • 마츠자카 가즈오 (松坂和夫)

일본의 수학자, 1927년 도쿄 출생, 도쿄대 졸업.
닛쿄대 명예교수. 지은책으로 『대수에의 출발』
『선형 대수 입문』 등이 있다.
이 책은 저자가 그간의 연구와 교육을 종합하여
수학의 기초부터 새롭게 이해하는 '새로운 수학 교과서'로
집필한 것이다.

### 옮긴이 • 김태성 (金泰星)

서울대학교 문리과대학 졸업.
미국 오리건주립대학교 대학원 졸업, 이학박사.
국립철도고등학교 · 경동고등학교 수학교사 역임.
현재 원광대학교 자연과학대 통계학과 교수.
저서로 『대학수학』 등이 있음.

## Super mathematics
# 수학독본
### 제 ❹ 권 수열의 극한, 무한급수/순열·조합
### 확률/함수의 극한과 미분법

지은이 • 마츠자카 가즈오(松坂和夫)
옮긴이 • 김태성(金泰星)
펴낸이 • 김언호
펴낸곳 • (주)도서출판 한길사

등록 • 1976년 12월 24일 (제74호)
주소 • 10881 경기도 파주시 광인사길 37
홈페이지 • www.sonyunhangil.co.kr
전자우편 • sonyunhangil@hangilsa.co.kr
전화 • 031-955-2000~3
팩스 • 031-955-2005

제1판 제 1쇄 1994년 1월 20일
제1판 제20쇄 2021년 10월 15일

값 12,000원
ISBN 89-356-4040-9 54410

# Super mathematics

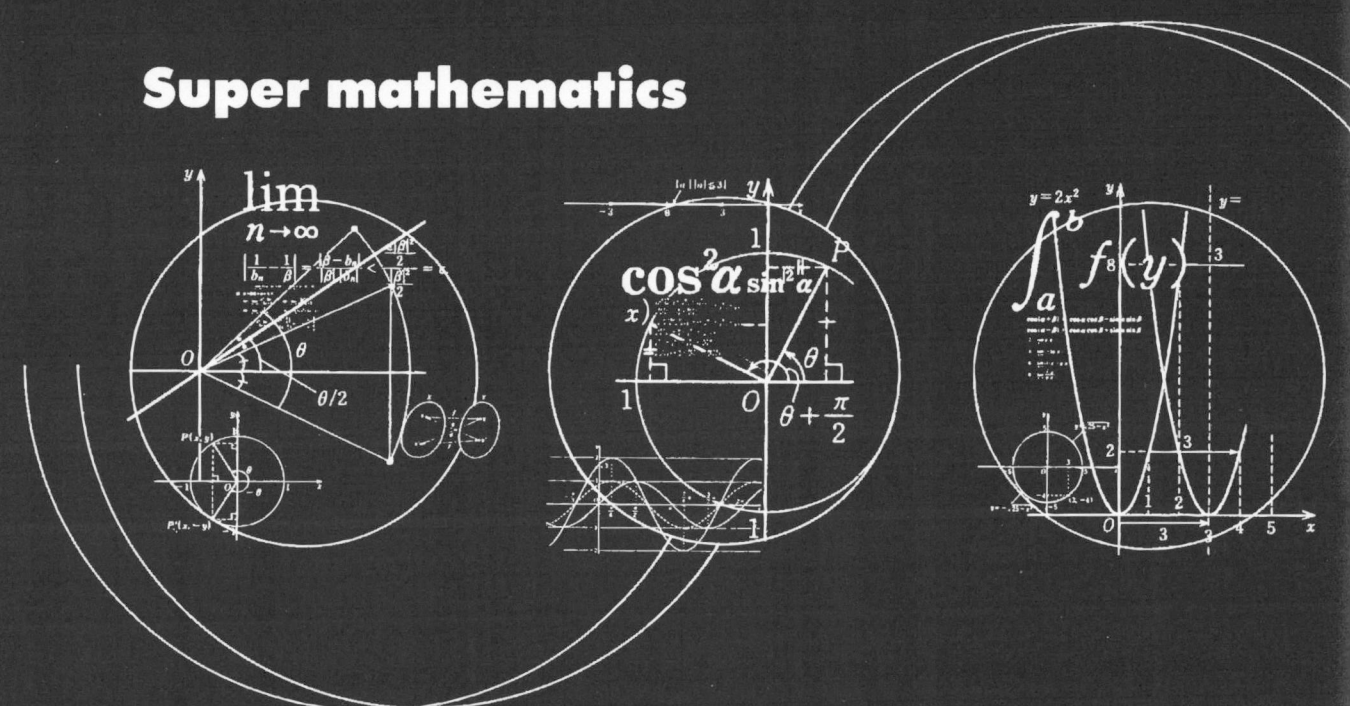

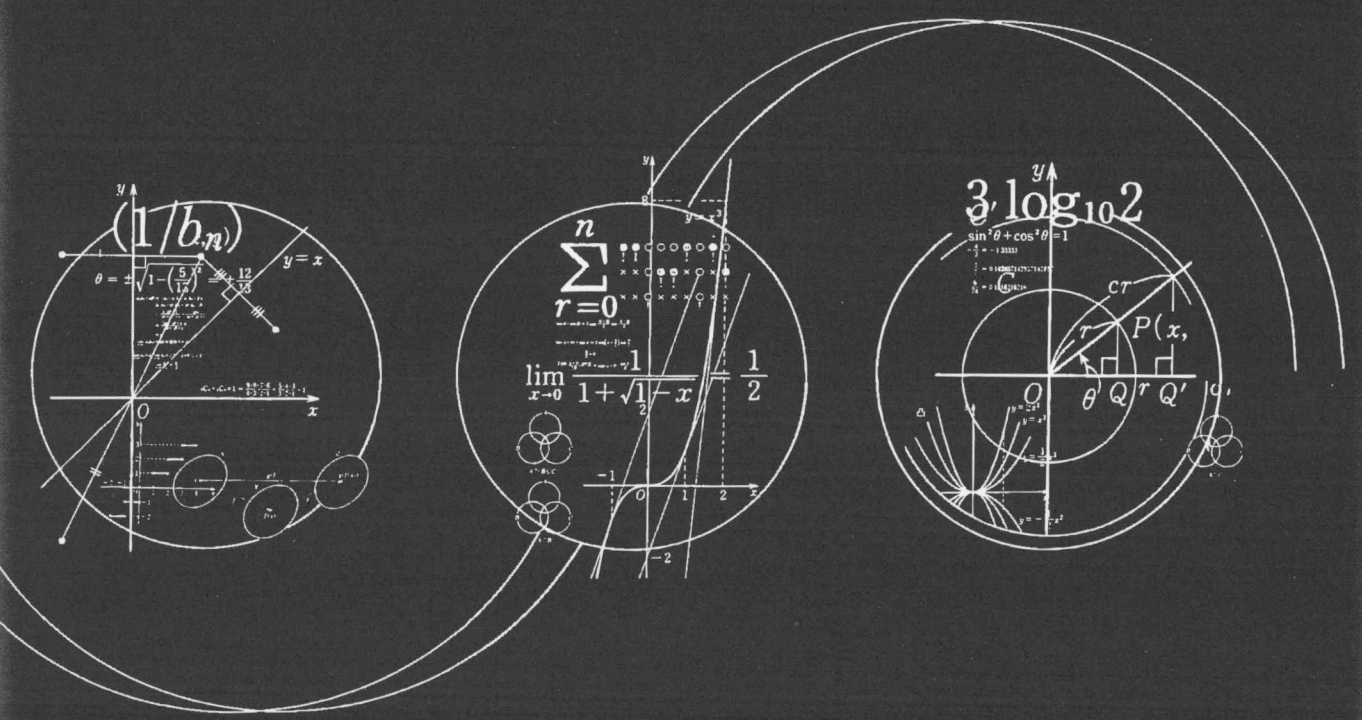